"十三五"水体污染控制与治理科技重大专项重点图书

城镇污水收集与处理系统
提质增效技术及应用

李 激 邱 勇 编著

中国建筑工业出版社

图书在版编目(CIP)数据

城镇污水收集与处理系统提质增效技术及应用 / 李激,邱勇编著. — 北京：中国建筑工业出版社,2023.5
"十三五"水体污染控制与治理科技重大专项重点图书

ISBN 978-7-112-28653-9

Ⅰ. ①城… Ⅱ. ①李… ②邱… Ⅲ. ①城市污水处理—研究 Ⅳ. ①X703

中国国家版本馆 CIP 数据核字(2023)第 069251 号

本书为"'十三五'水体污染控制与治理科技重大专项重点图书"之一,是"水体污染控制与治理"科技重大专项"城市水污染控制"主题成果之一。

本书以城镇污水收集与处理系统为对象,重点论述了排水管网和城镇污水处理厂的提质增效技术,具体分析了排水管网和城镇污水处理厂提质增效应用技术的典型案例,指明行业前沿,为后续技术的再升级和优化运行管理提供借鉴。

本书适用于从事设计、建设和运维排水管网和污水处理厂等相关工作的专业技术人员及管理人员。

责任编辑：于　莉　杜　洁
责任校对：张　颖

"十三五"水体污染控制与治理科技重大专项重点图书

城镇污水收集与处理系统提质增效技术及应用

李　激　邱　勇　编著

*

中国建筑工业出版社出版、发行（北京海淀三里河路 9 号）

各地新华书店、建筑书店经销

北京红光制版公司制版

天津翔远印刷有限公司印刷

*

开本：787 毫米×1092 毫米　1/16　印张：18¾　字数：433 千字

2023 年 5 月第一版　　2023 年 5 月第一次印刷

定价：**98.00** 元

ISBN 978-7-112-28653-9

(40821)

3

前　　言

改革开放以来，随着经济的复苏和城市人口的增多，城镇化进程不断加快，城市基础设施的建设需求急剧增加，人们对污水收集与处理系统的重要性认识也在不断提高，排水管网、污水处理厂等设施也因此得到快速发展。我国城镇污水收集与处理系统在建设之初标准定得较低，在规划、设计、建设、验收、运维等诸多环节缺乏有效监管，导致出现了管网错接混接、运维投入不足，以及污水处理厂高标准排放难度大、高能耗药耗等诸多问题。

本书紧紧围绕污水收集与处理系统，详细论述了相关技术，并总结了全国在提质增效方面的成功案例，特别是以江苏省城镇污水收集与处理系统的提质增效为基础，全面分析了排水管网和污水处理厂在技术创新、运行管理提升等方面的经验和做法。

本书由李激和邱勇主编，参与编写的有吕贞、王硕、王燕、郑凯凯、罗国兵、支尧、王小飞、高俊贤、郝家厚、李怀波、阮智宇、支丽玲、田宇心、刘雪洁、邱逸群、周振、周圆、王艳红、吴伟、徐科威、李美、朱葛、黄棚兰、庞晶津、陈仪、周政、陈宇、周勇、胡邦、王涛和陈晓光。本书总结了国家"水体污染控制与治理"科技重大专项"十一五""十二五"和"十三五"期间的相关课题成果，课题编号信息如下：污水处理系统区域优化运行及城市面源削减技术研究与示范（2011ZX07301-002）、城镇污水处理厂提标技术集成与设备成套化应用（2013ZX07314-002）、重点流域城市污水处理厂污泥处理处置技术优化应用研究（2013ZX07315-003）、产业集中区排水系统优化与减排控污技术研究与示范（2014ZX07035-001）、城市污水能源资源开发及氮磷深度控制技术的集成研究与综合示范（2015ZX07306-001）、工业聚集区污染控制与尾水水质提升技术集成与应用（2017ZX07202-001）等。

"水体污染控制与治理"科技重大专项是为实现中国经济社会又好又快发展、调整经济结构、转变经济增长方式、缓解我国能源、资源和环境的瓶颈制约，根据《国家中长期科学和技术发展规划纲要（2006—2020年）》设立的十六个重大科技专项之一，旨在为中国水体污染控制与治理提供强有力的科技支撑，在此感谢各课题对本书的大力支持。由于作者水平有限，书中不足和错漏之处在所难免，敬请读者批评指正。

本书受江南大学学术专著出版基金资助，特此感谢！

目　　录

第1章 绪 论

1.1 城镇污水收集与处理系统概述

1.1.1 城镇污水收集与处理系统的定义和作用

城镇污水收集与处理系统是由收集和处理城镇污水的工程设施组成的系统，是城镇公用基础设施的组成部分。在实施雨污分流制情况下，污水由收集系统经排水管道收集并输送至污水处理厂进行处理，处理后达标的出水排入受纳水体或回收利用。雨水由排水管道收集后就近排入受纳水体。城镇污水收集与处理系统通常由收集系统（即排水管道）和处理系统（即污水处理厂）组成。

城镇污水收集与处理系统具有消除污水危害、保护和改善环境的作用。控制水污染、保护水环境是经济建设和社会发展必不可少的前提条件，也是保障人民健康和造福子孙后代的大事。城镇排水系统的构成如图1-1所示。

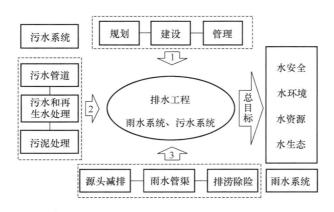

图 1-1 城镇排水系统的构成

1.1.2 城镇污水收集与处理系统的发展

据考证，早在公元前2500年，古埃及、古希腊就已建有各种形式的灌渠系统。我国的污水收集系统也有着悠久的历史，比如秦代通过灌渠来排除城市雨水、历代帝王的都城大多建有较为完整的污水收集系统。

随着第一次工业革命的兴起，世界范围内的城市化发展日益加快，表现为城市人口和经济交流不断集聚，由此也导致了城市环境污染问题愈发严重。例如，处理不及时的垃圾和粪便等得不到有效处理，被冲刷到受纳水体中造成水源地污染，最终引发了霍乱、伤寒等多次疫情。1848～1849 年，一场霍乱导致伦敦 1.4 万人死亡。疫情结束后，为了改善滋生传染病的"温床"即伦敦地下水道，英国着手改进城市污水收集系统。工程历时 7 年完成，纵横交错的下水道实际总长达到了 2000km。下水道将污水与地下水分开，弥漫在伦敦空气中的臭味终于消失了，从此以后伦敦再没发生过霍乱。在 19 世纪中期，法国巴黎也修建了规模巨大的下水道系统，将污水排入 6km 以外的下游；同时期美国纽约也修建了大渡槽，引 190km 以外的水源入城，修建长距离的排水地下隧道将污水排入海中。

我国从 1978 年改革开放以来，随着经济体制的复苏，城市人口逐年增多，城市化进程不断加快，水环境污染造成的水质性缺水和城市居民生活环境质量下降等压力，对城市基础设施的建设需求迫在眉睫，人们对污水收集及处理系统重要性的认识也不断提高，排水管网等设施也因此得到建设与发展。1995 年，我国城市排水管道总长仅 7.5 万 km。到 2010 年年底，我国排水管道总长度达到 37 万 km。到 2019 年年底，我国排水管网总长度已达 74.4 万 km。

伴随着供水管道和供水处理设施的大规模应用，污水处理设施也在飞速发展。19 世纪末，许多城市开始尝试采用沉淀池，通过重力作用去除污水中的部分固态有机污染物，进而减少排污河道的恶臭问题。在 20 世纪初，德国人发明了英霍夫（Imhoff）沉淀池，实现了污水的固液分离和对污染物的厌氧降解。随后在 1914 年，英国曼彻斯特戴维汉姆实验室的化学工程师 Edward Ardern 和 William T. Lockett 发明了活性污泥法，开启了污水处理的新纪元。活性污泥法是以活性污泥为主体的废水生物处理方法，能从污水中去除溶解性的和胶体状态的可生化有机物，也能去除被活性污泥吸附的悬浮固体和一些其他物质，同时还能去除一部分磷素和氮素。

活性污泥法诞生后，世界各地迅速跟进研究，并着手建设污水处理厂。1914 年，索尔福德市建成了世界上第一座活性污泥法污水处理厂，处理规模为 360m³/d。1915 年，戴维汉姆活性污泥法污水处理厂建成，规模 4564m³/d。1916 年，美国在田纳西州的圣马科和威斯康星州的密尔沃基也建成了生产性规模的处理设施。1926 年，德国的第一座活性污泥法污水处理厂在埃森建成。1923 年，我国上海北区建成了国内第一座活性污泥法污水处理厂，日处理能力为 3500m³；此后上海东区和西区污水处理厂也相继建成，处理规模分别为 1.7 万 m³/d 和 1.5 万 m³/d。截至 2020 年年底，我国已有污水处理厂 5700 多座，处理规模达 2.3 亿 m³/d。

随着城市化进程的加快和经济发展的高速增长，生产生活产生的大量氮磷等营养物质未经有效处理就排入水体，带来了水体富营养化的问题，影响水生态系统健康。20 世纪 90 年代，联合国环境规划署的调查表明，全世界约有 30%～40% 的湖泊和水库遭受着不同程度的水体富营养化影响，各地区差异较大。我国人口稠密的"三河三湖"地区水体富营养化尤为严重，渤海北部和南海多次发生赤潮。2007 年 5 月，太湖暴发了严重的蓝藻污染，污染了水源地，造成无锡全城范围的自来水停止供应事件。

基于河湖生态健康的目标，美国 EPA 设定了新的氮磷排放标准，要求污水处理厂适时应用先进的脱氮除磷处理工艺，并同时要求采取措施有效去除城市降雨径流中的营养物质。2015 年，我国发布的《水污染防治行动计划》（简称"水十条"）明确：敏感区域（重点湖泊、重点水库、近岸海域汇水区域）城镇污水处理设施应于 2017 年年底前全面达到《城镇污水处理厂污染物排放标准》GB 18918—2002 一级 A 排放标准（简称一级 A 标准）。2012 年以来，北京市、太湖流域、滇池流域和巢湖地区等地出台了更严格的地方排放标准，污水处理厂的出水排放标准不断严格，污水处理厂的运行要求进一步提升。

1.1.3　城镇污水收集与处理系统运行现状及存在问题

1. 城镇污水收集系统现状及存在问题

我国城镇污水收集系统在建设之初的标准定得较低，导致城镇污水收集系统遗留了一些问题，比如规划混乱、质量偏低、年久失修、缺乏维护管理等。根据住房和城乡建设部最新版的《室外排水设计标准》GB 50014—2021，我国当前雨水管渠设计重现期为一般地区 1~3 年，重要地区 3~5 年，特别重要地区 10 年。由于历史原因，我国许多城市建设的雨水管渠设计流量整体偏小，一旦遭遇持续暴雨天气，极易引起城市内涝灾害，同时也导致雨污混流和污水外溢等问题。

随着城镇人口的集聚和经济稳步增长，我国各级政府也在加大力度支持城镇污水收集系统的可持续发展，因此城镇污水收集系统的发展面临着许多新的机遇和挑战。目前城镇污水收集系统运行现状及存在问题如下：

（1）管网建设问题

1）管网建设规模不足

目前城市排水管网规模不足、配套率低，导致污水收集不到位。我国许多地区普遍存在排水管网整体规模偏小的问题，管网不配套对我国污水收集率和污水处理总量的提升有着严重的制约影响。

根据《中国城市建设统计年鉴》，2009~2019 年，我国排水管道长度从 343892km 增加至 743982km，排水管道建设增长率为 116%；建成区排水管道密度由 8.76km/km^2 增长至 10.50km/km^2，排水管道密度的增长率仅为 19.8%。因此，从排水管道密度的增加比例来看，我国还需要继续增加管网建设的规模。

2）管网漏接、污水直排

全国许多城市河段都有受到不同程度的污染，形成城市黑臭水体（图 1-2）。各级政府高度重视，接连出台一系列黑臭水体整治工作要求，启动了黑臭水体整治专项行动。在对黑臭水体整治方案的评估、实施过程中，发现黑臭水体问题产生的根本原因是生活污水、工业废水、初期雨水直排入地表水体。因此为从根源上解决黑臭水体问题，需要有效进行控源截污，针对源头实施"清污分流"是截污治污的根本措施。

近年来，通过黑臭水体整治行动发现了许多河道湖泊存在不知名管道。不法分子通过

图 1-2　城市黑臭水体

这些暗管、渗井、渗坑、灌注或者不正常运行污染物治理设施等逃避监管的方式直接将污水排放至河道、湖泊。除此之外还存在部分老旧小区、商铺街道等地区污水未接入城镇排水管网，直排入河道、湖泊。

目前，我国城市还存在源头未实行雨污分流制的问题，城镇污水收集系统合流制、不完全分流制与分流制并存。合流制排水系统在暴雨期间的排水量可以达到旱季水量的10～20倍，污水处理厂在暴雨期间遭受超过其处理能力的冲击负荷，可能导致部分污水未经处理而被排放至受纳水体中。一些企事业单位、住宅小区内部雨污混接、沿街商铺污水错接进入雨水管道，路边餐饮、洗车、道路清扫、垃圾站等产生的污水直接接入道路雨水收集口，使雨水排水口流出污染水体。

3）管网错接、混接

随着各地水环境综合整治、黑臭水体整治的开展，大部分城市对原有的合流制排水系统进行了雨污分流改造，逐步建立了污水、雨水两套独立的收集系统。由于管网的建设质量和运维等方面原因，不论是已完成雨污分流改造的老区，还是直接建成分流制的新区，尚存在雨污错接、混接现象。

我国南方地区通常地下水位高、水系发达、河网密集，如出现管道错接、混接情况，地下水、河道水、湖泊水以及雨水等外水经常大量涌入污水管网。当外水进到污水管道中，会出现"清水"占据污水管道的容量，导致污水管道在旱季依然处于高水位、满管流，进而导致污水处理厂进水浓度低，处理效率低，出现虚假的满负荷现象。污水管网常态化"满管流"是导致城镇污水收集系统蓄水能力弱，雨天污水溢流的关键因素。

（2）管网运维投入不足

在我国城市化建设过程中，因为地形较为复杂、地下管线错综交织、受到城市绿化及交通等方面影响，导致城镇排水管网施工难度较大、维护成本高、管网质量和运行维护效果参差不齐。

我国现有排水管道建设过程中普遍存在坍塌、破裂、脱节、错位等结构性缺陷。在城市建设中，道路、小区、公共设施等自来水管道、燃气管道、电信网络改造等相关施工单位交叉作业，容易导致部分污水管被破坏严重，出现压扁、脱节、管道漏水进沙等问题，更有甚者会影响道路安全,出现周边道路塌陷等隐患。管道脱节、破损甚至与河道相通造成大量的外来水进入管道,在雨天时入渗量更大,对污水处理厂造成冲击。从我国部分地区调查结果来看,管道入渗量为污水量的40%~65%。由于较高的夜间污水量排放拉低了该比值,实际入渗量的绝对值可能比调查数据还要高。此外,有些污水管还出现下沉现象,导致管网受到地下水的影响,从而进一步影响污水管网水质水量。

我国早期管网结构层次不一,排水暗渠和管道同时并存。暗渠一般断面较大,排水尚能保证畅通,而部分管道则容易出现长年累月的淤积,主要原因是部分管道交叉渗滤、管道质量差和管径小、雨污合流、规划不合理等。特别是中心城区地势低且排水设施老化时,很容易出现排水不畅、管道淤积的现象。

排水管网出现破坏、下沉和淤堵现象,会带来较大的附带损失。一些淤积严重的管道,排水功能只有原来的1/4~1/3,如遇大到暴雨,地势较低的马路浸水严重,雨水无法及时排出,造成城市内涝。

排水管网运行维护投入严重不足,养护工具与养护设备难以得到及时更新。与此同时,城市排水管网的维护又存在工作量大、任务重的困难。这两者之间的矛盾使工作人员的积极性难以充分调动,降低了排水管网养护运行管理的工作效率,城市排水管网也因缺乏正常维护而难以持续发挥正常功能。

(3)管理机制体制问题

目前,我国的城市排水管网养护运行管理还是由地方政府执行,社会力量参与的程度不深,有待积极发挥市场优化资源配置的作用。同时,城市排水管网的管理往往涉及多个职能部门,缺乏统一的管理机制。分散的管理模式使各部门对排水管网的职责不清,对排水管网的信息资料缺乏有效的沟通机制。体制上的不够完善使得排水管网中复杂的问题缺乏有效的决策,分工不明使得管道养护计划难以实施,制约了对城市排水管网的维护与维修。目前,全行业都意识到了管理机制方面的瓶颈和问题,多数城市都在努力建设完善城市排水管网养护管理信息系统,以确保排水管网出现问题时能够及时迅速处理,同时也针对城市管网中出现的故障建立针对性的应急预案。

2. 城镇污水处理系统现状及存在问题

中华人民共和国成立初期,我国工农业刚发展起来,水源污染程度较小,且提倡回用污水浇灌农田。因此,中华人民共和国成立后很长一段时间,我国只建设了数十座污水处理厂,水处理方法也较为落后。随着社会的不断发展,政府和民众关注到愈加严重的水污染趋势,污水处理厂也开始大规模兴建起来。截至20世纪90年代末,我国共建成200座污水处理厂(二级处理),大多数建立在大中型城市。

"十一五"和"十二五"期间是我国城镇水务事业快速发展时期,城镇污水处理量每年以10%的速率增长。截至2010年12月,全国投运的城镇污水处理厂有2832座,处理能力为1.25亿 m^3/d,累计污水处理量达到343亿 m^3。截至2020年年底,全国城镇运行污水处理厂5773座,污水处理能力达2.3亿 m^3/d。

目前我国城镇污水处理系统的可持续运行主要存在如下三个方面的挑战:

（1）高排放标准稳定达标的难度大

近十年是我国污水处理事业飞速发展时期，污水处理技术水平突飞猛进，出水排放标准也在不断严格。但是，污水处理厂由众多构筑物及设备组成，进水情况、处理水平、管理水平、设施设备运转状况等因素相互联系和制约，构成了一个复杂的系统，其中某一个因素的改变往往会连锁影响其他因素。而且，突发性工业废水的冲击、厂进水碳源偏低等进水水量水质变化对污水处理厂运行的影响也持续存在。因此，受各方面因素影响，污水处理厂难以长期达标排放和稳定运行。

（2）高能耗和高药耗

与发达国家相比，我国城镇污水处理的能效和物效偏低、高能耗问题突出。近年来人们生活水平提升速度较快，对水质有了更高的要求，污水排放标准也更为严格。污水处理设施排放标准的提升，在保护和改善城市整体水环境的同时，也加剧了污水处理过程中的能源和化学品消耗量。目前，我国污水处理厂在污水处理过程中的污水污泥的提升和循环、生物处理供氧及污泥处理等单元存在大量的能源消耗问题，特别是曝气、污水提升及污泥处理等单元的能耗比例较大。因此，如何大幅度降低污水生物处理和污泥处理过程的能耗，越来越受到行业的重视。由于污水处理厂存在能源消耗大及运行成本高的问题，因此对城市污水处理厂的建设和可持续运行提出了更高的要求。

（3）资源化利用效率低

污水处理在运行过程中会直接产生大量的 CO_2、CH_4 和 N_2O 等温室气体，同时污水处理还是一个高耗能行业，因此还有明显的间接温室气体排放。污水的资源化利用，能显著降低碳排放强度。但是，2019 年，我国城镇污水排放量约 750 亿 m^3，而再生水利用量却不足 100 亿 m^3。因此，2021 年国家发展和改革委员会等 10 部门联合发布《关于推进污水资源化利用的指导意见》（发改环资〔2021〕13 号），提出到 2025 年，全国地级及以上缺水城市再生水利用率达到 25％以上，京津冀地区达到 35％以上。

污泥是污水处理过程中的副产物，富集了污水中大量有机物、污染物质与营养物质，具有污染和资源的双重属性。目前，我国城镇污水处理规模超过 2 亿 m^3/d，位居世界第一。污水处理产生的污泥量突破 6000 万 t/年（含水率 80％），主要处理方式为脱水之后填埋或焚烧，资源化利用效率低。污泥处理过程会消耗大量的药剂和能源，以填埋为主的处置方式还会造成大量温室气体的排放。因此，污泥处理处置过程的碳减排对污水处理行业的碳中和具有重要的意义。可以看到，如何提升污水处理过程的资源化利用效率，将是未来行业发展的重点。

1.2 城镇污水收集与处理系统的提质增效概述

"提质增效"，顾名思义，就是"提高质量、增加效能"。城镇污水收集与处理系统的"提质增效"以提升系统污染收集效能和处理效能为首要目标，主要针对影响污水收集系统质量和污染物减排效能低下的核心问题，对设施系统进行优化和改造。

1.2.1 城镇污水收集与处理系统提质增效必要性

碳中和已成为各国追求的共同目标和共同价值观。截至 2020 年 10 月，世界 197 个国家中有 126 个提出了 21 世纪碳中和的目标，实现目标年从 2035 年跨到 2060 年。比如，芬兰为 2035 年、奥地利和冰岛为 2040 年、瑞典为 2045 年、德国、英国、法国、韩国、加拿大等国家为 2050 年。中国的碳中和目标年是 2060 年。目前承诺碳中和目标国家的碳排放已超过全球排放总量的 48%，覆盖全球近一半人口，国土面积占全球的 42%，经济总量占全球的 53% 以上。

2020 年 9 月 30 日，习近平主席在"联合国生物多样性峰会"提出：中国采取更加有力的政策和措施，二氧化碳排放力争于 2030 年前达到峰值，努力争取 2060 年前实现碳中和，为实现应对气候变化《巴黎协定》确定的目标作出更大努力和贡献。这也是中国首次给出碳中和时间表。2020 年 11 月 12 日，习近平主席在"第三届巴黎和平论坛"致辞表示：中方将为实现碳达峰、碳中和制定实施规划。2020 年 11 月 17 日，习近平主席在"金砖国家领导人第十二次会晤"重申碳中和目标，表示将采取更有力的政策和举措实现碳中和。2020 年 11 月 22 日，习近平主席在"二十国集团领导人利雅得峰会'守护地球'主题边会"上致辞表示：中国将加大应对气候变化力度，中国言出必行，将坚定不移加以落实。2020 年 12 月 12 日，习近平主席在"气候雄心峰会"上强调：到 2030 年，中国单位国内生产总值二氧化碳排放将比 2005 年下降 65% 以上。2021 年 1 月 25 日，世界经济论坛"达沃斯"议程对话会上，中国表示为实现"2060"的"双碳"目标，中国需要付出极其艰巨的努力。2021 年 2 月 19 日，中央全面深化改革委员会第十八次会议强调，建立健全绿色低碳循环发展经济体系，统筹制定 2030 年前碳排放达峰行动方案。我国主动承担应对气候变化的国际责任，从 2009 年宣布的 40%～45% 目标，到 2020 年提出的碳中和目标，彰显了中国积极应对气候变化、走低碳发展道路的决心。2021 年 3 月 15 日，习近平主席主持召开中央财经委员会第九次会议，强调：我国平台经济发展正处在关键时期，要着眼长远、兼顾当前，补齐短板、强化弱项，营造创新环境，解决突出矛盾和问题，推动平台经济规范健康持续发展；实现碳达峰、碳中和是一场广泛而深刻的经济社会系统性变革，要把碳达峰、碳中和纳入生态文明建设整体布局，拿出抓铁有痕的劲头，如期实现 2030 年前碳达峰、2060 年前碳中和的目标。

城镇污水收集与处理系统提质增效也是碳达峰、碳中和的要求。城镇污水收集与处理系统的提质增效正是碳达峰、碳中和这场经济社会系统性变革的一部分。根据《温室气体议定书：企业核算与报告准则》，碳排放包括直接排放和间接排放。我国现阶段的城市污水处理设施一般以二级处理为主，直接排放主要来自生物处理过程中有机物转化时 CO_2 的排放、污泥处理过程中 CH_4 的排放、脱氮过程中 N_2O 的排放、净化后污水中残留脱氮菌的 N_2O 的释放。间接排放包括能耗间接排放和物耗间接排放，其中耗能环节主要包括污水提升单元、曝气单元、物质流循环单元、污泥处理处置单元以及其他处理环节中机械设备的电能消耗；消耗药剂主要包括用于除磷的聚合氯化铝/氯化铁、用于补充碳源的乙酸/

乙酸钠、用于污水后续消毒的臭氧/液氯，以及污泥浓缩脱水过程中需投加的絮凝剂、助凝剂等。据初步估算，我国城镇污水处理设施的碳排放强度约为 $0.3 \sim 0.8 \mathrm{kgCO_2\,eq/m^3}$，有一定的减排压力。

通过城镇污水收集与处理系统的提质增效，有助于减少直接的碳排放量。比如，通过优化排水管网运行条件，可以改善氧化还原环境，减少排水管网底泥分解有机物排放甲烷。再如，通过优化污水处理设施，可以改善脱氮性能，从而减少反硝化排放 N_2O 气体等。这些都有助于减少无组织的直接碳排放量。

通过城镇污水收集与处理系统的提质增效，也有助于显著减少间接的碳排放量。比如，通过改善过程控制性能，可以降低污水处理系统的能耗和物耗，从而大幅度减少了间接排放量。例如，基于排放因子法对 AAO 工艺的 7 座执行相同出水标准污水处理厂进行碳排放核算与评价后发现，7 座污水处理厂间接吨水碳排放量范围为 $0.3583 \sim 0.8460 \mathrm{kgCO_2\,eq/m^3}$，不同污水处理厂之间的差距较大，这表明污水处理厂运行方面仍有较大碳减排空间，运行调控优化有助于实现低碳运行。

综上所述，城镇污水收集与处理系统的提质增效，不仅有助于提高排水设施的运行效能，减少运行成本，而且还是实现碳达峰、碳中和的重要举措和抓手。

1.2.2 城镇污水收集与处理系统提质增效政策导向

"绿水青山就是金山银山"是习近平总书记于 2005 年 8 月 15 日在浙江湖州安吉考察时提出的科学论断，是中国生态文明建设过程的生动概括，为中国迈向生态市场经济提供了支持，为中国供给侧结构性改革开拓新空间、提供新思路，为实现城乡两元文明共生、城乡均衡发展的中国特色城镇化模式提供了新的思想和方案。为了贯彻和实践生态文明建设，我国陆续推出一系列政策法规，加大环境保护力度，同时通过资金投入、税收优惠等措施，有力推动了水务行业（尤其是城镇排水行业）的高质量发展。

2018 年 6 月 16 日中共中央、国务院印发的《关于全面加强生态环境保护坚决打好污染防治攻坚战的意见》明确要求：实施城镇污水处理"提质增效"三年行动，加快补齐城镇污水收集和处理设施短板，尽快实现污水管网全覆盖、全收集、全处理。完善污水处理收费政策，各地要按规定将污水处理收费标准尽快调整到位，原则上应补偿到污水处理和污泥处置设施正常运营并合理盈利。

为全面落实党的十九大和十九届二中、三中全会精神，落实中共中央、国务院关于推进城镇高质量发展、改善人居环境的有关要求，切实推进污水处理"提质增效"工作，经国务院同意，住房和城乡建设部、生态环境部、国家发展和改革委员会于 2019 年 4 月 29 日联合印发了《城镇污水处理提质增效三年行动方案（2019—2021 年）》（建城〔2019〕52 号），要求经过 3 年努力，地级及以上城市建成区基本无生活污水直排口，基本消除城中村、老旧城区和城乡接合部生活污水收集处理设施空白区，基本消除黑臭水体，城市生活污水集中收集效能显著提高。

2020 年 7 月 28 日，为解决城镇生活污水收集处理发展不均衡、不充分的矛盾，加快补齐城镇生活污水处理设施建设短板，住房和城乡建设部与国家发展和改革委员会联合发布了《城镇生活污水处理设施补短板强弱项实施方案》（发改环资〔2020〕1234号），明确要求到2023年县级及以上城市设施能力基本满足生活污水处理需求。生活污水收集效能明显提升，城市市政雨污管网混错接改造更新取得显著成效。城市污泥无害化处置率和资源化利用率进一步提高。缺水地区和水环境敏感区域污水资源化利用水平明显提升。

《城镇污水提质增效三年行动方案（2019—2021年）》（建城〔2019〕52号）和《城镇生活污水处理设施补短板强弱项实施方案》（发改环资〔2020〕1234号）两个方案的发布，为地方各级人民政府系统识别了现阶段城镇污水收集与处理系统的主要矛盾和关键问题，指导确定了提升城镇污水收集与处理系统效能的工作要点与技术思路。各级地方政府积极响应，相继发布了如《江苏省城镇污水处理提质增效精准攻坚"333"行动方案》《陕西省城镇污水处理提质增效三年行动实施方案（2019—2021年）》等一系列政策方案，实施精准攻坚行动，明确了区域性提质增效的目标和要求。

1.3　城镇污水收集与处理系统问题识别方法

1.3.1　城镇污水收集系统问题识别方法

城镇对污水的治理和水环境改善意义重大，在实际污水收集和污水治理过程中，为了准确识别和解决城镇污水收集与处理系统存在的瓶颈问题，需要建立一些科学有效的方法和工具，为问题的识别和解决提供理论依据和技术支撑。

1. 外水入渗量估算

污水管网的外水入渗量可采用水量平衡三角法，对地下水或河水渗入量、雨水混入量进行定量分析。水量平衡三角方法的概述如下：即将一年的日均污水处理量按升序排列，进行均一化处理，将时间除以一年总天数，日均污水量除以一年中最大日污水量。以晴雨天占一年总天数的比例为横坐标，日污水量占最大日污水量的比例为纵坐标，建立坐标系，将数据绘制成曲线，如图1-3所示。AE为日污水量曲线，其与左右两侧纵坐标的交点分别为A和E；点B的横坐标为一年中晴天所占的比例，D为B向上做垂线与日污水

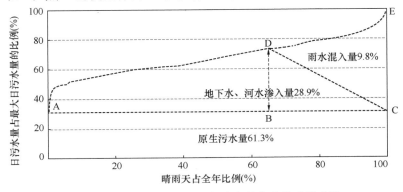

图 1-3　污水处理厂进水中各种水量占比关系示意图

量曲线 AE 的交点。ACD 所围成面积代表河水及地下水渗入量；CDE 所围成面积代表雨水混入量；虚线 AC 与坐标轴所围成的区域面积代表原生污水量。

污水处理厂服务片区自来水使用后产生的污水量即为原生污水量。通过自来水用量计算出的原生污水量占比，可与水量平衡三角法得出的原生污水量进行校核，验证水量平衡三角法对于污水处理厂进水组成分析的合理性和准确性。

原生污水量计算公式如下：

$$Q = D \cdot i \cdot \eta \tag{1-1}$$

式中　Q——原生污水量，m^3/d；

　　　D——自来水用量，m^3/d；

　　　i——产污系数；

　　　η——收集率，%。

2. 服务片区排水管网沿程水质浓度检测分析

了解排水管网沿程的污水中污染物质浓度，对于污水处理设施的运行维护十分重要。可以采用沿程采样、水质分析和专家分析的方法，识别排水管网中沿程污染物转化存在的问题。方法概述如下：分别在晴/雨天进行污水处理中心片区内主要居民排水户的污水采样检测，分析小区自建管网地下水或河水渗入以及雨水混入的情况；在此基础上，根据主干管、支管位置和水流方向，进行沿程布点，采样并分析污水的各项指标（如 COD、氨氮、总氮、总磷等），根据指标浓度的变化分析管网渗漏的大致情况，较为直观，可信度高，但很难确定具体的渗漏位置，仅用于缩小排查和修复的范围，为后续具体检测和修复工作提供基础资料。

3. 管网具体问题检测

排水管网的视频检测是发现和识别排水管道缺陷的主要手段。针对旱天生活污水直排、雨天合流制溢流污染、城市污水处理厂进水浓度偏低、生活污水管网空白区等问题，采用闭路电视检测技术（CCTV）、声呐检测技术（SI）和管道潜望镜检测技术（QV）等手段有针对性对沿河排口、暗涵内排口、沿河截流干管等进行排查，查清河水地下水入渗、雨污混接错接、污水直排等情况，形成管网存在问题检测评估报告，为实施管网改造和修复提供技术支撑。

4. 排水管理体制机制问题分析

管理机制的问题需要从多个方面进行调研、分析和讨论。例如，分析目前管网建设运维管理方面存在的问题，如是否有统一领导协调和监管机制，相关责任主体相应工作制度和保障机制是否建立健全；居民小区、公共建筑和企事业单位是否做好内部管网维护管理等。

1.3.2　城镇污水处理系统问题识别方法

城镇污水处理系统的边界较为清晰，其中存在的问题识别包括但不限于：源头管控、进水水质特征、主要达标影响因素、关键指标达标难点、工艺运行效能、设备仪表及电气自控等。

1. 源头管控问题的识别

（1）居住小区和公共建筑生活污水是否依法规范接入市政污水管网，建设单位是否按照排水设计方案建设管网等设施。

（2）是否存在新建、改建、扩建工业企业以及各工业园区内产生的工业废水接入市政污水管网情况；是否存在冶金、电镀、化工、印染、原料药制造、光伏、垃圾渗滤液等含重金属或高浓度、难生物降解污染物废水接入市政污水管网情况。

（3）是否存在河湖水进入市政排水管网情况；是否存在施工降水或基坑排水进入市政排水管网情况。

（4）是否有完善的排水管网及其附属设施的运行监管系统；是否建立完善的管网运行维护保障计划并定期开展管网排查和清淤；是否建立有效的厂、站、网联动调度机制。

2. 进水水质特征

（1）按现行行业标准《城镇污水处理厂运行、维护及安全技术规程》CJJ 60 要求开展城镇污水处理厂的水质检测，污水处理厂水质指标不全、数据不足的，应进行补充测试。

（2）重点关注 COD_{Cr}、TN、TP 及 BOD_5 等指标，加强 BOD_5 的日常检测，作为进水可生化性、碳氮比等参数分析的重要依据。

（3）对存在达标难度的指标开展关联组分分析，重点关注 COD_{Cr} 中溶解性难生物降解 COD_{Cr} 组分、TN 中硝态氮和出水溶解性不可氨化有机氮组分、TP 中溶解性难化学沉淀 TP 组分。

难生物降解 $COD_{Cr(溶解性)}$ ＝ （好氧活性污泥＋待测水样）长时间（24h 以上）曝气残留 $COD_{Cr(溶解性)}$

出水不可氨化有机氮$_{(溶解性)}$＝出水 TN$_{(溶解性)}$ －出水氨氮－出水硝酸盐氮－出水亚硝酸盐氮

难化学沉淀 $TP_{(溶解性)}$＝$TP_{(溶解性)}$ －正磷酸盐

开展 BOD_5/COD_{Cr}、SS/BOD_5（或 SS/COD_{Cr}）、BOD_5/TN（或 COD_{Cr}/TN）、BOD_5/TP（或 COD_{Cr}/TP）及 COD_{Cr}、BOD_5、TP、TN 溶解性组分含量的统计分析，评估进水的可生化性、无机悬浮固体组分含量及碳源等情况。

3. 主要达标影响因素识别

（1）SS/BOD_5（或 SS/COD_{Cr}）

进入生物系统的 SS/BOD_5（或 SS/COD_{Cr}）可间接影响活性污泥产率和污泥活性，当 $SS/BOD_5 > 1.5$ 时，可采取强化沉砂效果、设置初沉池或具有同等功能的措施，强化无机悬浮固体去除。

（2）BOD_5/TN（或 COD_{Cr}/TN）

进入生物系统的 BOD_5/TN（或 COD_{Cr}/TN）可影响生物脱氮效果，常规生物除磷脱氮系统去除 1mg/L 硝态氮通常需 5mg/L 的 BOD_5，不能满足要求时需考虑投加外部碳源措施。

（3）BOD_5/TP（或 COD_{Cr}/TP）

进入生物系统的 BOD_5/TP（或 COD_{Cr}/TP）影响生物除磷效果，应充分发挥生物除磷作用，减少后续化学除磷药剂的投加量。$BOD_5/TP > 20$ 时，具备较好的生物除磷碳源条件。

4. 关键指标达标难点分析

（1）化学需氧量（COD_{Cr}）

出水 COD_{Cr} 达标难点为进水中含较高浓度的溶解性难生物降解 COD_{Cr}。应测定进出水中溶解性难生物降解 COD_{Cr} 浓度及含量并追溯其来源。重点关注化工、制药、印染等工业废水的影响，提出源头控制措施。

（2）氨氮（$NH_3\text{-}N$）

出水 $NH_3\text{-}N$ 达标受水温、HRT、DO、pH、碱度、MLVSS/MLSS、污泥浓度等综合影响。应关注高氨氮废水、硝化抑制物质等的冲击影响，并追溯其来源，提出源头控制措施。达标难点是低水温导致的硝化能力下降。

（3）总氮（TN）

出水 TN 达标受进水 BOD_5/TN（或 COD_{Cr}/TN）、进水碳源构成及分配、污泥龄、水温、混合液回流比、缺氧环境（HRT、DO、混合条件、ORP）、外部碳源投加（种类、点位、投加量）等因素影响。达标难点是出水硝态氮和溶解性不可氨化有机氮浓度偏高。

（4）总磷（TP）

生物除磷系统出水 TP 达标受进水 BOD_5/TP（或 COD_{Cr}/TP）、进水碳源构成及分配、pH、污泥龄、水温、厌氧环境（停留时间、DO、混合条件、ORP、硝态氮）等因素影响；化学除磷系统出水 TP 达标受药剂种类、投加点、投加量、混合条件（方式、时间、强度）等因素影响。达标难点是溶解性难化学沉淀 TP 偏高。

5. 工艺运行效能测试与评估

为了精准识别污水处理工艺中存在的问题，一般需要通过对城镇污水处理厂开展工艺全流程效能测试，经过计算、评估和筛选，才能最终明确工艺运行中存在问题的来源和影响程度。具体内容见表1-1。

污水处理厂工艺全流程效能测试与评估　　　　　　　　　　　表 1-1

项目	方法	测试与评估内容及方法
预处理系统	现场调研测试	1. 进水泵提升效能、大小泵匹配情况和自控水平、应对水量波动能力； 2. 格栅级配是否合理，细格栅及超细格栅的拦截效能，是否返混回渣； 3. 沉砂池的实际水力停留时间或表面水力负荷，是否有效出砂，砂水分离器运行效果； 4. 初沉池/初沉发酵池/厌氧水解池运行状态，污泥龄/排泥时间控制是否合理，进出水水质改善情况； 5. 进水泵出口、沉砂池跌水区、初沉池出水堰等区域是否存在跌水复氧现象

项目	方法	测试与评估内容及方法
生物处理系统	现场调研测试、模拟试验	1. 功能区布局及水力停留时间，进水点及内外回流点的布置，设备仪表点位及运行现状； 2. 功能区的可调节能力评估，如好氧区供气量、内外回流泵流量、分点进水及流量等； 3. 活性污泥的性能测试，如厌氧释磷、反硝化、硝化和耗氧速率，反硝化除磷能力、MLVSS/MLSS、SVI 等； 4. 各功能区氮磷去除效能评估，根据进水水质特性、不同功能区工艺参数、活性污泥能力测试结果，通过物料平衡对比功能区实际测试数据，评估生物系统的氮磷去除效果及优化潜力； 5. 开展模拟试验，如碳源投加强化反硝化、化学除磷药剂投加等试验
深度处理系统	现场调研测试、模拟试验	1. 梳理各功能区的布局及其污染物去除目标，分析各功能区运行效果； 2. 开展主要功能区生产性测试，结合功能区污染物去除目标进行评估； 3. 必要时开展模拟试验，如高级氧化、活性炭/活性焦、磁分离等对溶解性 COD_{Cr}、色度、TP、SS 等去除效果进行试验验证

6. 设备、仪表及电气自控问题识别

对设备、仪表及电气自控水平进行总体评估，包括核心设备运行和调控能力、在线仪表布设及运行维护情况、自控系统建设和运行效果（对水质水量和运行环境变化的监控和响应能力），同时兼顾电气系统的容量配置评估。

第2章 排水管网提质增效技术

2.1 排水管网提质增效技术概述

排水管网作为污水收集和运输的核心单元，在维持城市环境卫生、保障城市正常运转中发挥了极其重要的作用。但是，我国排水管网在建设和管理方面还存在着比较多的问题。例如，排水体制不完善，我国部分老城区的管网仍采用雨污合流的方式，容易因排水不畅而发生雨季内涝。其次，排水管网存在错接、漏接的现象致使污水直排入河，导致排水管网收集效率低下。此外，由于自然因素、施工质量和后期养护管理等方面因素的影响，许多公共排水总管不可避免地存在破损、变形、腐蚀和脱节等结构性缺陷，地下水或河水会通过这些缺陷大量渗入排水总管，甚至间接引发管道塌陷、检查井沉降等次生事故。

随着城镇污水处理厂尾水排放标准的提高，对生物脱氮提出了更高的要求，进水碳源不足成为制约污水处理工艺稳定达标的关键。经调查，我国约有45%的污水处理厂COD进水浓度低于200mg/L，进水呈现低碳氮比的特征，进水中的碳源不能完全满足生物脱氮需求。为满足总氮排放标准，污水处理厂往往需要额外投加反硝化碳源。这不仅增加了污水处理厂的运行成本，也增加了污水处理厂间接碳排放量。

排水系统的提质增效是指以改善排水系统的问题和提升污水浓度、消除城市黑臭水体等目标为导向，通过构建健康的排水管网系统，由"规模增长"向"质量提升"转变，以提升排水系统的收集效能和处理效能。这些目标的实现需要建立排水管网排查和周期性检测制度、加快推进生活污水收集处理设施改造和建设、健全管网建设质量管控机制与污水接入服务和管理制度、建立健全管网专业运行维护管理机制等。本章从排水管网规划设计、管网建设质量控制、管网养护排查、管道缺陷检测等角度入手，通过技术介绍和分析，总结和提出了完善排水设施、提高排水系统运行效能的措施，以支持排水管网系统的提质增效。

2.2 排水管网的设计

城市规划建设要科学确定生活污水收集处理设施的总体规模和布局，排水管网规划建设应当与城市开发同步推进。生活污水收集和处理能力必须与服务片区人口、经济社会发展、水环境质量改善相匹配。除干旱地区外，排水体制均应实行雨污分流。此外，需要明确城中村、老旧城区、城乡接合部排水管网建设路由、用地和处理设施建设规模，加快设施建设、消除管网空白区。对人口密度过大的区域，需要严格控制人口和企事业单位入驻数量，避免因排水量激增导致现有污水收集处理设施长期超负荷运行而失去有效功能。

2.2.1　设计原则

排水管网工程的规划与设计工作应该遵循和服从排水工程的规划设计原则，具体如下：

（1）认真贯彻执行《中华人民共和国环境保护法》和《中华人民共和国水污染防治法》，坚持"经济建设、城乡建设、环境建设同步规划、同步实施、同步发展"的原则，开展以城市为中心的环境综合治理，认真实现经济效益、社会效益、环境效益的统一。在这些基本指导思想的指导下，进行排水工程的规划与设计。

（2）排水工程的规划设计必须遵守"全面规划、合理布局、综合利用、化害为利、依靠群众、大家动手、保护环境、造福人民"的环保总方针。

（3）排水工程设计应以经批准的城镇总体规划、海绵城市专项规划、城镇排水与污水处理规划和城镇内涝防治专项规划为主要依据，从全局出发，综合考虑规划年限、工程规模、经济效益、社会效益和环境效益，正确处理近期与远期、集中与分散、排放与利用的关系。通过全面论证，做到安全可靠、保护环境、节约土地、经济合理、技术先进，并且适合当地实际情况。

（4）排水工程设计应与水资源、城镇给水、水污染防治、生态环境保护、环境卫生、城市防洪、交通、绿地系统、河湖水系等专项规划和设计相协调。根据城镇规划蓝线和水面率的要求，应充分利用自然蓄水排水设施，并根据用地性质规定不同地区的高程布置，满足不同地区的排水要求。

（5）对城市和工业企业原有的排水工程进行改建或扩建时，应从实际需求出发，在满足环境保护的要求下，充分利用和发挥其效能，有计划、有步骤地加以改造，使其逐步完善和合理化。

（6）在设计和规划排水工程时，必须认真贯彻执行有关部门制定的现行有关标准规范或规定。

2.2.2　排水体制的确定

在城市的发展过程中，形成了分流制、合流制以及两者并存混合制的排水体制。合流制排水体制将生活污水、工业废水和雨水混合在同一管道内排除。早期的合流制排水不经处理和利用，直接就近排入水体，对自然水体产生了严重污染。近年来，部分地区采用截流式合流制排水系统，在邻河岸设截流干管，同时设置溢流井，排至污水处理厂。截流式合流制排水系统相对传统的合流制有很大的改进，但是仍会将很多外水（非生活污水）接至污水处理厂处理，导致污水处理设施的进水浓度偏低、降低了处理效能。分流制排水体制将生活污水、工业废水和雨水等通过两个或两个以上独立管渠分别收集、处理和排入受纳水体。目前，大部分城市的新建排水管网均采取分流制的排水体制。

排水体制的选择关系整个排水系统的运行效能，直接影响整个排水工程的经济效益和环境效益。排水体制的选择受多种因素限制，例如：末端的污水和雨水处理工艺、当地排水管网系统的现状以及当地政府部门对环境治理的要求。总体来说，我国排水体制选择主要分为表 2-1 中的几种情况。

排水体制的确定 表 2-1

项目	排水体制的选择建议
新建区域	宜选用分流制
已建成合流制排水系统的老城区	宜将原合流制直流式排水系统改造成截流式合流系统
既有难以改造成分流制的老城区，又有新建或正在扩建的分流制的新城区	宜在老城区采用截流式合流制，而在新建区和扩建区采用分流制
雨量稀少地区，或无条件建设分流制的雨量稀少地区	宜采用合流制排水系统

2.2.3 排水管网定线

在工程的总体设计图上确定污水管道的位置和走向，称为污水管道系统定线。正确定线是合理、经济地设计污水管道系统的先决条件，是污水管道系统设计的重要环节。

排水管网管道定线一般按主干管、干管、支管的顺序依次进行。定线应遵循的原则是尽可能在管线较短和埋深较小的情况下，让最大区域的污水能够自流排出。为实现上述原则，定线时通常应该考虑的因素包括：地形和竖向规划、排水体制和线路数目、污水处理厂和出水口位置、水文地质条件、道路宽度、地下管线及构筑物位置、工业企业和产生大量污水的建筑物分布情况等。

排水管网定线可以大致分为以下几种情况：

（1）当地势平坦且没有明显分水线时，按照土地面积的大小划分排水区域。

（2）当区域内的地势起伏相对较大（如丘陵等）时，流域的分界线大致与地形的分水线一致。

（3）充分结合当地地形现状并利用地势的高差和坡降，使水流能够通过重力流的作用从高向低流，从而减少污水泵站的数量和污水的提升次数，同时也降低了投资费用和运行成本。

根据《室外排水设计标准》GB 50014—2021 规定，管渠平面位置和高程应根据地形、土质、地下水位、道路情况、原有的和规划的地下设施、施工条件及养护管理方便等因素综合考虑确定，应与源头减排设施和排涝除险设施的平面和竖向设计相协调，并且应符合下列规定：①排水干管应布置在排水区域内地势较低或便于雨/污水汇集的地带；②排水管宜沿城镇道路敷设，并与道路中心线平行，宜设在快车道以外；③截流干管宜沿受纳水体岸边布置。

综上所述，排水管网的空间布局设计主要从以下几个方面去考虑：

（1）污水管道应充分利用地形，使管道的走向符合地形趋势，以便采用重力流使污水从管道排出，并使管线最短、埋深最小。

（2）每段管道均应规划适宜的服务面积。汇水面积的划分除应依据明确的地形因素外，在平坦地区要考虑与各毗邻系统的合理分担。

（3）在横向平面布置时，应协调好排水管道与电缆沟、道路等工程的关系。在一般情况下，管道和电缆沟布置于同侧，以便于电缆沟排水井可以就近接入污水检查井中。

（4）在竖向高程布置时，应考虑管道与电缆的工程关系，一般遵照现行国家标准《城市工程管线综合规划规范》GB 50289 规定的各种管线要求进行布置。

2.3　排水管网的建设质量

2.3.1　管材选择

排水管道是城市排水系统的关键组成部分，在工程投资中占据较大比例。排水管道的质量和性能直接影响排水系统的效能，因此需要综合考虑，选用切合实际工况的管材。

排水管材的选择应综合考虑排水介质、水量、施工工艺及地质等因素，具体原则如下：

（1）排水管道应根据表面压强负荷和内部水压，选择合适强度的管材。

（2）排水管道应考虑运输介质所带来的冲刷、磨损及腐蚀影响，在最不利条件下保证设计使用寿命。

（3）排水管道及其接口的安装工艺应保证其密闭性，防止污水的渗出及地下水、河水等外水的渗入。

随着材料科学的不断发展，目前可选择的管材类型越来越丰富，供建设及设计单位的选择也越来越多。依照材质的不同，管材大致可以分为三类：

（1）混凝土材质排水管。混凝土材质的排水管一般是指由混凝土材料或钢筋混凝土材料制成的水管。混凝土管因具有制作简单、抗压能力强、价格低等优势，被广泛应用于排水系统。但是，混凝土材质的排水管由于单位长度的质量相对较大，导致施工难度增加。另外，韧性差是混凝土材质排水管的缺陷。比如，当管道回填材料流失等问题导致地基沉降时，混凝土管道容易破损而导致污水渗出或外水渗入。

（2）金属材质排水管。金属材质的排水管一般是指由钢、不锈钢或球墨铸铁材料制作而成的水管。常用金属材质排水管主要包括钢管及球墨铸铁管。这类管材强度高、抗压能力强、抗渗、粗糙度小，但耐腐蚀性差、价格较高，一般用于承压强度高和防渗要求高的地方。球墨铸铁是铸铁的一种，是铁、碳、硅的合金。球墨铸铁之中的石墨以球墨的形式存在。一般情况之下，球墨铸铁管道的石墨尺寸为 6～7 级，铸管球化等级要求为 1～3 级（球化率≥80％），以改善材料本身的力学性能，使其具有铁的本质和钢的性能。球墨铸铁管作为耐腐蚀性好的工业用管材。

（3）塑料材质排水管。塑料材质的排水管一般指的是以塑料树脂作为原材料所制作而成的水管。常见的塑料管有 HDPE 管、PVC-U 管及玻璃钢管等。塑料树脂所制成的管材具有质量较轻、便于施工安装、较强耐腐蚀性等显著优点，在排水系统中的应用也日益广泛。塑料管材的内部大多较为光滑，粗糙度小，因此在实际的使用过程中很少有存污和堵塞的情况。但是，塑料管材的强度相对较低，在施工安装或使用过程中受到多次外力后易导致水管变形甚至破裂，造成质量和安全隐患。因此，塑料材质管材一般用于管径稍小的管道。

与塑料管材相比，球墨铸铁管的安装更简单快捷，安装之后上下承压更好；从气密性和防腐性来看，球墨铸铁管安装之后的密封性更好，通过各种防腐措施提高防腐性能后也能达到工程要求；从水力性能指标来看，球墨铸铁管的规格取内径而塑料管取外径，因此在相同规格条件之下，球墨铸铁管可以实现更大的径流量。因此，从综合安装和维护成本来看，球墨铸铁管具有更优越的性价比。

为响应《城镇污水处理提质增效三年行动方案（2019—2021 年）》（建城〔2019〕52号）中污水管网"全覆盖、全收集、全处理"的相关要求，不少地区对管材的选择均进行了一定的要求，以进一步提高管网的建设质量。比如，江苏省苏州市提出了"三个禁止，一个不推荐"，即禁止使用 PVC-U 双壁波纹管、禁止采用建筑用排水管材代替市政埋地排水管材、禁止沿河挂管采用 PVC-U 管材、不推荐污水管道使用 HDPE 双壁波纹管。

2014 年和 2017 年，江苏省常州市先后发文要求雨/污水管道采用质量要求在球墨铸铁管以上的管材（GB/T 26081—2022）或者质量、使用寿命等相当或更优的管材产品，仅 DN600 及以下雨/污水管道可采用球墨铸铁管。小区步行道、宅前宅后绿化带等非车辆通行区域的检查井井盖的强度等级应为 BI25、收水箅子强度等级应为 B125。小区车行道、广场、商业街等车辆可通行区域的检查井井盖的强度等级应为 D400，以及收水箅子强度等级应为 C250，且均使用球墨铸铁材质。表 2-2 总结了常用的市政排水管的特性。

常用市政排水管管材总结表　　　　　　　　　　　　　　表 2-2

管材性能	钢管	球墨铸铁管	HDPE 管	PVC-U 管	玻璃钢管	钢筋混凝土管
使用寿命	较长	较长	长	长	长	较长
抗渗性能	强	强	较强	较强	较强	较差
承受外压	可深埋，承受较大外压	可深埋，承受较大外压	易变形，受外压较差	易变性，受外压较差	可深埋，承受较大外压	可深埋，承受较大外压
施工难易	较难	方便	方便	方便	方便	较难
接口形式	现场焊接 刚性接口	承插式 橡胶圈止水	承插或焊接 橡胶圈止水	承插式 橡胶圈止水	承插式 橡胶圈止水	企口、承插式 刚性接口
粗糙度	0.013	0.01	0.01	0.01	0.009	0.013
重量	重量较大	重量较大	重量小	重量小	重量较小	重量较大
管材运输	现场制作	运输较麻烦	运输方便	运输方便	运输方便	运输较麻烦
价格	较贵	较贵	较贵	较便宜	较贵	便宜
对基础的要求	较低	较低	较低	较低	较低	较高

　　对于不同地区和不同使用环境，应有区别地采用不同材质的排水管。根据经验，大致可将管材的使用环境分成以下三类：

　　（1）居民小区内部建筑排水管建议使用硬聚氯乙烯（PVC-U）管，PVC-U 管材的生产、质量、检验均按现行国家标准《无压埋地排污、排水用硬聚氯乙烯（PVC-U）管材》GB/T 20221 和《建筑排水用硬聚氯乙烯（PVC-U）管材》GB/T 5836.1 执行。管材内外壁不允许有气泡、裂口和明显的痕纹、四陷、色泽不均及分解变色线。管材的两端应平整并与轴线垂直。管材的色泽应均匀一致，为灰色或白色。管材承接口为胶粘剂粘接型。

　　（2）建筑小区室外污水管道应采用球墨铸铁管或 PE 实壁管。PE 管材的生产、质量、检验均按现行国家标准《给水用聚乙烯（PE）管道系统　第 2 部分：管材》GB/T 13663.2 执行，球墨铸铁管管材质量应符合现行国家标准《排水工程用球墨铸铁管、管件和附件》GB/T 26081。采用的 PE 管材料等级应达到 PE80 及以上，公称压力达到 0.8MPa 以上，标准尺寸比达到 SDR17 以上，并根据管道敷设深度增加相应的公称压力。

　　污水管网用球墨铸铁管的外表面应先喷涂金属锌涂层。喷锌应符合 GB/T 17456、ISO 8179、EN598 现行标准，喷锌密度不低于 $130g/m^3$，再涂刷防腐漆（GB/T 17459）。内衬应采用高铝水泥砂浆离心喷涂，其中高铝水泥中氧化铝的含量不小于 50%，且喷涂质量满足现行标准 GB/T 17457—2019、ISO 4179 或 EN598 中对高铝水泥密实程度和表面质量的要求。承接口内表面和插口外表面可能同污水接触的部分，均应采用环氧树脂或防腐沥青漆涂覆防腐处理，干膜厚度不低于 0.5mm。污水用球墨铸铁管开挖及顶管时应采用 T 形胶圈柔性接口，二程式牵引时宜采用自锚型接口。

　　（3）检查井是通过埋地与城市地下管道相连接的管网汇合枢纽，一般由井底座、井筒、承压圈、井盖及盖座、附加配件组成，主要用于定期检查、清洁和疏通管道，防止管道堵塞。按照制作材料可分为砖砌检查井、预制钢筋混凝土检查井、不锈钢检查井、玻璃钢夹砂检查井、塑料检查井。新国标规定，检查井盖按承载能力划分为以下 6 个等级：A15、B125、C250、D400、E600、F900，在井座孔口的最大内切圆直径不小于 250mm 的情况下，各级井盖的试验荷载应当最低满足 15kN、125kN、250kN、400kN、600kN、900kN。我国 2009 年就已经有检查井盖的通用标准，但是高分子复合材料、钢纤维混凝土等检查井盖标准的承载力分类并没有统一，检查井盖标准承载力分类见表 2-3。目前井盖主要可分为铸铁井盖与复合材料井盖，铸铁井盖普遍具有高强度、高硬度和良好的抗腐蚀性、抗冲击性的优点，同时也存在生产成本较高、生产过程对环境有污染、不可回收利用的缺陷。复合材料井盖具有五大优势。其一，生产原料可循环利用，节能环保；其二，成本较低，如再生树脂复合材料井盖、钢纤维混凝土井盖比铸铁制品低 30%～50%；其三，材质轻，安装养护方便，如钢纤维混凝土井盖比铸铁构件减轻重量近 30%；其四，不腐蚀、不生锈，对大气、水和一般浓度的酸、碱、盐以及多种油类和溶剂都有较好的抵抗能力；其五，回收价值低，防盗性好。塑料检查井具有良好的密封性、耐腐蚀性、抗老化性，让污水完全与大气、土壤隔绝，从而可以防臭、防止污水向地下渗透，有效保护宝贵的地下水资源，属于绿色、环保、节能的新型井型，符合当前构建节约型社会的国策。

当前，塑料检查井已在全国各地广泛使用，并出台积极推广塑料检查井的相应政策。塑料检查井的生产、质量、检验均按现行行业标准《建筑小区排水用塑料检查井》CJ/T 233、《市政排水用塑料检查井》CJ/T 326执行。检查井井座、沉泥井井座必须全部采用一次性注塑成型塑料检查井，不能采用滚塑、焊接、电熔、胶水粘结等工艺。井筒材质的环刚度不应小于8kN/m²，可采用聚乙烯缠绕结构壁管材、PVC-U双层轴向中空管或聚乙烯实壁管，应分别符合现行国家标准《埋地用聚乙烯（PE）结构壁管道系统 第2部分：聚乙烯缠绕结构壁管材》GB/T 19472.2、《埋地排水用硬聚氯乙烯（PVC-U）结构壁管道系统 第3部分：轴向中空壁管材》GB/T 18477.3、《给水用聚乙烯（PE）管道系统 第2部分：管材》GB/T 13663.2等。

除了上述原则性要求之外，还应根据实际情况，进一步通过参数优选确定合适的管材，以满足相应的排水要求。

检查井盖标准承载力分类 表 2-3

| 序号 | 标准 | | 试验刚性垫块尺寸(mm) | 承载力 |
	标准名称	标准编码		承载力等级
1	检查井盖	GB/T 23858—2009	250	A15/B125/C250/D400/E600/F900
2	铸铁检查井盖	CJ/T 511—2017	250	A15/B125/C250/D400/E600/F900
3	球墨铸铁可调式防沉降检查井盖安装及维护技术规程	DB5101/T 4—2018	250	C250/D400/E600
4	球墨铸铁复合树脂检查井盖	CJ/T 327—2010	250	B125/C250/D400/E600/F900
5	球墨铸铁复合树脂水箅	CJ/T 328—2010	250	A15/B125/C250/D400/E600
6	钢纤维混凝土检查井盖	GB/T 26537—2011	356	A15/B125/C250/D400/E600/F900
7	再生树脂复合材料检查井盖	CJ/T 121—2000	356	轻型(Q20)/普通型(P100)/重型(Z240)
8	聚合物基复合材料检查井盖	CJ/T 211—2005	356	轻型(Q90)/通型(P180)/重型(Z270)
9	聚合物基复合材料水箅	CJ/T 212—2005	356	轻型(Q50)/普通型(P70)/重型(Z90)
10	玻璃纤维增强塑料复合检查井盖	JC/T 1009—2006	356	A20/B125/C250/D380

2.3.2 质量测试

排水管网选用的管道材料主要为钢筋混凝土、铁质管材和塑料管材，其中塑料管道又分为PE管、PVC管等。对于管道材质选择上，需要对安全性进行充分考虑，由于管道需要长期使用，而且管内有比较大的压力，所以管道材质要经过长期高压考验，在满足相关要求以后才能进行使用。另外在管道材质的选择上，需要经过相关机构的许可，保证所选择的管道符合国家所要求的指标，从而更好地保证排水工程质量。

管材质量是影响污水处理厂排水管道施工质量的主要因素之一。但是在一些给水排水管道的施工过程中，缺少对管材的严格筛选，或者出于成本等因素考虑，选择和使用了质量不达标的管材，造成系统的隐患。这些"问题管材"的抗渗性能及抗压性能存在缺陷，很可能会发生管道崩裂或管道渗漏等事故，导致城市排水系统不能正常运行。只有从源头上高度重视管道性能，才能保证城市排水系统的给水排水管道施工质量。

以球墨铸铁管为例，介绍质量鉴定和安装方法。球墨铸铁管的表面有麻面现象。麻面是由于磨损严重导致球墨铸铁管表面出现凹凸不平的现象的原因，劣质的球墨铸铁管的表面容易产生结疤的现象。一些劣质的球墨铸铁管在使用的时候可能会产生裂纹，主要原因是在制作的过程中生产工艺问题造成球墨铸铁管表面的裂纹。质量不好的球墨铸铁管表面比较容易刮伤，表面的金属光泽不好等。在购买时选择正规厂家生产的球墨铸铁管，才能保证球墨铸铁管的质量，并且通过以上原则可以进一步判断所购球墨铸铁管的质量好坏。球墨铸铁管安装起来较为复杂，开沟前，首先清除障碍，平整地面。然后根据设计要求摆放球墨铸铁管，并采取适当的安全防护措施防止管节滚落。当管基铺设完砂垫层后，根据沿管沟已排放好的球墨铸铁管实际长度，开挖接口工作坑，保证管身整体稳定在砂垫层上。根据设计用观测器、水平仪找准安装面。沟底应规矩整齐，要避免把管子放在底层石块的凸面上。通常情况下，水流方向应从承口流向插口；但在坡度很大的情况下，要把承口朝上，安装时从下往上进行。尽量避免承口向插口安装。放管下沟时，要避免与底部和壁面强烈碰撞。

目前，混凝土管材质量监管主要有外观检查、资料查验和监督抽检等方式，简述如下：

（1）查看外观质量。根据现行国家标准《混凝土和钢筋混凝土排水管》GB/T 11836要求，监管人员主要靠肉眼查看混凝土管材外观，是否有明显的粘皮、麻面、局部凹坑、蜂窝、塌落、露筋、空鼓、裂缝、合缝漏浆、端面碰伤等现象。

（2）查看资料。结合现场混凝土管材标识对照审查混凝土管材的进场台账、生产合格证、厂家自检报告、进场报验等材料。但出厂证明资料是否与现场管材对应一致，是否同属一个批次，甚至是否为同一厂家无法判断。

（3）监督抽检。质量监督机构可委托具有相应检测资质的检测单位，对进场的混凝土管进行计划性监督检测或疑点性监督检测，可以对管材的违法行为起到一定的威慑作用。但监督检测数量有限，成本较高（每次抽检的需时约 5d，管材的检测费用约 4000 元/组，管材从工地现场运送到检测场所费用约 2000 元/组），无法从根本上解决问题。

根据实际情况分析，以上三类手段在一定程度上对混凝土管材的质量监管起到一定的作用，但依然无法解决混凝土管材在生产、检测、进场、安装各阶段形成有效的监管链条。这导致了一旦出现质量问题，责任主体认定困难，存在着监管的漏洞与盲点。

常见塑料排水管材的主要检测项目、质量要求及主要检验仪器等，见表 2-4。各项试验检测过程中应注意的技术要点如下：

（1）维卡软化温度。维卡软化温度是指标准压针在规定作用下，压入管材或管件试件1mm 时的温度。当维卡软度较低时，产品遇热易变形。但不可单纯为提高软化温度而盲目加大填料量，因为这可能会使管材的拉伸强度、抗冲击性能、纵向回缩率降低。因此要提高软化温度，应综合考虑增加助剂、调整原料配比、优化生产工艺及生产设备。

常见塑料排水管材的主要检测项目、质量要求及主要检验仪器　　　　表 2-4

管材名称	检测项目	质量要求	主要检验仪器
建筑排水用 PVC-U 管材	密度	1350～1550kg/m	分析天平
	维卡软化温度	≥79℃	热变形维卡软化温度测定仪
	纵向回缩率	≤5%	电热恒温鼓风干燥箱
	落锤冲击试验 TIR	≤10%	管材落锤冲击试验机
	拉伸屈服应力	≥40.0MPa	电子万能材料试验机
埋地排水用 PVC-U 双壁 波纹管	环刚度	SN2/SN4/SN8/SN12.5/SN16≥2/4/8/12.5/16kN/m²	电子万能材料试验机
	环柔性	试样圆滑，无破裂，两壁无脱开，DN≤400 内外壁均无反向弯曲，DN>400 波峰处不得出现超过波峰高度 10% 的反向弯曲	
	抗冲击性能（TIR）	≤10%	管材落锤冲击试验机
	烘箱试验	无分层，无开裂	电热恒温鼓风干燥箱
非开挖铺设 用 HDPE 排 水管	环刚度	SN2/SN4/SN8/SN16/SN32≥2/4/8/16/32kN/m²	电子万能材料试验机
	环柔性（压缩 50%）	内壁应圆滑，无反向弯曲，无破裂	
	抗冲击性能（TIR）	≤10%	管材落锤冲击试验机
	拉伸屈服应力	≥20MPa	电子万能材料试验机

技术要点：①试样应经过预处理；②试件厚度可通过两片叠加或加工处理，使其厚度在 2.4～6mm；③试样的凹面朝上使试样和仪器的接触面是平的；④仪器要在有加热介质的情况下启动加热，否则会因干烧过热，导致设备加热管爆裂。

（2）纵向回缩率。纵向回缩率是热塑性管材产品性能优劣的一项重要指标，表征在热影响下热塑性管材沿纵向塑性变化的程度。该指标对减少气温变化、日照及其他热源给热塑性管材造成影响，及提高使用年限都有重要意义。但是，常常因为不注意要领引起操作不当，对检测精准度造成偏差。

技术要点：①试样放入液浴槽或烘箱时，注意试样既不触底也不触壁；②烘箱试验时，需特别注意试验时间要从烘箱温度回升到规定温度时算起。因开关烘箱门会使烘箱内温度降低，将试样放入烘箱后，需加热一段时间使烘箱温度回升。若从放入试样即刻进行计算保持时间，会导致保持时间不足，影响试验结果。

（3）落锤冲击试验。在规定高度用规定的质量和尺寸的落锤进行冲击试验样品规定的部位，以测出该产品的真实冲击率。

技术要点：①当调整或更换垫板时，不许机械手挂锤工作，并将机械手落至最下端；②锤体在导向管内或设备工作时，严禁手扶导向管，试件安装时，避开导向管下端面；③应有防止落锤二次冲击的装置；④不同管径应注意不同的试样画线数；⑤当波纹管或加筋管的波纹间距或筋间距大于 0.25 倍的管材外径时，冲击点应为波纹或筋顶部。

（4）拉伸屈服强度试验。在实际检测中常发现有的产品拉伸强度达不到指标值，甚至低至指标值的一半。产品强度低，意味着延伸率小（延伸率 20% 左右即断裂），容易断裂。优质的硬聚乙烯管材的拉伸有明显屈服，有较大延伸率，而劣质管材脆性较大，延伸率低且易断裂。

技术要点：①试样制备方式一般为机械加工，若壁厚小于或等于 12mm 时亦可用冲片机配合裁刀模具进行冲裁加工，但比对或仲裁时只可采用机械加工方法制样。②在实际工作中，冲裁是较常用又较便捷的加工方式。裁刀的选用要根据规定选择合适的尺寸，并且应选择合适的没有刻痕，刀口干净的裁刀。冲裁前可将样条放在 110±5℃ 烘箱中略加热，加热时间可按 1min/mm 壁厚计。加热后立即取出试样，快速地一次裁切试样。必要时，可加热裁刀再进行裁切。③画标线时注意避免试样受损伤，避免标线对测试样产生不良影响且应尽量窄。④安装试样时应注意使其试样的轴线与试验机的拉伸应力方向相同，调整夹具使其松紧适宜，既要防止试样滑脱也要避免夹具对试样造成损伤。如试样从夹具处滑脱或在平行部位之外发生拉伸断裂，应重新取样试验。

（5）环刚度试验。环刚度表示埋地塑料排水管抗外压负载能力。环刚度的选择影响了埋地塑料排水管是否可在外负载下安全工作。若选用的管材环刚度过小，管材可能发生过大变形或出现压屈失稳破坏。相反，若环刚度选用过高，截面惯性矩过大，将造成材料浪费，造价过高。

技术要点：①试验时严禁开"快速"挡加载；②引伸计安装时不能卡太松或太紧，以防试样脱落摔坏或刀刃损伤造成误差；③加载时速度要均匀缓慢，防止冲击；④环刚度计算过程中，不可误将试验机的横梁变形作为内径变形来计算环刚度，否则测得的结果会偏小。

（6）环柔性试验。原理略。

技术要点：①压缩速度按管材的外径确定；②环刚度试验后继续压缩至规定的径向变形，观察试样状态。

（7）烘箱试验。原理略。

技术要点：①管径不大于 400mm 沿轴向切成两片；管径大于 400mm 沿轴向切成四片。②烘箱达到规定温度后，放入试样注意试样不与烘箱壁接触且互不接触。

2.3.3　管网建设施工

近年来，我国城镇污水处理事业得到快速发展，污水处理厂的数量和处理能力不断攀升，但排水管网建设和运行方面的短板问题也日渐突出，成为城镇排水行业的最大痛点。市政排水管网工程建设施工中的常见问题有：①从设计阶段、施工准备阶段、施工阶段到竣工验收阶段的各项工程管理规范不完整，质量控制所受到重视程度不足；②地下隐蔽的管道工程施工难度大，对于施工前阶段准备工作不足，不能做到严格按照工程规范要求施工，甚至有略过执行地下隐蔽管道工程验收、闭水试验等关键环节。因此，需要加强建设过程质量控制按照质量终身责任追究要求，强化设计、施工、监理等行业信用体系建设。

工程设计、建设单位应严格执行相关标准规范，确保工程质量。城镇排水主管部门应严格按有关规定，对排水管道施工质量进行全过程监管，强化管道接口严密性检测、沟槽回填压实度和管道变形率测试，强化管道验收移交和过程监督管理，相关检测不合格的，建设单位不应组织竣工验收，管理养护单位不得接收，不得投入使用。排水设施隐蔽工程应当经建设单位、设计单位、施工单位、监理单位、质量监督管理部门、城镇排水行政主管部门和运行维护单位等联合核验合格后方可进行施工。除此以外，也要推进市政排水管网改造工程施工管理的数字化平台建设，将监控技术、大数据技术、BIM 技术等技术引进工程施工管理过程中，助力市政排水管网建设工程施工高质量高水平开展。

管网建设过程质量管理需要从设计阶段，施工准备阶段，沟槽的开挖与回填阶段，检查井、管道与管道的衔接阶段，竣工验收阶段进行控制。

1. 设计阶段的质量控制措施

市政污水管网工程是城市生活污水处理机构与城市污水产生的源头之间连接的通道，其目的是收集并运送城市中的人们在日常生活中产生的污水，是为用户的污水排放而服务的。作为民生工程项目，在其设计阶段就要做到全面考虑，制订周全而又详细的计划。需要对规划区域进行全面的排查，充分考虑各类污水排放的源头设置及管道敷设中支管的布置，全面而又高效地收集规划区域内的污水。此外，应该合理布置检查井，避免出现暗井；避免在地下敷设的污水传输管道出现 90°弯曲等情况，减少后期维修的难度。设计要体现出一定的深度，杜绝在施工的过程中临时进行施工方案的改变，这样也能够有效节省不必要的经费支出。

市政污水管网工程在进行施工的时候不可避免地会与道路交通、供水供电等工程产生联系，所以在工程施工前的设计阶段就要与相关的部门进行必要的交流与沟通。管网的设计需考虑规划，做到通盘考虑，尤其是管网的互联互通，为日后的整个区域的布局、调水等工作奠定基础。在资料不完善的情况下不能进行设计，要对现场进行具体勘测，掌握好各类管线的分布状况，所有与之相关数据齐全的情况下才能进行设计。城中村、老旧城区、城乡接合部通常是城市污水收集处理设施建设和改造的难点和痛点，存在用地受限、工程实施难度大、无处下管等难题。政府应结合远期规划，妥善解决污水收集处理设施建设的用地问题，适时启动拆迁、征收和违章建筑拆除等工作，并且建立临时污水处理设施的用地保障机制。

2. 施工准备阶段的质量控制措施

在完成设计工作、进行施工前，要做好施工前的准备工作：①要求所有的参建单位共同参与施工现场的图纸会审工作，根据设计图纸的工程内容让各参建单位清晰明确地定位自己所负责的内容，对施工现场的地理特征进行充分的了解，了解在污水管网施工中管道的长度、所埋深度及走向等，熟悉检查井及支管的位置布置，让在各个阶段参与建设的施工单位对要承建的工程有清晰的认识，避免在自身进行施工的过程中出现各类问题而耽误工程进度。②要保证污水管网施工中所用管材的质量。管材质量的好坏直接决定整个工程的质量，是良好的工程建设质量的基础和前提，加强对进场管材的质量检查，对外观变形及破损等情况进行仔细观察，严格审核管材的相关合格证及送检力学试验报告，在具体的应用中，管材质量较差会造成形变而导致渗漏等。③在施工的准备阶段，还要加强测量放线的工作，对关键节点进行反复的核准，这样可以有效避免在开始施工后才发现问题，能减少施工失误。

3. 沟槽的开挖与回填阶段的质量控制措施

在沟槽开挖与回填过程中，常出现开挖时沟槽底部出现超挖、沟槽底部产生积水以及边坡塌方等问题；在回填之后，又易出现管道基底下沉以及管道遭到挤压引起的破裂等问题。因此，在沟槽开挖后和回填前，应该详细查明施工位置的土质和地下水位以及开挖周边的建筑物、地下管道敷设情况，详细制订相应的措施。

开挖时合理控制开挖深度，采取分层措施，严格把控，杜绝出现超挖现象。在进行机械开挖时，一定要保留沟槽槽底设计高程以上部分开挖深度的相应余量，转由人工来进行底部的清挖。管道基础要托底，刚性管道基础应采用非连续性钢筋混凝土基础，承插接口应落在凹槽处，管身应放在基础上，基础凹槽需起到限位作用；柔性管道的基础必须达到规范要求的密实度。

沟槽回填要密实，严格控制沟槽回填材料质量、压实度和管道变形率，应分层回填，分层夯实，确保分层回填时管道两侧回填材料高度一致，形成"管/土一体"结构；下层回填材料压实度未检测或检测结果未达到设计要求的，不得进行上层回填作业。部分商业、居民小区的地下车库、地下空间会影响污水管道埋深，导致回填后管道变形塌陷，应提高管材规格并采取加固措施。沟槽回填材料要从槽底管道基础距离采用中粗砂，超过的部分利用原土。如果在沟槽的回填中全部采用原土，可能会导致沟槽内管道被硬物严重挤压出现管道凹陷甚至破裂，造成返工而导致工期加长，增加工程成本。

4. 检查井、管道与管道的衔接阶段的质量控制措施

在施工阶段，检查井或井基所采用的材料应该为混凝土浇筑材料，对检查井施工时应用砖砌井墙，在井基达到一定强度后砌砖。在此过程中要确保混凝土的材料饱满程度，减少出现较大的缝隙，以此来增加井壁强度，抹面的过程中要注意压光处理。井底施工过程中必须在接口处安置流槽并在其表面做防水处理，这样能够保证流水的通畅性。

检查井与管道的连接处尽可能采用柔性材质的接头，与此同时可以在检查井管壁与承插管道中间层内涂抹胶粘剂并将粗砂撒入，待一定时间后，胶粘剂与粗砂固化后再用水泥砌入井内。管道与管道接口要严密，污水收集管道应采用柔性接口，禁止采用刚性连接；管道承插深度要符合规范标准，橡胶圈不得出现扭曲、翻转、移位等影响止水效果的现象。有条件时，可通过管道接口的钢化处理措施（如混凝土加固）进一步防止接口渗漏。管道和检查井的具体安装参照现行国家标准《室外排水设计标准》GB 50014 执行。

5. 竣工验收阶段的质量控制措施

工程质量管控的最后一步就是竣工验收，管道工程竣工验收前，施工单位应配合排水行政主管部门，采用管道潜望镜检测技术（QV）、闭路电视检测技术（CCTV）等，完成管网的结构性检测，并将排水管道工程检测全套影像资料移交排水行政主管部门。排水主管部门确认检测结果达到设计标准且满足《城镇排水管渠与泵站运行、维护及安全技术规程》CJJ 68—2016 规定的，方可与市政污水管网接驳并移交运行维护单位；未达到设计标准、不满足相关规定，或有管道接口橡胶圈脱落、井壁破损、管道变形破损等质量缺陷的，排水行政主管部门应向施工单位开具整改通知书，施工单位应严格按有关规定完成问题整改和缺陷修复，并经排水行政主管部门验收合格后方可与市政污水管网接驳。逾期未进行整改或整改后仍不合格的，城市排水行政主管部门和运行维护单位可拒绝接管该工程，并对施工企业进行不良记录登记备案。

综上所述，市政污水管网工程的建设属于地下隐蔽排水工程，施工的位置多为市区，场地环境相对比较复杂，地下污水管线的敷设错综复杂，再加上在施工的过程中受地面交通、气候等因素影响，使其施工过程中的难度系数加大。城镇排水主管部门应严格按照现行国家标准《给水排水管道工程施工及验收规范》GB 50268 对排水管道施工质量进行全过程监管。建设单位应定期邀请城镇排水行政主管部门和运行维护单位参与污水收集管网工程建设方案审查、图纸会审、施工技术交底等前期工作，以及闭水试验、闭气试验、设备调试、CCTV 检测、竣工验收等重要施工节点工作，定期将施工进度、质量情况通报管理单位。

排水管网系统是城镇建设的"良心"工程，也是城镇污水收集处理设施效能提升的重要保障。应强化新建及改造城镇污水管网工程及附属设施的质量管理，确保高质量完工，建立城镇排水设施日常运行维护的长效机制，确保设施效能的长期稳定发挥。

2.3.4　管网竣工验收

1. 验收与移交

根据机构（部门）职责分工，结合地方管道工程建设实际，制订排水管道的验收与移交管理细则。管道设施接收、运维单位（部门）宜参与包括竣工验收在内的建设全过程，向设计、施工等单位（部门）提出意见和建议，推动优化和改进工作。同时，有效掌握缺陷状况，便于实施重点跟踪、精准养护，防止缺陷失控。管道工程验收应符合现行国家标准《给水排水管道工程施工及验收规范》GB 50268 的有关规定。管道工程应由具备资质的第三方机构进行管道 CCTV 视频检查和数字化测量，有关报告和数据成果是工程竣工验收依据之一。通过行政和经济手段，对管道工程建设质量进行管理，提高工程质量和验收交接管理效率。

现行国家标准《给水排水管道工程施工及验收规范》GB 50268 规定：无压管道验收时，应进行管道的密闭性试验，以便全面检查管材和接口的严密性，从而限制管道污水外渗污染地下水源。在地下水位高的地区，还要限制地下水渗入管道内的水量，以减少污水处理厂的负担，提高污水处理效能。为了确认管道有无损伤，安装是否无误，有无漏水、浸水等问题，必须对管道进行相关检测。

2. 密闭性试验的一般规定

密闭性检测是评估管网是否完整的重要内容，主要包括闭水试验和闭气试验。试验方法应按照现行国家标准《给水排水管道工程施工及验收规范》GB 50268 中的相关规定进行。

规范规定，对污水管道、雨污水合流管道及大孔土、膨胀土地区的雨水管道，在回填土前应采取闭水法进行严密性试验。试验管段按井距分隔，通常以一个井段为个测试单位逐一测试，有时因井距太短，或者为减少闭水墙堵，也常采用几井段串联一体来进行试验。但是每次串联的管段不宜太长，过长则会影响测试结果的准确性，且一旦出现渗水量不合格时，其渗漏位置会因试验段过长而难以查找。因此规范规定串连的管段总长度不大于 1km，且要求带井试验。

3. 闭水试验

在进行闭水试验前，为避免意外情况发生，应制订详细的水源引接和排水疏导方案。此外，无压管道闭水试验时，试验管段应符合下列规定：

（1）管道及检查井外观质量已验收合格；

（2）管道未回填土且沟槽内无积水；

（3）全部预留孔应封堵，不得渗水；

（4）管道两端堵板承载力经核算应大于水压力的合力；除预留进出水管外，应封堵坚固，不得渗水；

（5）顶管施工，其注浆孔封堵且管口按设计要求处理完毕，地下水位于管底以下；

（6）试验段上游设计水头不超过管顶内壁时，试验水头应以试验段上游管顶内壁加 2m 计；

（7）试验段上游设计水头超过管顶内壁时，试验水头应以试验段上游设计水头加 2m 计；

（8）计算出的试验水头小于 10m，但已超过上游检查井井口时，试验水头应以上游检查井井口高度为准；

（9）当管道内径大于 700mm 时，可按管道井段数量抽样选取 1/3 进行试验；试验不合格时，抽样井段数量应在原抽样基础上加倍进行试验。

管道闭水试验时，应进行外观检查，不得有漏水现象，且符合规范要求，管道闭水试验为合格。

闭水试验应按下列程序进行：

（1）试验管段灌满水后浸泡时间不应小于 24h；

（2）试验水头按上述试验管段规定的（6）、（7）、（8）进行设置；

（3）当试验水头达规定水头时开始计时，观测管道的渗水量，直至观测结束时，应不断地向试验管段内补水，保持试验水头恒定。渗水量的观测时间不得小于 30min。

实测渗水量小于或等于表 2-5 规定的允许渗水量时，管道闭水试验为合格。

不开槽施工的内径大于或等于 1500mm 钢筋混凝土管道，设计无要求且地下水位高于管道顶部时，可采用内渗法测渗水量。当管壁无线流、滴漏现象，且管道内渗水量在允许值 $[q \leqslant 2L/(m^2 \cdot d)]$ 以内时，则管道抗渗性能满足要求，不必再进行闭水试验。

无压管道闭水试验允许渗水量　　　　　　　　表 2-5

管材	管道内径 D_i（mm）	允许渗水量 $[m^3/(d \cdot km)]$	管道内径 D_i（mm）	允许渗水量 $[m^3/(d \cdot km)]$
钢筋混凝土管	200	17.60	1200	43.30
	300	21.62	1300	45.00
	400	25.00	1400	46.70
	500	27.95	1500	48.40
	600	30.60	1600	50.00
	700	33.00	1700	51.50
	800	35.35	1800	53.00
	900	37.50	1900	54.48
	1000	39.52	2000	55.90
	1100	41.45	—	—

管道闭水试验是加强市政污水管网工程建设质量控制的关键措施，必须在开挖的管道沟槽回填前进行。但是，由于受到污水处理管网工程施工现场环境影响及工期的限制，部分施工单位出现减少项目步骤、不进行闭水试验，在沟槽开挖及管道安装过后就进行回填的现象。为了杜绝此类事件的发生，相关的建设及监管单位要对此进行严格监督。对闭路电视系统检测发现的排水管道结构性缺陷与管道功能性缺陷，必须及时进行紧急处理，处理后再进行一次检测才能验收。

长期以来，管道的密闭性试验一般都采用闭水试验的方法，因此在长期的实践中积累了丰富的经验。但是，闭水试验也有其不利之处，如排水管道施工验收的闭水试验需在管道两端砌筑砖堵、抹防水层、养护、灌水浸泡，以及试验后进行放水、砖堵拆除等繁杂工序，不仅费工、费时，而且需消耗大量的原材料，已不能满足迅速发展的市政建设。以 DN1500 管道为例，进行一次长度为 1km 的闭水实验，需要的水量为 $1766m^3$。这样的需水量一般难以解决来源问题，也不经济，特别是在水源不足的地区和寒冷地区不太可行。闭水试验结束后，废水排放的出路也是个问题。此外还存在接口检修困难的问题，在 1km 的试验管道内可能存在几十个甚至上百个接口，如果接口出现漏水，带水检修十分困难。

4. 闭气试验

为了加快排水管道的施工进度，实现节水、节能的效果，解决冬季、寒冷地区及水源缺乏地区施工管道的质量检验，可以采用闭气试验方法，代替闭水试验。从 1984 年起，中国标准化协会学习国外先进技术并结合我国国情，采用闭水与闭气对比试验的方法进行管网密闭性检测。相比闭水试验，一条两窨井之间管道质量的闭气检验可在 1h 内，与闭水试验相比效率可提高 40 多倍，成本仅为闭水试验费用的 9%，且设备简单，操作简便。闭气试验适用于混凝土类的无压管道，满足在回填土前进行严密性试验的要求。闭气试验时，地下水位应低于管外底 150mm，环境温度为 -15～50℃。降雨时不宜进行闭气试验。

闭气试验是将排水管道两端用管堵密封，然后向管道内填充空气至一定的压力，在规定闭气时间测定管道内气体的压降值。闭气试验以气体为介质，有很多的优点，主要有如下几点：

（1）基本上无气候条件的限制，在冬天或寒冷的天气依然可以进行试验；

（2）地理上无限制，试验所需的空气取之不尽；

（3）节省时间、能耗，无须水源，减少水源引用的能耗；

（4）无须考虑闭水试验后水的排放问题；

（5）闭气试验最大的特点就是采用了工具化的板式密封管堵来取代费工费料和工序繁杂的砖砌堵，与闭水试验相比，节省了试验成本。

闭气试验的检验步骤如下：

（1）对闭气试验的排水管道两端管口与管堵接触部分的内壁进行处理，使其洁净磨光。

（2）调整管堵支撑脚，分别将管堵安装在管道内部两端，每端接上压力表和充气罐。

（3）向管堵密封胶圈内充气加压，观察压力表显示至 $0.05 \sim 0.20$MPa，且不宜超过 0.20MPa，将管道密封；锁紧管堵支撑脚，将其固定。

（4）用空气压缩机向管道内充气，当膜盒表显示管道内气体压力升至 3000Pa 时，逐步关闭气阀，使气体压力趋于稳定。记录膜盒表读数，从 3000Pa 降至 2000Pa 历时不应少于 5min。气压下降较快时可适当补气，气压下降太慢时则可适当放气。

（5）膜盒表显示管道内气体压力下降到 2000Pa 时，开始计时。根据该管径的标准闭气时间规定（见表 2-6），确定计时结束的时间，并记录结束时管内实测气体压力 P。如果结束时的 $P \geqslant 1500$Pa，则管道闭气试验合格，反之为不合格。

钢筋混凝土无压管道闭气检验规定标准闭气时间

表 2-6

管道 DN	管内气体压力（Pa）		规定标准闭气	管道 DN	管内气体压力（Pa）		规定标准闭气
（mm）	起点压力	终点压力	时间 S	（mm）	起点压力	终点压力	时间 S
300			1′45″	1300			16′45″
400			2′30″	1400			19′
500			3′15″	1500			20′45″
600			4′45″	1600			22′30″
700			6′15″	1700			24′
800	2000	≥1500	7′15″	1800	2000	≥1500	25′45″
900			8′30″	1900			28′
1000			10′30″	2000			30′
1100			12′15″	2100			32′30″
1200			15′	2200			35′

当被检测管道内径大于或等于 1600mm 时，应同步记录测试时管内气体温度（单位：℃）的起始值 T_1 及终止值 T_2。达到标准闭气时间时，对膜盒表显示的管内压力值 P

记录用下列公式加以温度修正。修正后管内气体压降值为 ΔP，如果 ΔP 小于 500Pa，则管道闭气试验合格。

$$\Delta P = 103300 - (P + 101300)(273 + T_1)/(273 + T_2) \tag{2-1}$$

式中　　ΔP——修正后管内气体压降值，Pa；

　　　　P——达到标准闭气时间时膜盒表显示的管内压力值，Pa；

　　　　T_1——测试时管内气体温度起始值，℃；

　　　　T_2——测试时管内气体温度终止值，℃。

管道闭气试验不合格时，应进行漏气检查、修补后复检。管道闭气检验完毕，必须先排除管道内气体，再排除管堵密封圈内气体，最后卸下管堵。

5. 压力试验

管道安装完毕后，应按设计要求对管道系统进行压力试验。比如，为了确保水泵机组及管道系统能够安全启动，在压力管道安装完成后，一般需通过水压试验来检测管道的强度。压力试验可以较好地发现施工过程中遗留的法兰安装不合格等缺陷。

按试验的目的，可将压力试验分为检查管道力学性能的强度试验、检查管道连接质量的严密性试验、检查管道系统真空保持性能的真空试验和基于防火安全考虑而进行的渗漏试验等。除真空管道系统和有防火要求的管道系统外，多数管道只作强度试验和严密性试验。管道系统的强度试验与严密性试验，一般采用水压试验，如因设计结构或其他原因，不能采用水压试验时，可采用气压试验。

压力试验应符合下列规定：

（1）压力试验应以液体为试验介质。当管道的设计压力小于或等于 0.6MPa 时，也可采用气体为试验介质，但应采取有效的安全措施。脆性材料严禁使用气体进行压力试验。

（2）当现场条件不允许使用液体或气体进行压力试验时，经建设单位同意，可同时采用下列方法代替：所有焊缝（包括附着件上的焊缝），用液体渗透法或磁粉法进行检验；对接焊缝用 100% 射线照相进行检验。

（3）当进行压力试验时，应划定禁区，无关人员不得进入。

（4）压力试验完毕，不得在管道上进行修补。

（5）建设单位应参加压力试验，压力试验合格后，应和施工单位一同按规范规定填写管道系统压力试验记录。

2.4　排水管网的养护

2.4.1　管理模式

城市的排水管网属于市政基础设施，在政府公共服务的范畴内，但又不完全是公共服务。我国对于排水管网的管理存在多头管理的现象，参与管理的部门可能有园区管委会等市政公共服务部门、环保等执法部门、水务集团/污水处理厂等。大部分城市的污水处理厂与管网是分开建设并管理的，缺乏统一领导协调和监管机制。其次，管理部门职责不清，或者有责无权；监督管理与行业管理职能不分，造成多头监督。

排水管网大多由排水管理部门负责养护，少数由辖区内污水处理厂养护，而居民小区内部排水管网主要由小区的开发商或街道管委会负责养护。对于非政府管理的管网，鼓励采取购买服务的方式委托市场专业化公司进行维护，同时推荐对承接管道检测、修复（施工）、测绘和养护工程的第三方机构实施名录管理，公布从业单位基本信息，引导并规范其市场行为。

同时建议新建小区的排水工程由开发企业委托排水管理部门实行"统一设计、统一建设、统一管理"的"三统一"模式。居民小区开发企业与排水管理部门签订委托设计、建设和管理的协议，明确双方的权利和义务，以解决居民小区管道"质量差、管理养护缺失"等难题。

江苏省住房和城乡建设厅印发关于《江苏省城镇污水处理提质增效精准攻坚"333"行动方案》的通知，明确提出要提升新建污水管网质量的管控水平，主要包括以下要求：

（1）高标准实施管网工程建设，规范招标投标管理，提高工程勘察设计质量，严把材料和施工质量关，落实建设单位和勘察、设计、监理、施工五方主体责任。

（2）建立质量终身责任追究制度和诚信体系，加强失信惩戒。市场监管部门应加强城市污水收集管材质量监管，严格防范假冒伪劣管材流入市场。

（3）城市排水行政主管部门要加强与市场监管、工程质量监督等部门和行业协会的协作，建立政府多部门与行业协会联合的排水设施和管材质量联动监管机制，推行建筑市场主体黑名单制度。

（4）新建污水管道应优先采用承插式橡胶圈接口的钢筋混凝土管和球墨铸铁管，有条件时推荐选用球墨铸铁管，原则上不推荐使用化学建材管道；若使用化学建材管道，应加强原材料的质量管控和产品质量的抽样检查，包括必要的破坏性试验测试。

（5）城镇排水行政主管部门应委托具有相关产品检测资质的第三方机构，对所使用的每一批次化学建材管道进行现场抽样检查。抽检不达标的，排水主管部门应下达整改通知单，要求建设方立即清退不达标批次的所有管材，待新管材进场并抽检合格后方可正常使用。

（6）加强管材市场监管，严厉打击假冒伪劣管材产品。

江苏省泰州市住房和城乡建设局印发了《城市地下管线工程"只检一次"制度》。城市地下管廊、管沟、管道等地下管线工程中使用的供水、排水、电力、燃气、热力等各类埋地管材，以及用于电力、通信、照明、广电、交通信号等各类埋地线缆，进场检测执行"只检一次"制度，即一次检测不合格即退场。城市地下管线工程的建设单位、施工单位、监理单位、检测单位是落实"只检一次"制度的责任主体。发现管线检测不合格的，检测单位必须立即向工程质量监督机构和建设单位项目负责人报告。建设单位应立即责成施工单位将该批管线退场，不得安排复检。所有退场管材应标注明显退场记号，退场应留存影像资料，建设单位项目负责人、总监理工程师应在退场记录上签字。

2.4.2 管理工作的开展

1. 建立巡线制度、设立投诉热线

责任主体单位应通过建立巡线制度及投诉热线服务及时有效地掌握管网运行状况。为保证实施效果，相关工作人员需进行岗前培训。同时，巡线应有明确的巡线计划和路线，巡线和投诉热线均应形成日常台账记录以备查阅。

2. 管网养护疏浚工作的确立

管网养护疏浚工作是管网管理工作中的重中之重。由于养护疏浚工作具有一定的危险性、专业性。因此当排水管网责任主体单位不具备相关的养护维修资质时，可聘请有资质的专业单位进行养护。

3. 养护疏浚组织架构的确定

养护单位的选择是保证管理目标及计划得以保质保量实施的关键条件。责任主体单位应根据年度管理计划确定养护工作量，通过招标投标等形式确定合格的养护疏浚单位及养护监理单位。责任主体单位、养护疏浚单位、监理单位通过签订服务合同及安全协议明确三方在养护工作中所承担的责任和义务。

4. 施工器械的配备

养护作业应配备必要的施工、防护器具，一般包括：高压水力疏通设备、泥浆泵、防爆照明器材、通风设备、供气式呼吸防护面具、安全作业绳、有毒有害气体测定仪、易燃易爆气体测定仪、爬梯、防水裤、发电机、电器开关柜等。有条件的可配备管道内窥镜、CCTV 等设备。

5. 养护疏浚人员的配置

养护单位应为养护疏浚项目配备专门的项目负责人、安全员、资料员等。所有相关人员均应持证上岗。下井作业人员必须每年进行职业健康体检，合格后方可上岗。

6. 定期检查

排水管理部门应制订本地区的排水管理养护质量检查办法，并定期对排水管道的运行状况进行抽查。养护质量检查不应少于 3 个月一次。

2.4.3 养护内容

管网系统的功能是否健全，直接影响居民的生产生活，关系城市经济和社会的可持续发展，也关系和谐社会的建设。排水管网"三分建设，七分养护"，说明了养护对于管网正常运行的重要性。城市排水管网养护工作内容主要包括日常巡视、日常养护、通沟污泥处理三个方面。

1. 日常巡视

应定期巡视排水管网。巡视内容应包括污水冒溢、晴天雨水口积水、井盖和雨水箅子缺损、管道坍塌、违章占压、违章排放、私自接管以及影响管道排水的工程施工等情况。巡视是发现排水管网安全运行风险隐患和问题征兆的基本手段。通过巡视还可促进养护力量资源的优化配置，为高效、精准养护打好基础。巡视的结果是制订科学的养护计划、实现按需养护的依据。

管网巡视对象包括管道（重力、压力）、倒虹管、渠道、检查井、阀门和排泥井等附属设施。按照类型可将巡视分为三大类：

（1）日常巡视

日常巡视指针对性查找排水设施安全隐患的巡视，包括对管内污水流量（污水占管道截面高度）、污水颜色、井盖、盖板和防坠设施完好性的巡视检查。

（2）养护巡视

养护巡视指以保障设施功能正常、稳定运行为目的的巡视，主要查找管网存在的功能性缺陷。

（3）专项巡视

专项巡视指以保护排水设施、防止环境污染等为目的的巡视，包括针对工地施工作业、施工排水等可能影响设施安全运行的风险因素进行巡视检查，以及针对非雨出流、混接入河等情况开展沿河排口的巡视检查。

对巡视中发现的影响城镇排水与污水处理设施运行安全的行为，应及时制止并处理和上报。加强对雨水管（口）混接进入污水管网的检查，对发现的私自接管违规违章排水情况，应按规定处理并上报。按照有关法规和规范标准的要求，对巡视发现的问题，应根据问题和缺陷的严重程度和影响范围，明确时限、制订计划，进行相应的处理和整改。定期梳理统计发现的问题，不断提高计划和组织水平，充分发挥巡视作用，使排查发现问题和缺陷成为常态化。

比如，在河床受冲刷的地方，应每年检查一次倒虹管的覆土状况。需要注意的是，过河倒虹管的河床覆土不应小于 0.5m。在通航河道上设置的倒虹管保护标志应定期检查其结构是否完好和字迹是否清晰。

再比如，针对压力管则需要定期检查透气井内的浮渣情况，检查压力管道的排气阀、压力井、透气井等附属设施是否有效；定期开盖检查压力井盖板，盖板是否锈蚀、密封垫是否老化；井体是否出现裂缝、管内积泥情况等。

2. 日常养护

管网日常养护工作应以实现养护资源的高效、精准配置为目标，以保障管道设施功能正常、消除设施设备安全隐患为工作重点，加强对管道（重力、压力）、渠道、倒虹管、检查井、阀门、闸门和排泥井、雨水口等附属设施的管理和养护。日常养护的工作内容包括：疏通堵塞的管道、通过人工或人力绞车、射流车等方式掏挖或冲洗管道、清理管道内的淤泥及其他堵塞物等。一些单项维修工作包括：更换井盖、对踏步板和钢格栅进行上漆、保养闸门等。

排水管道往往因水量不足、污水中沉降杂质多或施工质量不良等原因，发生沉淀、淤积等问题。一旦管道内的淤积过多，将会直接影响管道的通水能力，日积月累导致管道堵塞。因此，定期疏通管道尤为重要，是日常养护的重点工作。

养护作业单位需建立台账记录制度，如实记录工作台账并妥善保管，同时在养护作业中，对发现的管道和附属设施存在除淤积、堵塞、垃圾等功能性缺陷外的其他缺陷，应按巡视要求上报处理，对发现的井盖缺失和损坏情况进行处理与处置，处理与处置工作应符合现行行业标准《城镇排水管渠与泵站运行、维护及安全技术规程》CJJ 68 的规定。

管道疏通宜采用推杆疏通、转杆疏通、射水疏通、绞车疏通、水力疏通或人力铲挖等方法。各种疏通方法的适用范围宜符合表 2-7 的要求。

不同疏通方法适用范围 表 2-7

疏通方法	小型管	中型管	大型管	特大型管	倒虹管	压力管	盖板沟
推杆疏通	√	—	—	—	—	—	—
转杆疏通	√	—	—	—	—	—	—
射水疏通	√	√	—	—	√	—	√
绞车疏通	√	√	√	—	√	—	√
水力疏通	√	√	√	√	√	√	√
人力铲挖	—	—	√	√	—	—	√

注：表中"√"表示适用，"—"表示不适用。

推杆疏通是指用人力将竹片、钢条等工具推入管道内清除堵塞的疏通方法。在我国疏通工具比较落后的地方，竹片至今还是主要的疏通手段。

转杆疏通是指采用旋转疏通杆的方式来清除管道堵塞的疏通方法，又称为软轴或弹簧疏通。转杆疏通机按动力不同可分为手动、电动和内燃机几种。由于配有不同功能的钻头，可以疏通树根、泥沙、布条等不同类型的堵塞物，所以转杆的疏通效果比推杆要好。

射水疏通是指采用高压射水疏通管道的疏通方法。因其效率高、疏通质量好，受到很多城市的欢迎，也逐步替代了原始的疏通养护工具。在疏通时，需要一辆高压喷射车辆和吸泥车配合使用，工作时需消耗干净水。为了更好减少对清洁水的消耗，可在高压喷射车加装污水净化装置，来充分利用排水管道中的污水进行适当处理后作为冲洗水。

绞车疏通也叫机械疏通。在需要疏通管道上下游紧邻的两个检查井旁，分别设置一辆绞车，利用竹片或穿绳器将一辆绞车的钢丝绳牵引到另一绞车处，在钢丝绳连接端连接上通管工具，依靠绞车的交替作用使通管工具在管道中上下刮行，从而达到松动淤泥、推移清除、清扫管道的目的。为加快清淤进度，可采用射水车、吸污车、抓泥车、运输车联合作业方式，绞车每拖动一次，可用吸污车将拖至检查井内的较稀的淤泥吸走，剩下较稠的淤泥用抓泥车或人工提至地面并装车运走。

水力疏通是用水对管道进行冲洗。可利用管道内污水自冲及河水冲洗，也可在管道上游选择合适的检查井为临时集水的冲洗井。用管堵堵塞下游管道，当上游管道水位上涨到要求水位，形成足够的水压差后，快速移除管塞或气堵，释放水头差，让大量的水流利用水头压力，以较大的流速来冲洗中下游管道。对过河倒虹管进行检修前，当需要抽空管道时，必须先进行抗浮验算。倒虹管养护宜采用水力冲洗的方法，冲洗流速不宜小于1.2m/s。在建有双排倒虹管的地方，可采用关闭其中一条、集中水量冲洗另一条的方法。采用满负荷开泵的方式进行水力冲洗时，应至少每 3 个月一次，定期清除透气井内的浮渣、开盖检查压力井盖板、清理盖板锈蚀、更换老化密封垫等。对井体裂缝、管内积泥应及时维修和清理。

不提倡也不应该用市政自来水冲洗污水管道。全社会都应节约水资源，用自来水冲洗管道无疑给用水紧张的社会带来不良影响，更加剧城市供水的压力。

人工铲挖也叫人力清掏，使用的工具还是沿用以前的大铁勺、铁铲等。在我国部分城市管网疏通中仍占有很大比例，但是该方法工作效率低，劳动强度大，安全隐患多。发达国家城市排水管的清掏大多采用真空吸泥车，但是吸泥车所吸污泥的含水率较高，一般高达 95％。

3. 通沟污泥处理

通沟污泥的处理与处置应纳入城镇排水专项规划。根据规划要求，合理建设通沟污泥处理厂（站），同时监（检）测通沟污泥产量、密度、含水率、灰分、颗粒粒径分布、悬浮物、pH、重金属等理化指标。根据本地区通沟污泥特性选择合适处理工艺，确定最终处置途径。采取综合填埋方式处置的，宜按照现行国家标准《城镇污水处理厂污泥处置混合填埋用泥质》GB/T 23485 的要求进行管理。作为建筑材料处置的，应符合相应技术规定，同时应考虑可能产生的二次污染问题。

2.5　排水管网的排查

排水管网排查是摸清排水管网家底、厘清污水收集设施问题、推进收集设施提质增效工作的前提和基础。管网排查应"远近结合、因地制宜、统筹推进"。在城镇污水收集处理设施系统性排查的同时，应建立和完善排水管网地理信息系统，构建并落实周期性检测制度和运行维护长效机制。

管网管理部门应组织对辖区内的排水管网及其附属设施进行系统排查，全面掌握排水管网的脉络，系统识别影响污水收集设施效能发挥的主要矛盾和关键问题，确定污水收集处理设施的能力是否匹配、功能是否发挥，及时对排查发现的各类缺陷问题进行治理。依据"提质增效"的目标，按照优先"挤外水"的要求，应该对排水口倒灌、拦河截流、箱涵截流、过河管道、河底敷设管道、沿河敷设管道等进行优先重点调查。

排水管网排查宜综合运用各类检查手段和方法，确定外水来源或混接源的位置和类型。主要方法包括：开井目视检查、QV、CCTV、声呐检测、水量监（检）测、水质监（检）测、闭水（气）试验、夜间最小流量法、用水量折算法和节点流量平衡法，以及染色试验、烟雾试验、分布式光纤测温（DTS）等辅助方法。

根据排水管网排查的检测和评估结果，结合缺陷对运行的影响程度、所处区域重要程度，确定整改方案后实施整改。对于不具备立即检修整改条件的，应监控缺陷的发展变化，采取有效措施防止缺陷进一步扩大。

2.5.1　排查原则与要求

根据辖区污水收集处理设施的总体布局，选择资质合格、专业技术能力强、责任心强的队伍，有计划、分批次地对生活污水收集处理设施进行全面而有重点的排查，是提质增效工程措施实施的前提和基础。管网排查应遵循"问题导向和重点突出"的原则，对重点排查区块的管网，应同步调查雨、污水管道，查清雨污混接情况，并查明检查井的破损、渗漏情况等。排查还应对排水户开展调查，查明接管位置和水量水质特征等。按照"查一片，解决一片"的原则，同步对有生活排水的企业、居民小区和单位庭院等排水户内部排水管网开展调查。

主管部门及相关部门应系统梳理各片区、各流域、各单元的污水收集设施脉络和互相关系，全面推进并逐步完成对所有污水管道及其附属设施的排查，同步动态更新管网基础信息。对于排查发现的市政无主污水管段或设施，应尽快核实管段或设施的功能属性，快速推进设施确权并完成权属移交，确保设施日常运行养护工作的正常开展。

分流制排水区域的居民小区、公共建筑及企事业单位内部设施的权属单位、物业代管单位及有关主管部门，应组织开展所管辖范围内排水管网的排查，重点排查阳台立管、小区路面排水等管网的错接混接情况，快速推进并有效解决居民小区、公共建筑等的源头错接混接问题。鼓励居民小区将内部管网养护工作委托给市政排水管网运行维护单位实施，以提高城市污水收集系统管理的系统性，全面提升城镇污水收集设施效能。

强化排查工作的监管考核，确保排查数据和检测结果真实可靠，坚决杜绝通过模型"模拟"预测的方式代替排查和周期性检测。

2.5.2　管网排查内容

排水管网排查主要包括管网运行状况、雨污混接状况、外水入渗、检查井缺陷四个方面。

1. 运行状况

运行状况排查是对排水管网的水位及淤积情况进行排查，以及对泵站规模、水位、开停机情况、水质水量特征及在线监测情况进行排查。水位调查应结合上下游泵站开启情况，考虑时间因素和位置因素，并进行相关信息记录。淤积深度调查应在低水位时进行，检查井内可用测杆测定，管道内应使用管道潜望镜、声呐等设备排查。

2. 雨污混接状况

雨污混接状况排查的目标在于查找发现雨污混接点位置，从而采取措施进行分流改造。雨污混接通常出现在检查井处，应结合运行状况调查同步进行。一般通过人工目视，必要时配合管道潜望镜、闭路电视等设备进行调查。需要时可通过降低管道水位，判断接入管道属性，若存在雨水管道接入污水管网的情况即判定为混接点。对混接点和混接管道进行整理统计，对具备即查即改条件的问题按照即查即改流程实施。

排查居民小区或单位庭院等排水户内部排水管网雨污混接时，可先用气囊封堵排水户污水管节点井，在用水高峰期一段时间内观察排水户雨水节点井处水流状态的变化情况；或在非用水高峰期向污水管道注水至管顶以上，并在一定时间内保持水位不变，观察排水户雨水节点井处水流状态的变化。如发现雨水节点井处有明显水流变化，则判定排水户内部排水管网存在雨污混接。为准确找到雨污混接点，可沿排水户雨水节点井向上游进行排查，逐个打开井盖后通过目视或设备辅助检测，确定混接点具体位置。

3. 外水入渗

外水入渗排查主要是查找发现进入污水管网的非污废水（包括自然水体、地下水、自来水和施工废水等）的位置、来源和成因，确定进入系统的水量和影响程度，采取措施减少或消除外水进入系统。应优先对过河管道、河底敷设管道、沿河敷设管道进行外水入渗调查。在用水低峰期封堵上下游检查井，尽可能抽空封堵段，一定时间内观测管道内水位变化，以此判断管道入渗程度。如发现入渗异常，则抽干管段内水后，用电视检测设备或人工观察入渗点位。

4. 检查井缺陷

检查井排查时应通过人工目视、管道潜望镜等设备进行调查，调查检查井井盖是否存在缺失、破损、错盖、埋没、无防坠落设施、井室（含井底）破损渗漏、井壁与管道连接情况等。对具备即查即改条件的问题按照流程实施。在工业企业、医院等排水户的节点井处，如发现水量水质异常的，应及时上报。

2.5.3 排查路线和方法

1. 污水管网空白区排查

污水管网空白区排查的重点是城市辖区范围内尚未铺设污水管网，或尚未完成市政污水管网接入服务的区域，比如老旧城区、城中村、城乡接合部的生活污水管网覆盖和污水接入情况、规划拆迁老旧城区居民污水排放情况、城市水体沿线尚未接入污水管网的沿河居民楼、餐饮业和商铺的污水纳管情况等。

排查时应全面摸清空白区的类型和区域面积、人口数量及结构、供水及污水排放情况、污染物类型及浓度等。对于排查出的空白区域应本着"有利、就近"的原则，铺设污水管网以接入城镇排水系统，消除城镇污水收集管网空白区，推进城镇生活污水全收集、全处理。

2. 旱季污水直排口排查

旱季污水直排口排查是利用城镇排水管网设计建设施工原始资料和日常维修养护记录，对水体沿线排口、检查井、溢流井、提升泵站等排水设施在旱季排污的可能性进行系统分析和预测，初步掌握潜在的旱季污水直排口类型、位置、规格型号、污水来源等基础信息，并通过现场排查数据，必要时结合公众调查、降低城市水体水位观测、潜水检测等方法进行核实确认。

应将污水直排量、主要污染物类型及浓度等信息纳入现场排查工作范围，可将 COD

和 NH_3-N 作为主要水质评价指标，对排口进行分类。必要时应加强旱季排口的水质变化特征分析，为直排口分类治理提供依据。

3. 外水入流与入渗排查

外水入渗入流排查首先需收集管网资料、河道水位标高、地下水位标高、污水处理厂和泵站运行情况、区域用水量等资料。通过系统梳理分析片区内污水管道水位及其与周边区域山溪水、地表水、浅层地下水水位的关系及其季节性变化特征，分析山溪水入流、地表水倒灌、浅层地下水入渗污水管网的可能性，为旱季清水入流与入渗整治措施制订提供科学依据。

当区域内污水管网系统存在以下现象时，可初步判断该管网系统存在入渗入流现象：在雨天或河道水位增加时污水系统内流量大幅度增加；污水系统晴天输送污水的水质浓度偏低；增大污水泵站调水量或污水处理厂处理量时，管网内水位变化与之不匹配。

对于敷设于城市水体下方的污水管道或合流制管道，应强化入河起始点和终止点的水质分析，诊断河水倒灌可能性；也可通过降低河道水位并辅以沿程水质检测的方法，直接识别河水倒灌问题。

施工降水或基坑排水是一种重要的外水来源，应避免施工降水或基坑排水挤占污水管网或污水处理设施容量，影响污水收集处理系统效能。应加强施工降水或基坑排水排入城镇排水系统的许可管理和就地净化入河的排放管理，系统排查城区施工降水或基坑排水的水质水量变化特征，严格限制相对干净的施工降水或基坑排水排入城镇污水管网；对存在一定污染问题，需要通过污水处理厂处理后排放的施工降水或基坑排水，应强化拟排入管线和污水处理设施的能力冗余度分析。

4. 分流制管道错接混接排查

应加强对分流制排水系统居民小区和企事业单位管道错接混接问题的识别。可根据非降雨期间雨水立管是否有水排出，判定是否存在阳台洗衣机、厨房等污水错误接入楼宇雨水立管问题。系统排查分流制排水系统服务范围内的沿街餐饮、商铺、洗车等经营性单位和个体工商户，以及工业企业的污废水排放情况，确认是否存在错接入雨水口导致雨水管道旱季直排污水的问题。

5. 城镇排水管道质量排查

加强城镇排水管道质量排查，尤其强化旱天进水浓度相对较低的城镇污水处理厂服务范围内管网渗漏和清水入渗入流情况的排查分析。实际工作中可委托专业的管网检测评估机构，开展管道断裂、塌陷、错口等缺陷评估，科学分析缺陷可能引起的公共安全危害，以及对污水处理设施效能和城市水体水质保持的潜在影响，制订排水管道渗漏修复更新技术方案。

6. 污水管道运行状况排查

加强城镇排水管网，尤其是合流制管网日常运行水位、流速及充满度情况排查，强化相关运行参数与设计参数之间的对比及其潜在的不利影响分析，有条件时可通过绘制污水管道实际运行水位状态图、局部区域充满度或水位变化曲线等方式，对城镇排水系统问题进行综合分析。系统梳理污水管网日常清通养护情况，加强城镇污水管网淤积问题排查与评估，重点关注管道积泥深度、底泥泥质、主要污染物成分及碳、氮、磷比例等参数，尤其强化污水管道沉积过程对污水处理厂进水碳源影响的分析。

7. 降雨污染情况排查

强化城市水体沿线分流制雨水口、合流制溢流口降雨期间排放污染物情况的排查识别，重点关注地表径流，以及雨水管道和合流制管道冲刷导致的降雨期间悬浮性残渣或可沉淀颗粒物排入城市自然水体的情况。有条件的地区，应系统排查并详细记录不同降雨强度情况下，各个雨水口或合流制溢流口的流量和排水污染物特征，重点关注污染物特征随降雨的变化趋势。

2.6　排水管网的检测

与全面系统排查不同，城镇排水管网的周期性检测属于日常运行维护工作，对于及时发现管网运行问题、提升管网运行质量具有至关重要的作用。管网管理单位可委托有技术、有装备、有人员、有责任心的第三方机构开展排水管网，尤其是污水收集管网的周期性检测，并结合检测和排查工作的推进，逐步建立和完善专业化运行维护管理队伍，建立排水管网运维管理和经费保障的长效机制。

排水管网的周期性检测是利用各种先进的技术和设备，对排水管网进行的实质性检测，以切实排查并及时解决影响污水收集效能的管网"真问题"，避免排水管网"带病作业"。排水管网的检测周期以 5～10 年为宜，即应保证排水管网的检测 5～10 年循环覆盖一次。排水管网管理部门应根据本地区的技术经济条件、排水管网建设运行状况和污水处理设施进水水质特征，科学制定排水管网排查和周期性检测计划，逐步推进排水管网排查和周期性检测工作，杜绝通过"模拟"预测的方式替代排查和检测。排水管网的运行维护单位要根据周期性检测结果，制定缺陷治理计划和方案，及时治理各类功能性和结构性缺陷，防微杜渐。

由于部分排水管网建设年限较长，难免会出现破损渗漏的问题。受制于资金、道路开挖等诸多问题，短时间内无法进行更换，因此排水管网的检测排查和修复尤为重要。有效排查出排水管网破损的具体位置是开展修复工作的基础和前提，对排水管网有以下两点好处：①对于管道存在的问题可以做到早发现、早解决，保障排水管网的稳定运行。②检测可以节约管道修复养护成本，从长远角度来看，管网事故率减少产生的费用可以补偿管道检测花费的投资，因为对于问题管道的主动维护费用比管道破坏后的抢修费用低一半以上。

2.6.1　一般规定

排水管网检测的主要目的是查明管道结构性缺陷和功能性缺陷，一般以仪器检测为主要手段，包括 CCTV 电视检测、声呐检测和管道潜望镜检测等。排水管网检测应严格按照现行行业标准《城镇排水管道检测与评估技术规程》CJJ 181 的要求执行。

根据排水管网调查结果，优先对入渗严重的过河管道、河底敷设管道、沿河敷设管道，以及管龄长、沿程水位变化异常的管道进行检测。重点对存在以下情况的排水管道进行结构性缺陷和功能性缺陷检测：①近两年出现过污水漫溢或地面下沉的排水管道；②轨道交通、人防设施或其他大型建筑工地周边排水管道；③城市主干道路、商业中心、城市地标或其他重要地段排水管道；④管龄超过十年的排水管道；⑤波纹管、玻璃钢夹砂管等易损坏的排水管道；⑥埋设于淤泥土、淤泥质土和粉砂等地质条件较差土层的排水管道。

2.6.2　检测要求

管道检测时的现场作业应符合现行行业标准《城镇排水管道维护安全技术规程》CJJ 6 和《城镇排水管渠与泵站运行、维护及安全技术规程》CJJ 68 的有关规定；现场使用的检测设备，其安全性能应符合现行国家标准《爆炸性环境》GB/T 3836 的有关规定。

检测方法应根据现场情况和检测设备的适应性进行选择，当一种检测方法不能全面反映管道状况时，可采用多种方法联合检测。

检测时通常先进行管道清疏，保证设备的正常运行。

检测影像拍摄时，应按照顺序连续拍摄地面参照物、信息牌（注明道路名称、管段起止检查井编号、检测日期等）、检查井盖、检查井室及支管接入情况等。

在检测过程中发现缺陷时，应将设备在完全能够解析缺陷的位置至少停止 10s，确保所拍摄的图像清晰完整。录像资料不应产生画面暂停、间断记录、画面剪接的现象。

管道检测影像记录应真实、准确、连续、完整，录像画面上方应含有"任务名称、起始井及终止井编号、管径、管道材质、检测时间"等内容，检测成果图中应标明管道性质、缺陷类别及位置、排水流向等信息，宜采用中文显示。并填写管道缺陷问题统计表。

通过常规方法难以判定管道渗漏情况时，宜在雨后地下水位较高时进行进一步检测。对于平面位置较近的雨/污水管道，还可采用人工模拟方法提高地下水位进行进一步检测：用气囊等封堵雨/污水管道，抽干污水管道，向雨水管道注水至管顶以上，并在一定时间内保持水位不变。观察雨污水管道内水位变化情况，若发现明显水位变化，则判定为管道或检查井渗漏，通过目视或电视检测确定具体渗漏位置。

2.6.3　检测方法

排水管道检测技术除了人员进入管道内检测的传统方法外，主要有闭路电视检测技术（Closed-Circuit Television，CCTV）、声呐检测技术（Sonar Inspection，SI）、管道潜望镜检测技术（Pipe Quick View Inspection，QV）、水质浓度沿程检测分析（Pipe Wastewater Testing Inspection，PWTI）等。

1. CCTV 管道机器人检测

CCTV 检测技术出现于 20 世纪 50 年代，是目前使用最普遍的污水管道检测技术，主要用于工作人员无法进入的管道内检测。CCTV 检测技术分为自走式和牵引式两种，目前自走式系统应用较多。操作人员远程控制管内爬行器的行走，并根据爬行器上的摄像头拍摄的图像记录检测到的故障，分析管道损坏的类型、大小和位置。技术人员根据摄像系统拍摄的录像资料，为制订修复方案提供重要依据。

CCTV 管道机器人由摄像系统、爬行系统和控制传输系统组成。运行时应先将机器人各部件组装起来，在地面上调整参数，确保其处于正常稳定状态，然后将机器人放入管道，对管道内部的锈层、结垢、腐蚀、穿孔、裂纹等状况进行探测和摄像，实时记录（图 2-1）。CCTV 检测应在冲洗疏浚后进行，现场条件无法满足时，应采取降低水位措施，确保管道内水深不大于管径的 20%。

CCTV 检测技术能适应于大部分管径较大的管道，可实时、直观、准确地对排水管道进行检测排查，是目前应用较为广泛的管网检测技术。但当管内污水充盈度较高时，设备无法在管道内行走，有一定的局限性。此外，对于管道缺陷的判断主要依据技术人员的技能和经验，有一定的不准确性。

2. 管道潜望镜检测技术

管道潜望镜检测技术又称 QV 检测技术，是一种采用管道潜望镜在检查井内对管道进行检测的方法。操作人员通过可调节长度的手柄将高放大倍数的摄像头放入检查井内或其他空间，在地面通过控制器调整灯光、镜头焦距进行观察，并采用视频记录的方式来检测和拍摄管内沉积、破损、渗漏等现象（图 2-2）。QV 检测技术可将清晰可见的管道内部状况视频发送到地面主控机进行存储，并由专业人员进行对比分析，以全方面地了解管内现状运行情况，找出管道损坏部位，分析损坏程度。

图 2-1　CCTV 管道机器人检查管道　　　图 2-2　管道潜望镜检查管道

管道 QV 检测仪配备了强力光源，在管道中污水充满度较小的情况下，能在直径200～1500mm 管道的管口检查、观测管道内部情况。在管道情况理想的情况下，检测纵深最大可达 80m，能够清晰地显示管道裂纹、堵塞等内部状况。

管道 QV 检测仪具有简便、快速、成本低、检查效率相对较高等方面的优势，在检查条件理想的一般情况下可以满足对管道各类结构性缺陷的检查。使用该技术时，污水管道内水位不能过高，因为镜头进入水中时通常无法看清管道状况。此外，被检测管段一般不能超过50m，因为QV检测技术是将镜头放置在检查井内，管道过长将导致后面的检测视频过于模糊。

图2-3　管网声呐检测

3. 声呐检测

声呐检测时，需要将声呐管道检测仪沿检查井置入管道中，测算管道的断面尺寸、沉积物形状、管道破损或缺陷位置、管道变形范围等。声呐检测技术主要采用声呐设备发射声波对管道内壁进行扫描，声波遇到不同的表面时，会反射回声呐头。通过计算机处理反射回的数据形成管道内部的横断面图，从而得到管内具体情况，以判断管道是否存在沉积、腐蚀破损、变形等情况（图2-3）。

声呐检测系统适用于无法进行内窥检测的充满度较高的污水管道，以及直径为125～5000mm的各种材质的管道，可进行不断流检测，效率高，成本低，且提供数据资料较为准确。但是声呐仅能检测同一介质下（如水或者空气）的管道情况，无法穿过不同介质（如水的自由液面）进行同时检测，且对管道内结构问题的检测分析较为单一。

4. 水质浓度检测

水质浓度沿程检测分析技术是根据主干管、支管位置和水流方向，进行沿程布点，采样并分析污水的各项指标（如COD、氨氮、总氮、总磷等），根据指标浓度的变化分析管网渗漏的大致情况。一般情况下，沿程的水质浓度沿流程递减，但递减量十分有限，当上游节点的水质浓度偏高，而下游节点的水质浓度异常偏低，排除水流淤积及管路过长等因素外，往往能初步表示该段可能存在渗漏，同时可以结合水量，按照混合权重原则初步核算渗水量。

该技术的优点是通过水质浓度反映管网渗漏情况，更为直观，可信度高。缺点是由于管网支管众多，进行小范围的水样采集和测试，很难确定具体的渗漏位置，一般需结合CCTV、QV等技术进一步确定具体的渗漏点。

2.6.4　管网缺陷类别与等级

住房和城乡建设部发布的《城镇排水管道检测与评估技术规程》CJJ 181—2012，依据管道检测结果、管道结构性状况和功能性状况，按照缺陷性质可以分为结构性缺陷和功能性缺陷两类，按照缺陷等级分为轻微（1级）、中等（2级）、严重（3级）、重大（4级）四个等级。

结构性缺陷是指管道及检查井结构本体遭受损伤，影响强度、刚度和使用寿命的缺陷。结构性缺陷包括破裂、变形、腐蚀、错口、起伏、脱节、接口材料脱落、支管暗接、异物穿入、渗漏 10 种。对于结构性缺陷一般需要通过修复手段进行解决。

功能性缺陷是指导致管道及检查井过水断面发生变化，影响畅通性能，但不影响强度、刚度和使用寿命的缺陷。功能性缺陷包括沉积、结垢、障碍物、残墙坝根、树根、浮渣 6 种，对于功能性缺陷一般可通过日常维护等手段进行解决。

缺陷等级的划分见表 2-8 及表 2-9。

结构性缺陷的名称、代码、等级划分及分值　　　　　　　表 2-8

缺陷名称	缺陷代码	定义	等级	缺陷描述
破裂	PL	管道的外部压力超过自身的承受力致使管道发生破裂。其形式有纵向、环向和复合共三种	1	裂痕——当下列一个或多个情况存在时： 1. 在管壁上可见细裂痕； 2. 在管壁上由细裂缝处冒出少量沉积物； 3. 轻度剥落
			2	裂口——破裂处已形成明显间隙，但管道的形状未受影响且破裂无脱落
			3	破碎——管壁破裂或脱落处所剩碎片的环向覆盖范围不大于弧长 60°
			4	坍塌——当下列一个或多个情况存在时： 1. 管道材料裂痕、裂口或破碎处边缘环向覆盖范围大于弧长 60°； 2. 管壁材料发生脱落的环向范围大于弧长 60°
变形	BX	管道受外力挤压造成形状变异	1	变形不大于管道直径的 5%
			2	变形为管道直径的 5%～15%
			3	变形为管道直径的 15%～25%
			4	变形大于管道直径的 25%
腐蚀	FS	管道内壁受侵蚀而流失或剥落，出现麻面或露出钢筋	1	轻度腐蚀——表面轻微剥落，管壁出现凹凸面
			2	中度腐蚀——表面剥落显露粗骨料或钢筋
			3	重度腐蚀——粗骨料或钢筋完全显露
错口	CK	同一接口的两个管口产生横向偏差，未处于管道的正确位置	1	轻度错口——相接的两个管口偏差不大于管壁厚度的 1/2
			2	中度错口——相接的两个管口偏差在管壁厚度的 1/2～1 之间
			3	重度错口——相接的两个管口偏差在管壁厚度的 1～2 倍之间
			4	严重错口——相接的两个管口偏差为管壁厚度的 2 倍以上
起伏	QF	接口位置偏移，管道竖向位置发生变化，在低处形成洼水	1	起伏高/管径≤20%
			2	20%＜起伏高/管径≤35%
			3	35%＜起伏高/管径≤50%
			4	起伏高/管径＞50%

缺陷名称	缺陷代码	定义	等级	缺陷描述
脱节	TJ	两根管道的端部未充分接合或接口脱离	1	轻度脱节——管道端部有少量泥土挤入
			2	中度脱节——脱节距离不大于2cm
			3	重度脱节——脱节距离为2~5cm
			4	严重脱节——脱节距离为5cm以上
接口材料脱落	TL	橡胶圈、沥青、水泥等类似的接口材料进入管道	1	接口材料在管道内水平方向中心线上部可见
			2	接口材料在管道内水平方向中心线下部可见
支管暗接	AJ	支管未通过检查井直接侧向接入主管	1	支管进入主管内的长度不大于主管直径的10%
			2	支管进入主管内的长度在主管直径的10%~20%之间
			3	支管进入主管内的长度大于主管直径的20%
异物穿入	CR	非管道系统附属设施的物体穿透管壁进入管内	1	异物在管道内且占用过水断面面积不大于10%
			2	异物在管道内且占用过水断面面积的10%~30%
			3	异物在管道内且占用过水断面面积大于30%
渗漏	SL	管外的水流入管道	1	滴漏——水持续从缺陷点滴出，沿管壁流动
			2	线漏——水持续从缺陷点流出，并脱离管壁流动
			3	涌漏——水从缺陷点涌出，涌漏水面的面积不大于管道断面的1/3
			4	喷漏——水从缺陷点大量涌出或喷出，涌漏水面的面积大于管道断面的1/3

功能性缺陷的名称、代码、等级划分及分值　　　　　　表2-9

缺陷名称	缺陷代码	定义	等级	缺陷描述
沉积	CJ	杂质在管道底部沉淀淤积	1	沉积物厚度为管径的20%~30%
			2	沉积物厚度在管径的30%~40%之间
			3	沉积物厚度在管径的40%~50%之间
			4	沉积物厚度大于管径的50%
结垢	JG	管道内壁上的附着物	1	硬质结垢造成的过水断面损失不大于15%；软质结垢造成的过水断面损失在15%~25%之间
			2	硬质结垢造成的过水断面损失在15%~25%之间；软质结垢造成的过水断面损失在25%~50%之间
			3	硬质结垢造成的过水断面损失在25%~50%之间；软质结垢造成的过水断面损失在50%~80%之间
			4	硬质结垢造成的过水断面损失大于50%；软质结垢造成的过水断面损失大于80%
障碍物	ZW	管道内影响过流的阻挡物	1	过水断面损失不大于15%
			2	过水断面损失在15%~25%之间
			3	过水断面损失在25%~50%之间
			4	过水断面损失大于50%

缺陷名称	缺陷代码	定义	等级	缺陷描述
残墙、坝根	CQ	管道闭水试验时砌筑的临时砖墙封堵，试验后未拆除或拆除不彻底的遗留物	1	过水断面损失不大于15%
			2	过水断面损失在15%～25%之间
			3	过水断面损失在25%～50%之间
			4	过水断面损失大于50%
树根	SG	单根树根或是树根群自然生长进入管道	1	过水断面损失不大于15%
			2	过水断面损失在15%～25%之间
			3	过水断面损失在25%～50%之间
			4	过水断面损失大于50%
浮渣	FZ	管道内水面上的漂浮物（该缺陷需记入检测记录表，不参与计算）	1	零星的漂浮物，漂浮物占水面面积不大于30%
			2	较多的漂浮物，漂浮物占水面面积30%～60%
			3	大量的漂浮物，漂浮物占水面面积大于60%

2.7　排水管网的修复

随着我国市政排水管网系统持续推进和完善，部分已建设的排水管道开始接近设计使用年限。由于受到施工不当、环境变化、地下水侵蚀等因素影响，没有达到设计使用年限的排水管道在使用过程中也会产生各种类型的缺陷，如结垢、淤积、错口、变形等。这些缺陷不仅会影响排水管道的输水能力，而且还可能会造成污水渗漏、地表塌陷等对环境产生危害的后果，影响居民的正常生产生活。因此，对有缺陷的排水管网进行修复是维持城镇排水系统正常运转的关键之一。

2.7.1　管网修复技术

1. 开挖修复技术

开挖修复技术是沿着管道方向挖掘沟槽或路面的施工技术。需要利用挖掘设备对管道铺设的沟渠进行开挖，并在管道安装、维修或更换完成后再填槽。开挖修复技术是管网修复最常用的方法，适用于待修复管道长、破损严重的情况，可直接对损坏的路段进行修复，且修复效果更直观。但是，在施工开挖过程中易产生扰民噪声，也会不同程度地影响地面交通、周围建筑物以及地下其他功能管线的安全。

2. 非开挖修复技术

非开挖修复技术可在不开挖或微开挖的情况下，对有缺陷管道进行修复和更新，以保障管道和路面交通的正常运行。非开挖修复技术包括延长管道使用寿命的施工技术及其辅助技术。相比开挖修复技术，非开挖修复技术尽管直接成本较高，但具有施工周期短、对地面交通和周围环境影响小和综合成本较低等优点。因此，采用非开挖修复技术也逐渐成为排水管道修复的优先选择。

非开挖修复技术按修复范围可分为辅助修复、局部修复和整体修复三类。其中辅助修复最常用的方法为土体注浆法；局部修复主要有点状原位固化法、嵌补法以及不锈钢套环法；整体修复主要包括穿插法、原位固化法、碎（裂）管法、内衬法、机械螺旋缠绕法、管片内衬法等。

（1）土体注浆法

土体注浆法主要是向排水管道周边土体、接口部位、检查井底板及四周井壁注浆，逐渐形成隔水帷幕，主要是防渗堵漏、加固和纠正建筑物偏斜，增加检查井周边土体硬度和承载力，有效隔断地下水的渗入，是对检查井堵漏的最佳途径之一，是对排水管进行辅助修复的有效方式。

1）适用范围

土体注浆法适用于管道基础结构基本稳定、管道线形无明显变化、管道壁体坚实不酥，但处在渗漏预期或临界状态时的管道结构性缺陷，主要呈现为不大于 3cm 的错位、脱节、渗漏。其不适用于管道基础断裂、管道破裂、管道接口严重错位、管道线形严重变形等结构性损坏的修理；不适用于严重沉降、与管道接口严重错位损坏的检查井。

2）优缺点

土体注浆法的主要优点是与其他排水管道修复方法联合使用，对管外土体进行注浆加固，注浆液充满土层内部及空隙，达到降低土层渗水性、增加土体强度和变形模量、充填土体空隙、补偿土体损失、堵漏抢险的目的，可以密实土基和提高路基强度，确保排水管道的后期正常使用。缺点是常被作为一种辅助修复方法使用，一般不能独立使用。

（2）穿插法

穿插法指采用牵拉或顶推的方式将内衬管直接置入原有管道，然后在新旧管道中间注浆进行稳固的管道修复方法。穿插法所用的内衬管材通常是钢管、PE 管，有时也使用PVC 管或玻璃钢管。穿插法属于半结构性修复，多用于排水管段的整体修复。根据工程特点和要求，可采用柔性连续长管或刚性短管。

管道穿插技术根据穿插管的管径可分为异径非开挖穿插技术和挤压穿插技术，挤压穿插技术按照挤压形式的不同，又可分为均匀缩径法以及"U"形穿插法。

① 异径非开挖穿插技术是在原有较大口径旧管中穿插较小口径的新管，然后在新旧管中间注浆稳固的方法，采用卷扬机等作为动力，完成新管线的敷设。

② 均匀缩径法是把一定厚度的、外径略大于旧管的高密度聚乙烯管，用特制的均匀缩径设备径向缩小，再通过牵引设备拉入旧管中，之后撤掉拉力，并经过一定时间使聚乙烯管自动恢复或者给其一定内压使其恢复原聚乙烯管口径并紧贴旧管内壁。

③ "U"形穿插法又称折叠内衬法，用特制"U"形的压制设备，将外径略大于待修复管道内径的高密度聚乙烯内衬管制成"U"形，通过捆扎定型、牵引拉入、外力恢复等过程使衬管紧紧地与旧管道内壁结合在一起，形成"管中管"结构。

1）适用范围

穿插法可应用于饮用水管道、化学/工业管道、直线管道、有弯管的管道、圆形管道和压力管道的修复，也可用来更新重力流管道，但会造成管道内部直径的减小，因此需要对管道的流通能力进行必要的核算。

对于大直径、弯曲严重的管道，不建议使用穿插法，主要原因是使用过程中内衬管与原有管道间的摩擦力将会增加，进而减小内衬管的拉入长度。穿插法的可修复的管径理论上是不受限制的，其穿插距离一次可达 1～2km。

2）优缺点

穿插法的优点在于其设备、工艺简单，可修复重力流或压力流管道，可进行结构性和半结构性的管道修复。缺点在于会减少原有管道过流面积，施工完成后需要灌浆。

（3）原位固化法

原位固化法是一种较为传统的管道整体修复方法，该方法采用树脂材料封装于直径与待修管道内径相同的纤维软管中，在水或空气的压力下翻卷，进入并贴紧待修复管道，经各种工艺固化后形成具有足够强度的内衬管。根据施工工艺，原位固化法分为翻转法和牵引法，根据固化工艺，主要分为热固化和紫外光固化法，其中热固化法工艺主要包括热水固化和蒸汽固化。

1）适用范围

原位固化法适用于不同管道形状的施工，包括直管、弯管、垂直管道连接和变形的多棱角管道。翻转式原位固化法修复管径的范围在 100～2700mm 之间，牵引式原位固化法的修复管径的范围在 100～2400mm 之间。紫外光固化法适用于 150～1600mm 管径的结构性修复，分段施工最大适宜长度不超过 200m。热固化法适用于 110～2200mm 管径的结构性修复。

2）优缺点

优点：适用于任何断面形状的管道，可整体修复结构缺陷不严重的管段，也可实现半结构性修复；内衬管与原有管道紧密贴合，不需灌浆，施工速度快、工期短，可用于修复非圆形管道，具有内衬管连续、表面光滑、减小流量损失等优点。

缺点：需要特殊的施工设备，对工人的技术水平和经验有较高要求，施工过程中需要截流抽水。另外用于固化的水可能含有苯乙烯，必须要求从现场清除；施工受环境温度影响大，存在树脂材料提前固化的风险，如非现场浸渍树脂，对树脂软管储运温度和时间要求高；固化过程需进行认真监控、检查和试验，以确保达到设计的物理、化学性质。

（4）碎（裂）管法

碎（裂）管法为使用碎（裂）管设备从原有管道内部破碎或割裂原有管道，原有管道碎片挤入周围土体并形成管孔，同时新管道拉入管孔的管道更新方法。碎（裂）管法主要有静拉碎（裂）管法和气动碎管法两种工艺。静拉碎（裂）管法是在静拉力的作用下破碎原有管道或通过切割刀具切开原有管道，然后用膨胀头将其扩大。气动碎管法是靠气动冲击锤产生的冲击力作用破碎原有管道。

1）适用范围

碎（裂）管法用于较宽的管道直径范围和各种地层条件，典型的管道直径范围是

50～1000mm，理论上碎（裂）管法更换管道的直径没有限制，但受成本和地面沉降或振动的影响，目前碎（裂）管法更换管道的最大直径为1200mm。

另外，若使用气动碎管法，需要保证邻近的管线距离不小于0.8m或埋深大于0.8m，否则可能会损坏邻近的管道或引起地表的隆起，如要采用该方法应采取相应的保护措施。

2）优缺点

碎（裂）管法相比开挖法具有施工速度快、效率高、价格低、对环境更加有利、对地面干扰少等优势。与其他管道修复方法相比，碎（裂）管法的最大优势在于它是唯一能够采用大于原有管道直径的管道进行更换从而增加管线的过流能力和承载能力的施工方法。

碎（裂）管法的局限包括如下方面：需要开挖地面进行直观连接；不适用于膨胀土内层的管道更换；需对局部塌陷进行开挖施工以穿插牵拉绳索或拉杆；需对进行过点状修复的位置进行处理；对于严重错位的原有管道，新管道也将产生严重错位现象；需要开挖起始工作坑和接收工作坑。

（5）内衬法

内衬法是国内修复排水管道较常用的方法之一，根据内衬方式的不同分为折叠内衬法、缩径内衬法。

1）折叠内衬法是使用PE或PVC作为管道材料，施工前先在工厂或工地用牵拉的方法将其压制成"C"形或"U"形，然后将断面缩小的管道拉入原有管道，当管道就位后利用加热或加压的方法使折叠后的管道膨胀恢复原来的大小和形状，形成与原有管道紧密贴合的内衬管。

2）缩径内衬法又称紧密配合法，利用中密度或高密度聚乙烯的聚合链结构在没有达到屈服点之前结构的临时性变化并不影响其性能这一特点，将预先准备好的与旧管相同管径的新管，通过机械作用减小新管的直径后放入原始管道，在热与压力或者自然作用下，新管恢复原状并与旧管紧密配合。缩径法是使衬管的直径临时性缩小，以便于置入旧管内达到内衬的目的，在旧管内插入挤压缩径后的新管。新管外径≈原管内径×0.92。

① 适用范围

折叠内衬法可分为工厂预制成型和现场成型两种。小直径的内衬管可以在工厂预制成型后运到工地，修复管道的直径范围在100～450mm之间；当修复管径大于460mm的管道时，宜在工地现场折叠。

缩径法修复管径范围一般是在100～600mm之间，最大可达1100mm，单次修复管线最长可达1000m。其适用于重力流和压力流圆形管道，适用管材包括HDPE、MDPE等。

② 优缺点

折叠内衬法的优点在于施工占地小，内衬管与原有管道紧密贴合，原有管道过流能力损失小，一次性修复管道可达千米，方法简单易行，适用于各种管材。缩径内衬法的优点在于不需要灌浆，施工速度快，过流断面的损失比较小，一次修复距离比较长。

折叠内衬法的缺点是施工时可能引起结构性的破坏（破裂或走向偏离）；缩径内衬法缺点在于需开挖进行支管连接，不利于变形严重的管道修复。

（6）机械螺旋缠绕法

机械螺旋缠绕法是将带状型材在原有管道内缠绕成一条新管道，并对新管道与原有管道之间的间隙进行注浆处理的管道修复方法。

螺旋缠绕法可分为贴合原有管壁和非贴合原有管壁两种工艺，按照缠绕机的工作状态可分为固定设备螺旋缠绕法和移动设备螺旋缠绕法。固定设备内衬过程中螺旋缠绕机在工作井内施工，缠绕管沿管道推进；移动设备内衬过程中螺旋缠绕机随着螺旋缠绕管的形成沿管道移动。

1）适用范围

螺旋缠绕法适用于压力流管道和重力流管道的结构性损坏及非结构性损坏的修复。修复管道的长度受扩张时扭矩的限制，目前最长更新长度超过 200m，且中间无任何接口。另外，由于带状型材是连续不断地被卷入原有管道，因此管道修复长度还受到运输条件的限制。

使用不同的设备和型材可修复管道的口径范围在 50～3000mm 之间。虽然修复后管道直径略有缩小，但由于聚氯乙烯型材表面光滑、粗糙系数低，因此新的缠绕内衬管过流能力同普通的污水管材料相比减小有限，在某些情况下过流能力还可能增加。

2）优缺点

机械制螺旋缠绕法的优点是可带水作业，减少了管道截流和污水改道的费用，运输及现场安装较方便、设备简单、整体化高、环境适应性强。但缺点是该方法通常与土体注浆法联合使用，修复完成后须注浆。

（7）管片内衬法

管片内衬法采用的主要材料为 PVC 材质的管片和灌浆料，通过使用连接件将管片在管内连接拼装，然后在原有管道和拼装成的内衬管之间，填充灌浆料，使新内衬管和原有管道连成一体，达到修复破损管道的目的。

1）适用范围

管片内衬法实验范围见表 2-10。

管片内衬法实验范围　　　　　　　　　　　　　　　表 2-10

项目	实验范围
可修复对象	钢筋混凝土管圆形、矩形、马蹄形
可修复尺寸	圆形管：直径 800～2600mm
	矩形管：1000mm×1000mm～1800mm×1800mm
施工长度	无限制
施工流水环境	水深 25m 以下
管道接口纵向错位	直径的 2% 以下
管道接口横向错位	150mm 以下
曲率半径	8m 以上
管道接口弯曲	3°以下
倾斜调整	直径的 2% 以下
工作面	≥22.5m²，组装时 30m² 以上

2）优缺点

管片内衬法具有以下优点：PVC模块体积小、施工方便；可以对管道的上部和下部分别施工；施工时间短、噪声低，不影响周围环境和居民生活。使用透明的PVC制品，目视控制灌浆料的填充，保证工程质量；不需要大型的机械设备进行安装，适用于各种施工环境，井内作业采用气压设备，保证作业面，安全施工；出现紧急状况时，随时可以暂停施工。粗糙系数小，能够确保保修前原有管道的流量；强度高，修复后的管道破坏强度大于修复前的管道；化学稳定性强，耐磨耗性能好。

（8）局部修复法

对原有管道内的局部破损、接口错位、局部腐蚀等缺陷进行修复的方法，主要指点状原位固化法、嵌补法和不锈钢套环法。

1）点状原位固化法：采用原位固化法对管道进行局部修复的方法。

2）嵌补法：嵌补法擅长使用柔性或刚性的修复材料对管道裂缝修复。嵌补法具有不稳定性，并且施工工期长，会存在重复修理的种种可能，但是此方法具有使用设备简单、花费较少等优势，对地理环境较差、经费不充足的地区，是比较好的一种选择。

3）不锈钢套环法：在管道局部部位安装带有止水止泥效果的套环。工程中最常用的是不锈钢套筒法，即采用外包止水材料的不锈钢套筒膨胀后，在原有管道和不锈钢套筒之间形成密封性的管道内衬，堵住渗漏点；主要用于脱节、渗漏等局部缺陷的修复。

2.7.2 管网修复的原则

应根据排水管道修复改造的要求、既有排水管道的情况、现场环境和施工条件等因素，进行技术经济比较后，再选择合理的排水管网修复工艺。

排水管道修复工程前应详细调查既有管道的基本情况和周边环境，并取得管道检测与评估报告，经专业设计选用合适的修复方法，制定修复方案。设计前应现场踏勘和对周边邻近管线探测，还应进行必要的工程勘察，了解管道沿线的工程和水文地质条件。无论是开挖修复还是非开挖修复，修复后的管道结构性和功能性检测均应符合现行行业标准《城镇排水管道检测与评估技术规程》CJJ 181的各项规定。

排水管道修复更新应符合以下原则：①既有管道地基不满足要求时，应先进行地基加固防渗漏的前期处理，固化既有管道和检查井周围土体，填充因水土流失造成的空洞，增加地基承载力和变形模量，隔断地下水渗入管道及检查井，防止道路路面的沉降，稳定修复管道；②修复后管道过流能力应满足使用要求；对于压力管道，修复后管道压力必须满足使用要求；③修复后管道的结构应满足承载力、变形和开裂控制要求。

1. 污水总管修复原则

对于严重结构性缺陷的管段，预计点状修复不能完成修复目标时，必须采用整体修复。对于靠近河道、湖泊、景观水体，且运行水位长期高于地下水位的问题管段，应根据管道与水体的距离、使用年限、管材、施工工艺等综合考虑修复方式，对于缺陷严重处，宜采用整体修复。同一管段结构性缺陷点数大于或等于3处时，优先采用整体修复。

对管径大于或等于 200mm 的干管缺陷，可选用内径小一级或二级新型管材结构性内衬带水作业进行修复。在修复施工过程中将实际流量控制在现状流量的 70% 以内，同时应根据管道检查和评估结果设计制订不停运带水修复方案。

2. 污水支管修复原则

污水支管的修复应在全面调查支管上游服务区域内用户情况后而定，主要分为以下三种情况：①上游服务区域内有排水户时，可采用调整污水走向、补充或改接支管方式，确保上游无用户后废除缺陷段污水支管。②暂无用户的污水支管存在缺陷时，可暂不修复，于靠近主管位置进行封堵，未来有排水户需接入时再安排修复。③根据用地规划确无接管需求的，直接废除缺陷支管，在主管上对此支管进行永久封堵。

支管封堵应设置在与主管的连接处，永久封堵小口径管道应采用砖封堵，大口径管道应采用条石封堵。设计图中应有支管情况及封堵数量表。当存在缺陷的支管管段不足 20m 时，采用点状修复或整体修复，尽可能避免增设污水井。

3. 倒虹管修复原则

倒虹管段污水管应进行闭水或反闭水试验，闭水效果与规范允许值相差大的，采用整体修复。选择倒虹型管段整体修复方法时，应考虑内衬管结构的抗负压能力，根据管路埋设情况及高差大小设计选用不同的修复方法，一般不宜选择半结构性修复的热水（热蒸汽）翻转原位固化法。

对于斜管式倒虹管，宜选用紫外光固化内衬法、衬垫注浆法或机械制螺旋绕内衬注浆法进行修复。对于竖井式倒虹管宜选用离心浇铸玻璃钢管内衬法、紫外光固化内衬法、衬垫注浆法或机械制螺旋缠绕内衬注浆法进行修复。紫外光固化内衬管壁厚必须按照独立承受各种荷载进行计算取值。倒虹管段排空修复前，应先进行抗浮验算。

2.7.3　非开挖修复技术的注意事项

1. 施工前的注意事项

在施工之前，需要对排水工程的施工现场进行全面的勘察，尤其是地表下的地质情况需要由专业的地质勘察人员对其进行详细的分析，保障工程施工时的安全和质量，同时为排水管道的铺设工程准备条件。

2. 施工设备应用时的注意事项

管材施工的环境比较特殊，因此对管材的质量提出了较高的要求。在选择排水管道工程中的管材时，主要以材质为主，具有较强的防腐蚀性、可绕行性和抗拉能力等特点。

非开挖修复技术需要的主要设备是导向仪和钻机。在进行排水管网建设过程中，需要施工人员根据不同地区的地质特点选择合理的施工设备。

3. 拉管施工技术应用的注意事项

因为拉管施工的特殊性，对施工环境提出了较高的要求，所以在一定程度上加大了施工难度。进行拉管施工前，需要做好导向孔的设计工作，导向孔设计工作严重影响管网建设的施工效果。在对导向孔进行设计时，需要设计人员严格遵守排水管网建设施工现状中地质的具体情况和周围地质情况，分析施工现场的地质与周围地质之间的关联。

2.8 排水检查井的建设及运维

排水检查井一般设置在排水管道交汇、转弯、管径或坡度改变、跌水以及直线管段上每隔一定距离的地方，主要目的是便于检测维护人员定期检查、清洁、疏通排水管道。排水检查井主要由井座、井筒、井盖和相关配件组成。

2.8.1 排水检查井分类

从建筑材料上分，排水检查井可分为砖砌检查井、塑料检查井以及预制装配式钢筋混凝土检查井。

1. 砖砌检查井

由于砖砌检查井的密封性与耐腐蚀性较差，普遍具有易渗漏、易腐蚀、维护不方便等缺点，加之实心黏土砖的生产严重破坏了土地资源环境，北京、上海、福建、厦门、广州、河北、江苏、江西、四川等地陆续出台限制、禁止使用砖砌检查井的相关政策，具体见表2-11。

北京、上海等地限制、禁止使用砖砌检查井政策汇总   表 2-11

序号	地区	限制、禁止使用依据
1	北京	《关于发布〈北京市推广、限制和禁止使用建筑材料目录（2010年版）的通知〉》（京建发〔2010〕326号）
2	上海	《上海市禁止和限制使用黏土砖管理暂行办法》（2000年第90号市长令）
3	福建	《关于在市政和建筑工程中推广应用预制式排水检查井的通知》（闽建设〔2013〕18号）
4	厦门	《关于公布第二批禁止使用的建设工程材料的通知》（厦建节〔2011〕21号）
5	广州	《广州市水务局关于推广使用预制装配式排水检查井及限制使用砖砌筑排水检查井的通知》
6	河北	《关于推广应用新型塑料管道和塑料检查井的通知》（冀建材〔2015〕5号）
7	江苏	《江苏省建设领域"十三五"重点推广应用新技术和限制、禁止使用落后技术公告》（第一批）
8	江西	《关于在我省建设工程中禁止和限制使用砖砌筑检查井，推广应用塑料或钢筋混凝土排水检查井的通知》（赣建设〔2009〕25号）
9	四川	《禁止使用砖砌检查井，推广使用塑料检查井》（川建科发〔2007〕416号）

目前普遍使用的是塑料检查井和装配式预制钢筋混凝土检查井。其中塑料检查井在建筑小区、厂房、大型广场等场所有比较广泛的应用，装配式预制钢筋混凝土检查井在市政排水管道工程中应用较为广泛。因此，本章节主要阐述塑料检查井及装配式预制钢筋混凝土检查井的施工技术。

2. 塑料检查井

塑料检查井以高分子树脂为原料，采用组合结构。井座一般采用PPB（高抗冲共聚丙烯）、PVC-U（硬化聚氯乙烯）或PE（聚乙烯）高分子树脂经一次注塑成型，井筒一般采用与井座配套使用的 PVC 井筒专用管（小区用）或 HDPE 井筒专用管（市政用）。

塑料检查井按用途可分雨水塑料检查井和污水塑料检查井，应用领域分为建筑小区排水用塑料检查井和市政排水用塑料检查井。目前，已经在建筑小区、厂房、大型广场等场所得到了比较广泛的应用，但是在市政排水管道工程的应用中仍然存在一些技术难点或问题，需要采取优化施工工艺、强化施工管理等措施。

与传统检查井相比，塑料检查井具有以下明显优势：

（1）结构性能稳固。塑料检查井由工厂一次注塑成型，密封性好，管道进出口及井口与井座均采用柔性连接，解决了传统砖砌井易沉降开裂问题，可有效防止臭气外溢及污水渗漏污染地下水；

（2）塑料检查井耐腐蚀、耐酸碱、使用寿命长，结构性能优于传统砖砌检查井；

（3）水力性能优异。塑料检查井内壁光滑，对比传统砖砌检查井内水泥砂浆抹面，粗糙系数较小，污物杂质不易滞留，水力性能好，排水效率为传统砖砌井的 1～3 倍，不易发生堵塞；

（4）施工安装便捷。塑料检查井采用分体组装结构，各配件均由工厂预制，标准化生产，质量可靠，塑料材质重量轻，易于运输和安装，不需要额外的保养期，受天气影响小，施工速度较传统砖砌井可提高 10～20 倍；

（5）适配性强，可任意调节井筒高度及在筒体上打孔，调节方向，满足工程安装的不同需求；

（6）后期维护方便。塑料检查井维护方便，无需清理碎石、砖块等杂物，而且塑料检查井水力性能较好，不易发生堵塞，另外塑料检查井的转角连接处均采用光滑圆弧连接，便于清通和保护清通工具，节省管理费用。

3. 钢筋混凝土检查井

钢筋混凝土检查井一般是由水泥、骨料（沙子、石子）、钢筋等材料按照相应规定制造生产而成。井体结构可分为现浇式钢筋混凝土检查井和预制装配式钢筋混凝土检查井。现浇式钢筋混凝土检查井的井体、井盖板和井筒是分批浇筑成型后拼装而成，其连接采用水泥砂浆连接，为刚性连接。预制装配式钢筋混凝土井采用多级井体和井筒拼装，接口形式一般采用平口或企口，其衔接形式同样采用水泥砂浆连接，使整个多级构件形成一个刚性整体构件。

砖砌检查井、塑料检查井以及钢筋混凝土检查井优缺点见表 2-12。

砖砌检查井、塑料检查井以及钢筋混凝土检查井优缺点　　　　　　　　表 2-12

项目	砖砌检查井	塑料检查井	预制装配式钢筋混凝土检查井
施工速度	工序多，受气候影响，施工速度慢，1～2d/座（包括基础及水泥养护）	工艺简单，可全天施工，施工速度快，1h/座	工艺简单，全天施工，施工速度快，1.5h/座

项目	砖砌检查井	塑料检查井	预制装配式钢筋混凝土检查井
适用性	适应性差,受土质影响程度较大	适应性强,能很好地适应地质条件差、地下水多等不利施工条件	适应性强,能很好地适应地质条件差、地下水多等不利施工条件
连接方式	刚性连接,无法承受沉降变形;沉降后会加大渗漏甚至使管道破裂	柔性连接,防沉降性能较好	刚性连接,但整体性好,可适应少量沉降
密封性	密封性较差,墙体容易渗漏,塑料管与砖砌井的接口处底部易渗漏	密封性好,可有效防止臭气外溢和接口处的渗漏	密封性好,各构件尺寸精确、接合紧密,防渗性好
使用寿命	8～15 年	约 50 年	约 30 年
维护成本	需人工下井清掏,维护不方便,安全性较低,维护成本高	便于清通,不需人工下井,安全性高,维护费用低	养护维修的概率低,不需人工下井,维护费很低
资源利用	不可回收,污染环境	环保节能,可回收利用	环保节能,可回收利用
发展趋势	多省市已明令禁止使用砖块砌体	国家重点推广产品	新型检查井,广州等地已在推广
耐腐蚀性	耐腐蚀性差,污水要求做防腐处理	耐腐蚀性好	耐腐蚀性较差,污水要求做防腐处理
开挖土方	沟槽开挖范围宽,土方量大,难以在狭小场合施工	沟槽开挖范围小,土方量少,便于在狭小场合施工	沟槽开挖范围宽,土方量大,且自重大,需采用吊机进行吊装
抗浮问题	自重大,一般不需要抗浮措施	自重小,雨天沟槽积水后容易上浮,需要采用抗浮措施	自重大,不需要采用抗浮措施
回填问题	回填土过程中不易被移动,一般不需要防倾斜的支撑措施	回填土过程中容易被移动,需要对称回填,或采用简单支撑措施	回填土过程中不易被移动,不需要用防倾斜的支撑措施
接管留孔	井壁预留孔的位置和孔径可现场确定,比较容易	井壁预留孔的位置和孔径可现场确定,方便容易	井壁预留孔的位置和孔径要预先确定,现场改动有一定难度
建设费用	人工与开挖土方费用较高,耗时长,但砖砌体廉价,建设费用较低	检查井价格较高,建设费用较高	开挖土方费用较高,检查井价格高,建设费用高

2.8.2 排水检查井的建设

目前普遍使用的是塑料检查井和装配式预制钢筋混凝土检查井。塑料检查井在建筑小区、厂房、大型广场等场所有比较广泛的应用,预制装配式钢筋混凝土检查井在市政排水管道工程中应用较为广泛。本节主要总结塑料检查井、预制装配式钢筋混凝土检查井的施工技术。

1. 塑料检查井的施工技术

（1）材料与设备

塑料检查井主要由井座、井筒、井盖或防护盖座和塑料检查井配件组成，具体材料要求如下：

① 若应用在建筑小区内，塑料检查井建设质量应符合现行行业标准《建筑小区排水用塑料检查井》CJ/T 233 的要求；若应用在市政排水管网，塑料检查井建设质量应符合现行行业标准《市政排水用塑料检查井》CJ/T 326 的要求。

② 铸铁井盖的质量应符合现行行业标准《铸铁检查井盖》CJ/T 511 的要求；复合材料检查井盖的质量应符合现行行业标准《聚合物基复合材料检查井盖》CJ/T 211 和《聚合物基复合材料水箅》CJ/T 212 的要求；钢纤维混凝土检查井盖的质量应符合现行行业标准《钢纤维混凝土检查井盖》JC 889 的要求。

③ 井筒若采用平壁实壁管，管材应符合现行国家标准《无压埋地排污、排水用硬聚氯乙烯（PVC-U）管材》GB/T 20221 的要求；若采用双壁波纹管，应采用外径系列的管材，且应符合现行国家标准《埋地排水用硬聚氯乙烯（PVC-U）结构壁管道系统 第 1 部分：双壁波纹管材》GB/T 18477.1 和《埋地用聚乙烯（PE）结构壁管道系统 第 1 部分：聚乙烯双壁波纹管材》GB/T 19472.1 的要求。

④ 管道接口用的密封材料为橡胶密封圈。其性能应符合现行行业标准《高分子防水材料 第 3 部分：遇水膨胀橡胶》GB/T 18173.3 或《橡胶密封件 给、排水管及污水管道用接口密封圈 材料规范》GB/T 21873 的要求；另外，检查井接口胶粘剂的质量及粘接强度应符合现行行业标准《硬聚氯乙烯（PVC-U）塑料管道系统用溶液剂型胶粘剂》QB/T 2568 的规定。

施工的设备主要有电动锯、挖掘设备、开孔设备以及冲击夯设备等。施工单位应严格按照设计要求进行材料及设备的采购，并要严格检查材料及设备的质量和性能。

（2）施工安装工艺流程

在安装塑料排水检查井施工时，应首先进行测量放线、开挖井坑并完成基础的铺设施工，然后依次开展井座、接管、井筒的安装施工。当井筒安装到位后，需要在井筒壁上开孔并安装马鞍，之后才能进行井盖的安装作业。在完成检查井以及排水管道的安装施工后，应对安装施工质量进行严格的检查验收。检验合格后进行闭水试验，防止塑料检查井存在渗漏问题。全部检验完成后，才能对井坑进行回填，并夯实井筒的周边区域。

（3）施工安装技术应用

1）测量放线技术应用

在施工控制测量时可以使用全站仪，并配合使用水准仪以及经纬仪等仪器设备来进行测量放样。施工人员应详细了解测量基准点的相关数据信息，并会同监理部门对基准点数据进行测量复核。确认无误后，再根据工程的实际精度要求进行测量放样操作。

2）开挖铺设技术应用

管沟和井坑的开挖施工可以同时进行，在施工过程中应保证管沟中线和井座轴线相一致，同时管沟边坡要和井坑边坡相符。在开挖井坑时，应严格按照设计标准确定坑底的开挖尺寸。如果检查井结构中存在沉泥室，应保证其开挖深度能够达到设计要求。在开挖井坑时应对井座主管线出现的偏置问题进行有效的控制，确保管端平齐于偏置端坑壁。在处理管坑基底时，应按照设计要求检查其地基承载能力、高程以及平整度等指标参数，并对垫层的水平以及高程进行严格的控制。如果开挖施工区域存在较高的地下水位，应做好相关的降排水处理。开挖基坑时应保证其平整度达到施工要求，同时要避免对地基造成明显的扰动。

3）井座安装的技术应用

在安装井座施工时，应首先根据施工图确定检查井的位置，并利用测锤等仪器设备进行定位。定位时应尽量选择排水管所在直线处，为后续的连接施工创造便利条件。完成井座安装位置的定位后，应对坡度进行确认，然后通过井座的试安装对相关工艺参数进行修正，同时应对排水管长度进行准确的测量。设置井座时应充分考虑排水管坡度因素，并要使检查井能够保证垂直。安装井座施工时应首先安装接入管的上游段，然后按照先井后管的顺序循环进行，依次完成下游支管以及干管的安装施工。

4）接管安装的技术应用

在连接排水管和检查井施工时，应对连接管道的插口以及承口进行清理，避免其端部残留泥沙或者油水等杂物。应在管轴的垂直面设置切断标志，并通过割刀等设备对管材进行切割。粘接连接施工时，应采用胶粘剂对标识线区域内进行涂刷，并按照标识线位置进行承口和插口的连接安装。在静置一段时间后，再用纱布将胶粘剂的溢出部分擦净。在连接安装中使用橡胶圈时，施工人员应用润滑剂对排水管表面和橡胶圈的承口内分别进行涂敷，然后再通过承口插入排水管，直至橡胶圈底部。如果采用分段施工方式进行排水系统的安装施工，应对下一管段的连接接口采取临时性的封堵措施，以便对上一段的安装施工质量进行检验。

5）井筒安装的技术应用

在完成井座的安装后，应立即开展井筒的安装作业，并对其上口采取临时性的封堵措施。然后，根据检查井的设计埋深切割井筒长度。操作时应保持切口垂直于管轴线，并要平整光滑。最后，检查井承口以及井筒下部应清理干净，避免有杂物存在。在插接井筒施工时应使用专业收紧工具进行操作，严禁用重锤等设备进行敲打。

6）马鞍开孔的技术应用

完成井筒的安装施工后，需要对井筒壁进行钻孔，为后续接入排水管道施工创造条件。在开孔施工时应首先对接入高程以及位置进行测量定位，然后通过专业开孔设备进行开孔施工。完成开孔后，应将马鞍安装到位。如果存在多个接入口，但是其位置均不利于接入施工时，施工人员应采用过渡性汇合接头进行接入施工。此外，还可以选择采取管底下部接入的方法，对较低高程的接入管道进行安装施工。

7）井盖安装的技术应用

在井盖安装施工前，应首先确定塑料检查井的实际输送介质，避免雨水和污水井盖发生混淆。如果污水塑料检查井采用的是带防护盖座的井筒，施工人员还需要进行内盖的安装施工。在完成井盖的安装后应采取相应的保护措施，避免施工的重型车辆设备对其造成破坏。完成了检查井以及相关管道的安装施工后，除了要对其安装质量进行检查验收，还要开展闭水试验检测其是否存在渗漏现象。

8）井坑回填装的技术应用

完成对检查井以及排水管道安装施工的质量验收后，才能进行井坑回填施工。在回填施工时应严格按照设计要求选择回填材料，并将虚铺的每层厚度控制在 30cm 左右。然后逐层进行夯实作业，直至达到地面位置。在夯实作业时应保持其密实度达到施工要求，并避免影响井筒的垂直度。

（4）安全及环保措施

1）安全措施

① 开挖施工前，首先调查附近通信、电力、雨/污水、自来水、热力、燃气等地下管线及障碍物，严禁未经调查就盲目施工。

② 施工过程中工具和材料应放置在规定的位置，不得随意堆放在沟边或挖出的土坡上面，以免落入沟中伤人。

③ 在工地现场使用车辆搬运器材时，必须指定专人负责安全。

④ 管沟开挖注意边坡的防护，尽量避免雨雪天气开挖，避免塌方。

⑤ 开挖沟槽时，须在两端明显位置设置警示标志（红旗、红灯或绳索等标志），以免发生危险。

⑥ 挖沟、坑时，要做好安全防护措施，保持安全距离，视土质及深度情况加壁面保护，防止坍塌，往沟外抛土要与地面人员配合，防止土石回落伤人。

⑦ 下料及开孔用手持电动工具必须选用符合要求的设备，并加强用电安全管理，要求做到"一机、一闸、一漏"。

⑧ 夯实用的振动夯在使用过程中应严格按照机具使用说明书的操作步骤进行操作，避免伤人。

⑨ 安全警示标志和防护设施应随工作地点的变动而转移，作业完毕后立即撤走。

2）环保措施

常洒水降尘，建筑材料、构件、料具等堆放应按总平面图布置，堆放整齐并进行标识。散堆材料随用随收，用后的器材及时清场，将剩余材料回收到指定地点堆放好。

施工作业区与办公、生活区明显划分并派专人进行清扫，宿舍周围环境卫生、安全。施工现场经常开展卫生防病宣传教育，保证供应卫生饮水、生活垃圾的存放设有专用容器并设专人管理，及时清理。

2. 预制装配式钢筋混凝土检查井的施工技术

（1）材料要求

预制装配式钢筋混凝土检查井可分为 6 部分预制：底板、底座、井室、支管接入段、收口、井盖。具体材料要求如下：

1）钢筋原材料应按现行国家标准《钢筋混凝土用钢 第2部分：热轧带肋钢筋》GB/T 1499.2等的规定抽取试件作力学性能检验，其质量必须符合有关标准的规定。钢筋应平直、无损伤，表面不得有裂纹、油污、颗粒状或片状老锈。

2）混凝土原材料砂、水泥等应符合现行标准《普通混凝土用砂、石质量及检验方法标准》JGJ 52—2006、《通用硅酸盐水泥》GB 175等标准的规定。拌制混凝土宜采用饮用水；当采用其他水源时，水质应符合现行行业标准《混凝土用水标准》JGJ 63的规定。

3）严格控制混凝土坍落度，混凝土配合比要和施工季节相适应。混凝土应按照现行行业标准《普通混凝土配合比设计规程》JGJ 55的有关规定，根据混凝土强度等级、耐久性和工作性等要求进行配合比设计。

4）止水橡胶圈采用耐腐蚀性能好、体积膨胀率小、不宜发生化学降解的材质。

5）钢筋及混凝土的制作要求，按现行国家标准《混凝土结构工程施工质量验收规范》GB 50204有关要求执行。

（2）施工安装工艺流程

施工准备→基坑开挖及坑壁支护→地基处理及垫层铺设→检查井安装→管道与检查井连接→流槽施工→路面井圈及井盖安装→闭水试验→回填→验收。其中检查井安装流程为底座→井室→支管接入段→高程调节段→收口（井脖）安装。

（3）施工质量要求

1）现场混凝土浇筑质量要求

① 振捣时坚持"快插慢拔"的振捣原则，振捣时按照一定顺序有规律地逐点振捣，振动器插入点在模板的中央部位，纵向间距保持在40cm左右。

② 振动器在一个部位振动完毕后须缓慢、匀速地提升，不应过快，以防振动中心产生定隙或不均匀，排气不理想。避免在振捣时，振动器碰撞模板与钢筋，振捣过程中，振动器要插入下层混凝土10cm以上。

③ 振动完成表现为混凝土不再有显著的下沉，不再出现明显的气泡，混凝土表面均匀。振动过程严禁振动器碰撞模板、钢筋，及时检查，如有变形和松动应及时纠正。在收面前用铁抹子来回插模板顶部位置的混凝土，直到无气泡排出。

④ 收面时压面不少于3遍，压实压光。大风天气浇筑混凝土时，表层混凝土干得比较快，采用条形塑料盖好。

⑤ 混凝土运输、浇筑及间歇的全部时间不应超过混凝土的初凝时间。同一构件的混凝土应连续浇筑。混凝土振捣应采用插入式振动棒振实，并在振捣台上实施浇筑。具体操作符合混凝土施工规范要求。

⑥ 浇筑过程中应充分振捣，预制混凝土井深应保证表面平整、光滑、无缺棱、掉角、无蜂窝麻面和露筋。

2）钢筋制作及绑扎质量要求

① 做好钢筋加工：受力钢筋的弯钩和弯折应符合设计和规范规定，除焊接封闭环式箍筋外，箍筋的末端应作弯钩，弯钩形式应符合设计或规范要求。

② 检查井钢筋绑扎前，由测量人员将检查井控制线投放在底板混凝土上，并在底板上弹线、布筋。对于有油渍、铁锈、泥土等的钢筋，清除干净后使用。

③ 控制保护层所用垫块要提前加工，保证使用时强度符合要求，布设垫块纵横向间距不大于80cm。

④ 纵向钢筋、横向钢筋、箍筋的品种、规格、数量、间距、位置等应符合设计图纸要求，保证钢筋有足够的保护层厚度。

⑤ 钢筋的制作要求，按现行国家标准《混凝土结构工程施工质量验收规范》GB 50204有关条款执行。

⑥ 井室钢筋整体成型，预留孔处钢筋截断并做加强处理。

⑦ 钢筋严格按照图纸所示位置布置。

3）严格规范模板制作

① 模板必须尺寸准确，板面平整；具有足够的强度、刚度、承载力和稳定性，能可靠地承受新浇筑的混凝土的自重和侧压力，以及在施工中所产生的荷载；构造简单，拆装简单，并便于钢筋的绑扎、安装和混凝土的浇筑、养护等要求。

② 预制检查井的模板应采用足够强度的钢模板，全部模板都应进行机械加工，保证尺寸精度及表面平整符合设计要求。

③ 保证构件外形尺寸、表面平整度符合设计要求。

④ 连接管道洞口处采用较强刚度的较管外径略大的圆形钢板，经厂家加工后安装在井身模板洞口处，并加固。

⑤ 模板在使用中应注意经常维修保养。

4）加强模板安装质量控制

模板采用定型钢模，在钢模进场后，必须对钢模进行试拼装，对其几何尺寸、表面平整度、拼接接缝的平整严密进行验收，对变形的地方及时修整合格后方可使用。对定型钢模修整完成后，再对模板表面进行打磨除锈，涂刷脱模剂。模板安装时要支撑牢固，表面平整光滑，顶面平顺。

5）检查井的养护要求

① 混凝土初凝后浇水养护，混凝土拆模时间控制在24h左右，拆模后采用湿润的土工布覆盖，使混凝土充分进行水化反应，混凝土表面要始终保持湿润，养护时间不少于7d。

② 预制装配式钢筋混凝土检查井养护时需要注意检查井体构件是否开裂，如开裂，应视严重程度采用封闭、补强，必要时更换构件等措施。

③ 养护时注意检查井吊环与井筒结合是否牢固，有松动现象时应及时更换井环。

④ 预制混凝土检查井应保证表面平整、光滑、无缺棱、掉角、无蜂窝麻面和露筋。

⑤ 应注意构件接头位置是否有漏水现象，及时清理干净接口位置的杂物。

⑥ 养护维修日常巡查、检查等工作按现行市政设施养护技术规程进行。

6）其他质量要求

① 预留洞口与管道接口处理

预制检查井预留洞口施工质量问题是预制检查井施工常见质量通病之一，为防止预留洞口与管道接口处漏水，在洞口与管道搭接位置用1:2防水水泥砂浆填充。

② 检查井安装

检查井安装不当易造成井室漏水，采用正确方式进行检查井安装。现场施工按顺序开挖、支护、基础施工后，应先安装预制装配式混凝土检查井，再安装管道。

预制装配式钢筋混凝土检查井构件的安装要求：吊装构件时要求施工现场有足够的吊装作业空间，吊环采用直径不小于20mm圆钢。安装时各构件接头处要清理干净，保证井体安装平顺。

（4）施工验收

1）预制装配式钢筋混凝土井体构件应对所用模板、钢筋、混凝土进行检验；对制作成型的单块预制构件进行抗渗测试和拼装检验。

2）井身结构验收应符合下列规定：

① 预制装配式钢筋混凝土井体结构抗压强度，抗渗压力应符合设计规定；

② 结构表面应无渗漏裂缝，无缺棱、掉角，构件接缝密；

③ 井身闭水试验必须满足现行国家标准《给水排水管道工程施工及验收规范》GB 50268相关要求。

（5）安全及环保措施

1）安全措施

检查井机械驾驶员必须持证上岗。机械定期养护，使用之前检查设备是否完好。吊装强度必须达到使用强度的70%才可吊装。吊装须使用吊钩、吊环进行，严禁使用其他的吊装方式。在吊装过程中，吊装路线范围内严禁站人。

2）环保措施

采取防粉尘、防噪声措施，把粉尘、噪声和振动降到最低程度。建筑材料、构件、料具等堆放应按总平面图布置，堆放整齐并进行标识。散堆材料随用随收，用后的器材及时清场，将剩余材料回收到指定地点堆放好。

施工作业区与办公、生活区明显划分并派专人进行清扫，宿舍周围环境卫生、安全。施工现场经常开展卫生防病宣传教育，保证供应卫生饮水、生活垃圾的存放设有专用容器并设专人管理，及时清理。

2.8.3　排水检查井的维护

1. 塑料检查井的维护

检查管道积泥情况时，要采用检查镜目测，不得下井探测。在实施维护保养时，注意塑料内外壁，先小工具、后大工具，避免伤及检查井。保养后要按照原来的样子及时盖好井盖。

排水管道清通最好采用专用疏通机械实施水力保养。一般情况下使用的维护工具有铁锹、铅桶、搅泥兜等普通工具，有时候还需要使用一些专业工具，如污泥钳，高压水枪等。

当检查井内有积泥、沙砾等，最好采用机械吸泥工具实施清理。如采用人工清理时，应采用专用清挖工具。当检查井遇到堵塞问题时，可采用钢棒清通法，清通过程中可将钢棒伸入井内把堵塞物移出。

在实施维护、保养时，应在检查井周围放置标有醒目警示用语的牌子，以警示过往车辆、行人注意安全，夜间需架设警示灯。

实施维护保养后，应按原状及时盖好井盖。污水管道检查井还应盖好内盖。当检查井盖受外部原因而损坏或丢失后，维修部门应按原种类规格及时更换补缺。

2. 预制装配式钢筋混凝土检查井的维护

需要注意检查井体构件是否开裂，如开裂，应视严重程度采用封闭、补强，必要时更换构件等措施。

注意检查井环与井筒结合是否牢固，有松动现象时应及时更换井环。应注意构件接头位置是否有漏水现象，若安装橡胶条时没有完全将其压入凹槽内，易造成渗漏。

在养护更换构件时，必须清理干净接口位置的杂物。

养护维修接入新管时，先根据设计或现场要求，确定接入管位置、标高、管径，再由预制厂根据要求预制相应构件，最后运到现场安装。如现场条件限制，确有必要直接在预制装配式钢筋混凝土检查井井壁上开口，应提出具体方案，报主管部门审批，在取得较多经验后才能逐步推广采用。

2.8.4　排水检查井的修复

检查井经过长时间的使用后，会出现各种类型的检查井缺陷，如井盖周边出现细裂纹甚至破碎、井壁周围不均匀沉降、井盖塌陷、井周坑槽、井周路面扩展型缺陷等。检查井缺陷不仅影响城市道路的美观，还会造成行车安全事故的发生。因此，有必要对检查井进行修复。

具体修复方法如下：

（1）无机浆料类，主要有改性砂浆、玻璃纤维增强水泥、防腐水泥、地聚物等类型。

无机浆料类修复材料的优点在于材料本身需要水化，对修复表面潮湿度基本没要求；此外，无机材料与修复基体（砖砌、混凝土）性状接近，内衬与基体能较好地结合，不易脱落。

（2）聚合物类，主要以环氧树脂、聚氨酯、聚脲等树脂材料为主，以及部分树脂改性产品如环氧砂浆、环氧沥青等。

聚合物自身的耐酸特性好，主要用于腐蚀防护，早期多用于金属构件、建筑结构等防腐。尽管聚合物自身具有较好的防腐性，但受工作环境、防护结构材质等影响，且聚合物涂层通常只有几十微米到几毫米厚，防腐涂层自身的耐久性很差，存在的普遍问题是涂层脱落和老化。此外聚合物价格昂贵，且一般要将基体表面处理到干燥的状态，在地下排水设施修复中实施的难度极大、成本高，地下水丰富的地方基本不可能使用。另外，树脂通常采取人工喷涂的方式，操作人员需要穿着防护服在狭小的空间进行作业，施工环境恶劣，要保证喷涂质量对工人的素质要求非常高。

（3）原位固化法。

按照检查井的结构尺寸制作聚酯毛毡袋子，施工前将其浸足树脂后置入检查井内，并往袋内注水使其撑开并贴紧检查井内壁，然后将水加热使树脂固化，形成井状的内衬。内衬固化完后，将井口及管口等部位切开，最后安装踏步，注意做好各开口部位的密封。该技术实施起来非常复杂，且成本高，最大的弊端在于检查井结构不规则，在形状变化、转角等部位内衬不可能与原结构形成紧密贴合，内衬与原结构相互独立。另外，在管道接入和踏步安装的地方，需要将固化好的内衬切开，而切开部位的密封十分困难，最终导致的结果是固化的内衬既起不到结构补强的作用，又很难起防渗作用。

（4）注浆法。

通过向井外注浆，在井外形成一个止水帷幕同时起到加强土体的效果，实现对老旧检查井的防渗和加固。采用的浆料主要有水泥浆液和聚合物泡沫材料。注浆法在堵水和加固外部土体方面具有明显优势，但由于井外地层的多样性，不能保证浆液完全将井包围住，对井身结构的加固作用也比较小，常用于结构主体良好的情况。

第3章 城镇污水处理厂提质增效技术

3.1 城镇污水处理厂提质增效技术概述

城镇污水处理厂提质增效技术可分为出水水质提升、降耗增效和资源化利用三个方面。出水水质提升有利于改善水环境质量和生态功能、提高环境和生态承载能力、保证城市群水环境安全,从而促进地区经济的可持续发展、提高居民生活水平、利于建设和谐社会。降耗增效既节约运营成本,又大量降低间接碳排放量、实现低碳污水处理,因此社会效益和经济效益都比较显著。资源化利用是从市政污水中回收资源和能源,是保障我国城市供水安全的战略决策,也是实现城市可持续发展和构建资源节约型、环境友好型社会的重要举措。

3.2 城镇污水处理厂水质提升提质增效措施

近年来,全国各大流域水污染物环境容量已严重超载,各种责任主体的水污染物减排压力巨大。城镇污水处理厂的出水水质提升是实现提质增效的重要途径。见表 3-1,2012年北京市率先发布了北京市地方标准《城镇污水处理厂水污染物排放标准》DB 11/890—2012,要求北京市城镇污水处理厂在一级 A 标准的基础上再次提标。随后,河南、天津、安徽、昆明、江苏和浙江等省市均发布了新的地方标准,要求城镇污水处理厂在一级 A 排放标准的基础上达到更高的地方标准。一些对水质敏感的城市,如江苏无锡新区,因为地方园区污染物总量控制需求等各种原因,将城镇污水处理厂出水要求提升至类地表水环境质量标准 III 类水体标准($COD \leqslant 20mg/L$,$TN \leqslant 5mg/L$,$NH_3-N \leqslant 2mg/L$,$TP \leqslant 0.2mg/L$)。随着各种新标准的出台和实施,各地污水处理厂均陆续开展了新一轮提标改造和提质增效工作。

全国代表性省市新一轮城镇污水处理厂污染物排放地方标准(mg/L)　　表 3-1

项目		COD	BOD$_5$	SS	NH$_3$-N	TN	TP
北京市《城镇污水处理厂污染物排放标准》DB 11/890—2012	A 标准	20	5	5	1.0 (1.5)	10	0.2
	B 标准	30	6	5	1.5 (2.5)	15	0.3
河南省《贾鲁河流域水污染物排放标准》DB 41/908—2014	特别排放限值	30	6	5	1.5 (2.5)	15	0.3
	郑州市区排放限值	40	10	10	3	15	0.5
	其他地区排放限值	50	10	10	5	15	0.5

项目		COD	BOD$_5$	SS	NH$_3$-N	TN	TP
天津市《城镇污水处理厂污染物排放标准》DB 12/599—2015	A 标准	30	6	5	1.5 (3.0)	10	0.3
	B 标准	40	5	5	2.0 (3.5)	15	0.4
	C 标准	50	10	10	5 (8)	15	0.5
安徽省《巢湖流域城镇污水处理厂和工业行业主要水污染物排放限值》DB 34/2710—2016	城镇污水处理厂Ⅰ	40	—	—	2.0 (3.0)	10 (12)	0.3
	城镇污水处理厂Ⅱ	50	—	—	5	15	0.5
江苏省《太湖地区城镇污水处理厂及重点工业行业主要水污染物排放限值》DB 32/1072—2018	一二级保护区	40	—	—	3 (5)	10 (12)	0.3
	其他地区	50	—	—	4 (6)	12 (15)	0.3
浙江省《城镇污水处理厂主要水污染物排放标准》DB 33/2169—2018	新建城镇污水处理厂	30	—	—	1.5 (3.0)	10 (12)	0.3
	现有城镇污水处理厂	40	—	—	2.0 (4.0)	12 (15)	0.3
江苏省苏州市地方标准	特别排放限值	30	—	—	1.5 (3.0)	10	0.3

注：括号外数值为水温大于 12℃时的控制指标，括号内数值为水温小于或等于 12℃时的控制指标。

城镇污水处理厂水质提升提质增效技术可分为两大类，即管理性提质增效技术和工程类提质增效技术。管理性提质增效技术是指针对生活污水比例大、工艺技术路线合理、管理水平高、运行稳定、设施有余量的污水处理厂，可通过适当增加设备和药剂投加量实现管理性提标。如针对 TN 超标问题，可通过调整碳源投加量、碳源投加位点、内回流比、搅拌条件等方式达到更好的脱氮效果。管理性提质增效技术可使污水处理厂在改造期间不减量，不停产、不降低排放标准。实施上述措施仍不能稳定达标时，应采取针对性的工程技术措施。根据实际情况进行调研分析，选择合适的工艺路线或工艺单元，开展工程性提标。

3.2.1 城镇污水处理厂管理性提质增效措施

在对城镇污水处理厂的处理系统进行提标改造时，应优先考虑加强源头控制、调整运行模式、优化运行管理、投加化学药剂等非工程措施。通过分析城镇污水处理厂目前运行状况，可为优化运行、节能降耗和提标改造提出针对性建议方案。通过城镇污水处理厂开展全流程工艺诊断分析，可帮助运行人员发现和定量分析污水处理运行过程中存在的主要问题，指导污水处理厂工艺优化运行，从而有助于判定是采用管理性还是工程性提质增效措施。通常 TN、NH$_3$-N 和 TP 等指标存在通过管理性提质增效措施进行提标改造的可行性。

1. TN

由于过去大量排放氮营养元素而导致水体富营养化，已严重影响了农业、渔业以及旅游业等众多行业的发展。随着国家水污染防治工作的要求日益严格，有关出水氮元素的排放标准在不断提高。2021 年 1 月 1 日起太湖流域污水处理厂按照《太湖地区城镇污水处理厂及重点工业行业主要水污染排放限值》DB 32/1072—2018（以下简称 DB32 标准）执行，其中一、二类区域出水 TN 浓度限值低于 10mg/L。城镇污水处理厂的提标改造工作，既要从经济成本角度出发，明确现有生物脱氮工艺中反硝化性能的影响因素，又要加强调控，保障污水处理厂出水达标。目前，常规市政污水处理厂处理工艺脱氮技术以生物处理法为主。反硝化是指在反硝化细菌的作用下，以硝酸盐作为电子受体进行的无氧呼吸过程，最终将硝酸盐还原为 N_2，实现脱氮反应的最终步骤。由于活性污泥对氮的去除主要是通过硝化及反硝化菌的生物作用而实现的，因而影响这些微生物活性的环境条件参数（如进水水质、溶解氧、有毒物质等）一旦变化，就会对整个系统的微生物反硝化速率产生影响，从而影响出水水质。此外，污水处理工艺的设计不合理、进水碳源不足等因素也会进一步限制氮的去除。反硝化效果不稳定是多数污水处理厂面临的主要问题。

反硝化的主要影响因素包括进水碳源、回流比、回流溶解氧、污泥浓度、搅拌混合效果、pH 值以及水温等。反硝化反应需要消耗碳源，碳源不足会抑制反硝化反应的进行。回流比可以为反硝化反应提供所需的硝态氮，但回流比过大，回流液携带的溶解氧也会抑制反硝化反应，因为当环境中存在分子态氧时，反硝化细菌将优先利用分子态氧作为最终电子受体，氧化分解有机物。研究表明，溶解氧低于 0.5mg/L 后，反硝化菌才会利用污水中的碳源作为电子供体，完成反硝化的功能。污泥浓度与反应体系中具有活性的微生物总量成正比。当污泥浓度过低时，没有充足的微生物进行反硝化反应；而污泥浓度过高，会使污泥老化，反硝化性能降低。从搅拌效果看，在泥水充分接触的条件下才可以很好地实现反硝化作用。除上述影响因素之外，碱度、温度等因素也对反硝化过程存在影响。

通过总结多座污水处理厂的全流程工艺诊断结果，归纳和分析污水处理厂反硝化脱氮主要存在的问题，选取了碳源投加、内回流比、回流溶解氧和搅拌条件等作为具体研究对象（表 3-2），以说明这些因素对反硝化脱氮性能的影响。

反硝化脱氮制约因素占比

表 3-2

影响因素	碳源	回流比	DO	搅拌	其他
占比（%）	85.5	16.4	9.1	7.3	7.3

由表 3-2 可知，碳源问题是制约反硝化脱氮过程的最主要因素，占比高达 85.5%，碳源不足导致反硝化脱氮过程缺少电子供体，从而不能稳定进行。其次是回流比，占比 16.4%，回流比不足导致好氧池中的硝态氮不能有效转移至缺氧环境实现反硝化脱氮。最后，DO、搅拌等其他因素也对反硝化脱氮存在一定影响。可采取以下的管理性提质增效措施，以提高现有工艺的脱氮效果。

（1）确保缺氧池充分搅拌

在生物反应器中，推流器是否将活性污泥与进水混合均匀也是限制反硝化速率的重要原因。在活性污泥系统中，搅拌速率的增加可减小活性污泥絮体的直径，增大与进水直接接触的有效微生物量。研究表明，以搅拌充分和搅拌较不充分为反应条件，测定在两种条件下反硝化速率，结论是在充分搅拌条件下反硝化速率明显高于混合不充分条件。图 3-1 为搅拌速率为 80rad/min（混合不充分）和 200rad/min（混合充分）条件下活性污泥系统内反硝化情况，在混合充分条件下 1h 内基本完成反硝化反应，可去除约 25mg/L 硝态氮，混合不充分条件下基本仅可去除 7mg/L 硝态氮，说明搅拌充分可提高活性污泥的反硝化效率。

当搅拌速率较低或者投加除磷药剂导致设备磨损严重时，生物池上端出现泥水分离现象，影响反应效率。此时，需要对反应器池型、多相流态进行分析优化和设计改进。比如，选择具有角度摆动功能且耐磨损和腐蚀的推流搅拌器，有效避免池底沉泥现象，以达到较好的反硝化效果。

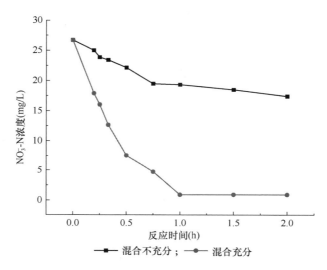

图 3-1　搅拌过程对污泥反硝化速率的影响

（2）优选外加碳源种类

反硝化菌将硝化生成的 $NO_3^- $-N 和 $NO_2^- $-N 还原为 N_2 时，需要易降解碳源，因此当污水处理厂进水 BOD_5/TN 较低导致生物脱氮碳源不足时，需要外加碳源来满足生物脱氮的要求。不同类型的碳源对反硝化速率的影响大不相同。为了探究更适合市政污水处理厂碳源种类，比较了冰醋酸，果糖以及乙酸钠对活性污泥反硝化性能的影响，结果如图 3-2 和表 3-3 所示。以果糖作为碳源，活性污泥的反硝化速率为 4.50mg$NO_3^- $-N/（gVSS·h），以冰醋酸和乙酸钠为碳源，活性污泥的反硝化速率均高于果糖。在相同时间内，以乙酸钠作为补充碳源活性污泥对 $NO_3^- $-N 的去除效果更好，冰醋酸次之。但根据该污水处理厂的实际情况，综合比较这两种碳源的价格和实际反硝化效果，发现投加冰醋酸的运行费用较低。从技术普遍适用性考虑，污水处理厂需要在选择投加碳源前开展如上所述的碳源比选实验，以应对生物系统处理性能、碳源价格、碳源品质和纯度等出现的变化，确保达到满意的脱氮效果。

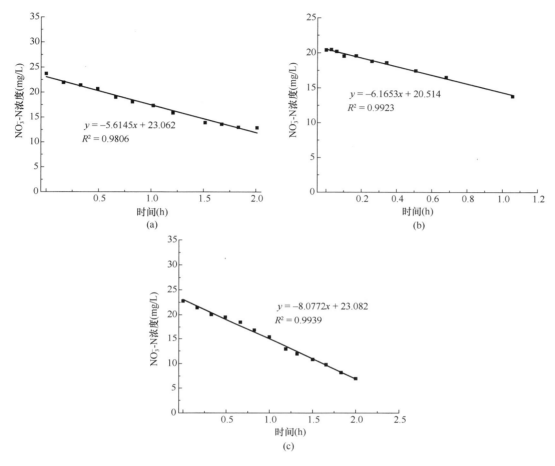

图 3-2　某污水处理厂投加不同种类碳源的反硝化速率曲线

（a）冰醋酸；（b）果糖；（c）乙酸钠

活性污泥碳源比选实验结果　　　　　　　　　　表 3-3

碳源种类	反硝化速率 $[mgNO_3^- \text{-}N/(gVSS \cdot h)]$	斜率	MLVSS （g/L）
冰醋酸	5.37	5.61	1.05
果糖	4.50	6.17	1.37
乙酸钠	7.41	8.08	1.09

（3）控制缺氧段为低溶解氧

在氧气存在时，反硝化菌利用分子氧作为最终电子受体氧化分解有机物。只有在无分子态氧情况下，反硝化菌才可利用硝酸盐或亚硝酸盐作为能量代谢中的电子受体进行反硝化反应。在开展 58 座污水处理厂的调研后，针对缺氧段采用微曝气方式进行混合搅拌作用的影响，开展实验探究了微曝气及搅拌作用对于活性污泥反硝化作用的影响及对碳源的消耗效果。

实验设置了微曝气及磁力搅拌的反应组，观测结果如图 3-3（a）所示。在 2h 反应时间内，机械搅拌及微曝气搅拌条件下分别去除了约 17.4mg $NO_3^- $-N/L 和 13mg NO_3^--N/L，在机械搅拌条件下可控制反应器内 DO 为 0，提供较好的反硝化环境。在微曝气条件下，DO 浓度约为 0.2mg/L，可能会对反硝化产生抑制作用，因此机械搅拌达到了较好的反硝化效果。图 3-3（b）为微曝气及机械搅拌条件下 COD 的变化情况。由于在微曝气条件下，活性污泥自身会消耗一部分碳源，因此需要核算和比较去除单位浓度 NO_3^--N 所需的 COD。由分析可知，机械搅拌条件下去除 1mg NO_3^--N/L 所需的 COD 约为 4.16mg/L，而微曝气条件约为 4.6mg/L。因此，采用微曝气方式保证缺氧段污泥混合会造成部分碳源的浪费，应保障缺氧段溶解氧浓度尽可能低，以提高活性污泥系统的反硝化性能。

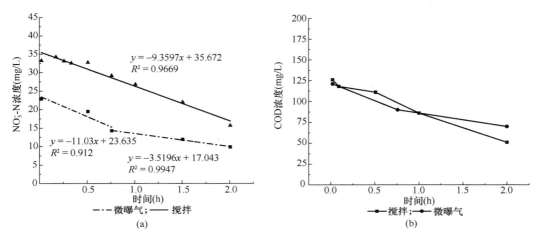

图 3-3　微曝气及机械搅拌条件下污泥反硝化情况

（a）NO_3^--N；（b）COD

（4）设置合理的内回流比

回流比是混合液内循环回流量与进水流量的比值，同时也可近似视为回流到缺氧段中硝态氮占硝化所产生硝酸盐氮的比例。如果活性污泥反硝化性能较好，可以假设好氧池出水硝态氮浓度为零时的回流比为回流比临界值。研究表明，当运行工况的回流比小于回流临界值时，硝态氮的去除率随着回流比的增加而增大；当回流比大于该临界值时，回流液中的硝酸盐氮总量超出了缺氧段的反硝化负荷，增加回流比对系统去除硝态氮无促进作用。此外，混合液回流中携带的溶解氧易破坏缺氧段的缺氧环境，从而使反硝化反应受到抑制。

为了定量研究合适的内回流比，在太湖流域某市政污水处理厂开展生产性实验，将内回流比从 100% 调整至 200%，研究内回流比对反硝化产生的影响。工艺调整前二沉池出水 NO_3^--N 为 13.58mg/L，调整后为 11.43mg/L，表明内回流的提高有助于硝态氮的去除，同时缺氧段的硝态氮水平较低，可适当减少碳源投加量。

为了检验内回流比对整个系统的影响，连续监测硝态氮的去除情况。取二期 AAO 工艺厌氧末、缺氧进、缺氧中、缺氧末、好氧进、好氧中和二沉池的水样，测试了硝态氮指标，如图 3-4 所示。调整后第 2 日的二沉池出水硝态氮浓度降低到 9.2mg/L，低于第 1 日工艺调整后的 11.43mg/L，也低于工艺调整前的 13.6mg/L。这表明该污水处理厂提高内回流流量确实有助于硝态氮的进一步去除。污水处理厂接受了研究组的建议，将缺氧末端和好氧末端的硝态氮纳入日常检测指标范围，通过定期检测和数据分析，及时调整内回流比及碳源投加量。

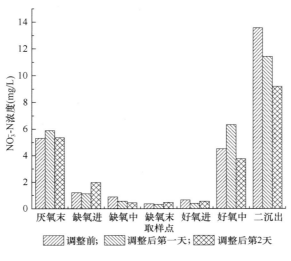

图 3-4　工艺调整后各采样点硝态氮浓度

2. NH₃-N

进水中有机氮在氨化细菌的作用下转化为氨氮，该反应在厌氧、缺氧、好氧条件下均可进行。氨氮在好氧池内通过硝化菌的作用，在好氧状态下转化为亚硝态氮和硝态氮。该过程分为两个步骤：先由氨氧化细菌（AOB）将氨氧化为亚硝态氮，之后再由亚硝化细菌（NOB）将亚硝态氮氧化为硝态氮。硝化细菌主要为化能自养菌，在有氧的条件下，以 CO_2、CO_3^{2-}、HCO_3^- 等作为碳源，并通过氧化氨或亚硝态氮获得生长所需的能量。硝化菌均为好氧菌。氨氮硝化的过程需要大量的溶解氧，需氧量约为 4.57g O_2/gNH₃-N。

经过工艺实验和实践检验发现，好氧池内活性污泥的硝化速率可以作为衡量硝化过程效果好坏和能力高低的重要判断依据。通过对 42 座污水处理厂进行全流程分析测试，测得各座污水处理厂的硝化速率如图 3-5 所示。从图中可以看出，不同污水处理厂的硝化速率存在较大差别，硝化速率最高值为 7.8mgNO₃⁻-N/（gVSS·h），最低值仅为 0.78mgNO₃⁻-N/（gVSS·h）。结果分析，进水水质及曝气等运行管理措施是导致硝化速率差异的主要原因。

对硝化速率值进行频率分布区间分析，如图 3-6 所示。42 座污水处理厂中有 69% 的硝化速率小于 3mgNO₃⁻-N/（gVSS·h），硝化速率在 3～5mgNO₃⁻-N/（gVSS·h）之间占比为 19%，高于 5mgNO₃⁻-N/（gVSS·h）占比仅为 14%。按照设计校核值换算，为保证出水氨氮稳定达标，理论硝化速率应大于或等于 4mgNO₃⁻-N/（gVSS·h）。但是，在调研的 42 座污水处理厂中，平均硝化速率仅为 2.9mgNO₃⁻-N/（gVSS·h）。这说明设计计算的理论值存在偏高的情况。

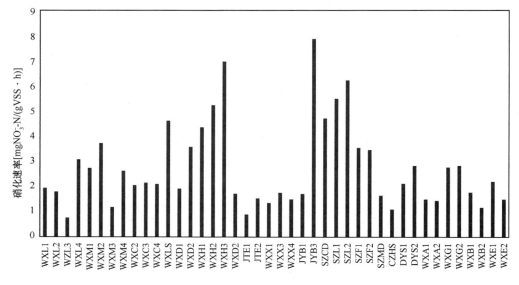

图 3-5　污水处理厂硝化速率图

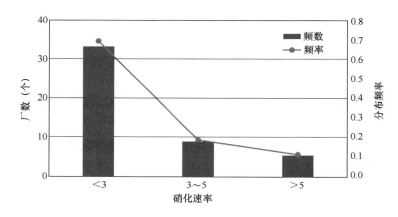

图 3-6　污水处理厂硝化速率分布区间图

对上述污水处理厂出水氨氮达标情况进行分析后，总结了氨氮达标的影响因素，见表 3-4。从该表可以看出，影响氨氮达标的主要因素有：DO、污泥有机质含量（MLVSS/MLSS）、搅拌、温度、进水水质和 HRT 等，其中 DO 和污泥有机质含量为主要影响因素。因此，对出水氨氮指标的优化应聚焦 DO 和污泥有机质含量的调控。

42 座污水处理厂出水氨氮影响因素　　　　　　　　　　　　　　　　表 3-4

影响因素	DO	污泥有机质含量（MLVSS/MLSS）	搅拌	温度	进水水质	HRT
占比（%）	49	56	15.7	12	8.5	6

（1）控制 DO 在适宜范围

氧气是硝化反应的电子受体，生化池溶解氧含量的高低会影响硝化反应的速率。实验结果证实，在硝化反应的曝气池内，溶解氧含量不能低于 1mg/L，否则硝化过程将受到明显抑制。为保证氨氮稳定达标排放，好氧池的运行 DO 应该控制在 $2\sim3mg/L$。根据对一些污水处理厂工艺沿程 DO 的测试结果，发现不同污水处理厂好氧段的 DO 浓度有较大差别，区间为 $0.32\sim2.55mg/L$。DO 的浓度直接影响硝化菌的活性，从而直接影响出水氨氮稳定达标，是工艺调节控制的关键点。

表 3-5 为在不同 DO 浓度下好氧池内的硝化速率。当好氧池内 DO 浓度低于 2mg/L 时，硝化速率不超过 $2mgNO_3^--N/(gVSS\cdot h)$，显著低于理论硝化速率值 $4mgNO_3^--N/(gVSS\cdot h)$。当好氧池 DO 浓度高于 2mg/L 时，硝化速率在 $6mgNO_3^--N/(gVSS\cdot h)$ 以上，高于理论硝化速率值 $4mgNO_3^--N/(gVSS\cdot h)$，有利于出水氨氮稳定达标。随着 DO 浓度的升高，好氧池内活性污泥的硝化速率亦逐渐升高，表明提高曝气池内的 DO 浓度有助于提升硝化速率，从而促进出水氨氮的稳定达标。

不同 DO 浓度下好氧池内的硝化速率　　　　　　　　　　　表 3-5

厂名	DO（mg/L）	硝化速率 $[mgNO_3^--N/(gVSS\cdot h)]$
WXLC	0.6	1.71
JTEW	0.32	0.46
SZCD	1.2	1.11
JYBJ	2.1	7.86
SZLJ	2.55	6.23
WXHS	2.2	6.17

如图 3-7 和表 3-6 所示，对不同溶解氧浓度下活性污泥的硝化速率的研究结果表明，在 DO 为 0.5mg/L（曝气不足情况下）左右时，硝化速率为 $3.6mgNO_3^--N/(gVSS\cdot h)$；当 DO 为 2.0mg/L 时，硝化速率为 $4.3mgNO_3^--N/(gVSS\cdot h)$；当 DO 为 4.0mg/L（过量曝气）左右时，硝化速率并未继续明显提升，仅为 $4.6mgNO_3^--N/(gVSS\cdot h)$。可以看到，当 DO 不足时，硝化速率降低；当 DO 过高时，硝化速率并不能随着显著升高，而且将增大污水处理厂运行能耗，同时造成内回流携带的高 DO 破坏缺氧池的缺氧环境，影响反硝化效果。

如果存在好氧池内 DO 低的问题，则需要加大好氧池曝气量、适当减少进水，或延长

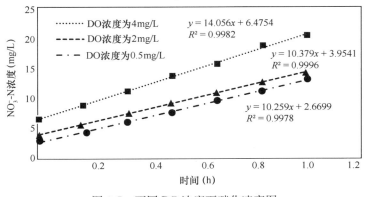

图 3-7　不同 DO 浓度下硝化速率图

好氧段 HRT。在设计好氧池时，应充分考虑曝气器的梯度分布、确保风机风量充足，选择调节范围宽广的风机类型，条件允许时建设精确曝气控制系统。需要完善好氧池的在线监测仪表设备，根据池内污染物变化情况，合理控制 DO 浓度的水平。

不同 DO 浓度下硝化速率实验结果 　　　　　　　　　　　　　　表 3-6

测试项目	斜率	硝化速率 $[mgNO_3^- \text{-} N/(gVSS \cdot h)]$	DO （mg/L）	MLVSS （mg/L）
硝化速率	10.26	3.6	0.5	2850
	10.38	4.3	2.0	2414
	14.06	4.6	4.0	3057

（2）污泥有机质比例的调控

混合液挥发性悬浮固体与混合液悬浮固体的比率，即污泥有机质含量的比例（MLVSS/MLSS）。有机质含量间接反映了污泥中活性微生物的数量，通常用于表征曝气池内活性污泥的活性。理论上生活污水处理厂曝气池混合液 MLVSS/MLSS 在 0.7～0.8 之间。当 MLVSS/MLSS 过低时，污泥活性较低，对氨氮的去除效果变差；同时污泥中含有较多的无机颗粒，易造成运行设备磨损。当 MLVSS/MLSS 处于正常范围内时，活性污泥中活性微生物浓度较高，对氨氮等污染物具有较强的去除能力。从出水氨氮达标影响因素可知，污泥有机质含量（MLVSS/MLSS）是影响出水氨氮稳定达标最主要的因素。

见表 3-7，对 35 座污水处理厂进行全流程调研分析发现 MLVSS/MLSS 在 0.31～0.67 之间，普遍处于较低水平。过低的污泥浓度（MLVSS/MLSS）严重影响曝气池内的污泥活性，难以实现出水氨氮的稳定达标。由表可知，曝气池内 MLVSS/MLSS 低于 0.4 的污水处理厂占总数的 29%，污泥活性较低，易导致出水氨氮升高甚至超标问题。超过一半的污水处理厂 MLVSS/MLSS 在 0.4～0.6 之间，这些污水处理厂可通过加强预处理段对无机颗粒物的去除、提高 MLVSS/MLSS 进一步挖掘氨氮的去除潜力，实现出水氨氮的稳定达标。仅有 20% 的污水处理厂 MLVSS/MLSS 大于 0.6。

35 座污水处理厂污泥浓度（MLVSS/MLSS）分布区间 　　　　　　表 3-7

MLVSS/MLSS 范围	数量（座）	占比
<0.4	10	29%
0.4～0.5	7	20%
0.5～0.6	11	31%
>0.6	7	20%

提取不同区间 MLVSS/MLSS 进行比照分析，结果见表 3-8。MLVSS 的绝对值较低，是造成 MLVSS/MLSS 偏低的主要原因。这表明活性污泥中的有效功能菌含量较低，因此氨氮等污染物去除能力也随之降低；同时也表明污泥中无机物质含量高，一方面增加了搅拌能耗，另一方面易造成处理设备磨损。造成污水处理厂 MLVSS/MLSS 过低的主要

原因是管网不完善导致进水中无机杂质含量较高、进水 BOD_5 浓度过低等。进水有机质比例低是我国污水处理厂普遍存在的问题。

不同 MLVSS/MLSS 污泥浓度分析　　　　　　表 3-8

序号	MLVSS/MLSS	MLSS（mg/L）	MLVSS（mg/L）
A	0.31	5000	1550
B	0.45	5000	2250
C	0.67	5000	3350

污泥有机质比例过低，导致了活性污泥对污染物的降解能力有限，进一步导致了在固定的水力停留时间条件下，污染物浓度无法降低到设定的标准值以下。一般当 MLVSS 夏季小于 750mg/L、冬季小于 1500mg/L 时，可认为污泥活性过低。MLVSS 绝对浓度过低的原因主要有进水中碳源过少和污泥龄较短两个方面：①进水中碳源过少表现为活性污泥中的微生物没有足够的底物供其生长繁殖，这时可以采取适当投加碳源的解决措施。为节约运行成本，可投加食品加工等企业产生的高碳氮比有机废水作为碳源。②污泥龄短即表现为活性污泥系统单位时间内增长的生物量小于排出系统的生物量。主要是剩余污泥排放量过大造成的，此时可采取减少排泥量、适当增加外回流的解决措施。

3. TP（PO_4^{3-}-P）

为了缓解自然水体污染物负荷的压力以及满足人们对于更高水环境的要求，全国重点流域的省市相继颁布了更加严格的地方标准。2012 年 5 月北京市颁发的《城镇污水处理厂水污染物排放标准》DB 11/890—2012 中，对出水 TP 的限值由 0.5mg/L 降低至 0.3mg/L 或 0.2mg/L；2018 年 5 月江苏省颁布的《太湖地区城镇污水处理厂及重点工业行业主要水污染物排放限值》DB 32/1072—2018 中，对于太湖流域一二级保护区内的城镇污水处理厂，出水 TP 的限值也由 0.5mg/L 降为 0.3mg/L。

磷是导致水体富营养化的主要元素，同时也是城镇污水处理厂出水稳定达标与节能降耗的关键指标之一。目前，污水处理厂去除污水中的磷主要采用生物除磷和化学除磷两种方式。生物除磷主要利用聚磷菌（PAOs）在厌氧条件下释磷和好氧条件下过量吸磷，然后通过排出剩余污泥使得污水中的磷得到有效去除。化学除磷是通过投加化学药剂，使其与污水中的磷酸盐发生化学反应产生固态惰性物质，从而达到降低污水中磷含量的目的。以下简述生物除磷和化学除磷的技术现状。

（1）生物除磷现状分析

生物除磷过程要求有效地厌氧释磷、好氧状态下过量吸磷、最后排放吸收了大量磷的污泥。因此，厌氧释磷是生物除磷的关键一步。活性污泥的释磷潜力是评价厌氧释磷效果优异与否的重要指标之一。以 58 座城镇污水处理厂为调研对象，测试分析了各污水处理厂活性污泥的释磷潜力（图 3-8）。分析可知，活性污泥的释磷潜力范围为 $0.01\sim$ $23.98mgPO_4^{3-}/(gVSS \cdot h)$，平均释磷潜力为 $2.77mgPO_4^{3-}/(gVSS \cdot h)$。在 58 座污水处理厂中，有 31 座污水处理厂的释磷潜力低于 $1mgPO_4^{3-}/(gVSS \cdot h)$，占比 56%。一般来说，对具备高效生物除磷能力的城镇污水处理厂而言，活性污泥释磷潜力应在 $5mgPO_4^{3-}/$（gVSS·h）以上。根据调研结果，在 58 座调研的污水处理厂中，约 90% 的污水处理厂释磷潜力在 $5mgPO_4^{3-}/$（gVSS·h）以下。由此可以看出，我国城镇污水处理厂的释磷潜力普遍较低，活性污泥中的聚磷菌群相对丰度偏低或活性受到抑制，生物除磷能力较弱。

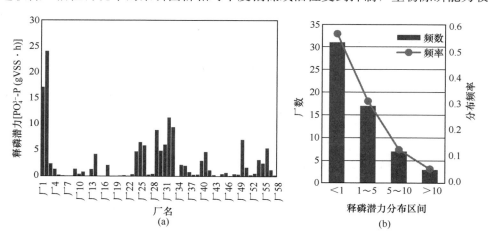

图 3-8　58 座污水处理厂污泥释磷潜力及释磷潜力分布图

（a）释磷潜力；（b）释磷潜力分布

通过调研分析，总结了污水处理厂生物除磷现存的多方面问题（表 3-9）。碳源不足、厌氧区硝态氮高，以及同步投加过量化学除磷药剂，是影响生物除磷效果的三个主要因素。同步化学除磷时过量投加药剂，是大多数污水处理厂生物除磷效果较差的主要影响因素。调研发现，约 68% 的污水处理厂采用了同步化学除磷工艺，并且生物除磷受到抑制。由于厌氧区存在高浓度的硝态氮以及进水中缺乏优质碳源而导致生物除磷效果较差的污水处理厂，比例分别为 19% 和 12%。因此，对生物除磷效果的优化思想主要就是对进水碳源、厌氧区硝态氮、同步投加化学除磷药剂等因素的综合调控。

生物除磷影响因素统计表

表 3-9

影响因素	同步化学除磷	厌氧区硝态氮	碳源	其他
数量（个）	39	11	7	6
占比（%）	68	19	12	10

注：部分污水处理厂为多因素综合影响。

（2）生物除磷优化措施分析

1）提高进水碳源

厌氧区的碳源是影响生物除磷效果的重要因素。在生物除磷系统中，厌氧区充足的碳源是聚磷菌（PAOs）厌氧释磷的必要条件。当进水中可被 PAOs 降解的有机物不足时，会出现不释磷、释磷量较小或无效释磷等现象。通过调研全国及太湖流域城镇污水处理厂的进水 COD 和 BOD_5 年平均变化情况（图 3-9a）可以发现，从 2007~2017 年，全国及太湖流域城镇污水处理厂的进水 COD 及可生化降解的有机物 BOD_5 浓度呈逐年降低趋势。

2013 年以来，全国及太湖流域城镇污水处理厂的进水 BOD$_5$/TP 也在逐年下降(图 3-9b)。

　　研究发现污泥龄为 25d 时，BOD$_5$/TP 需达到 33 以上才能实现较高的生物除磷效率。调研结果表明，全国大部分城镇污水处理厂的进水 BOD$_5$/TP 都达不到 33。可以看到在实际工程中，活性污泥系统的厌氧区缺乏充足的碳源，聚磷菌无法有效地进行厌氧释磷，从而使得生物除磷效果较差。

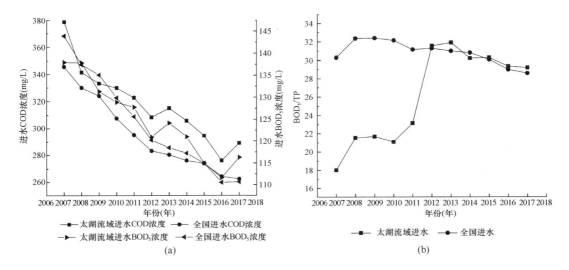

图 3-9　全国和太湖流域城镇污水处理厂

(a) 进水 COD 和 BOD$_5$ 平均值年变化；(b) 进水 BOD$_5$/TP 平均值年变化

　　城镇污水处理厂进水碳源浓度偏低存在多方面原因，其中主要原因是虽然一些城市的排水系统实行了雨污分流，但仍存在雨污管道错接、混接、漏接、破损等现象，导致河水、地下水、雨水进入污水管网，从而使得进水 COD 等污染物的浓度降低。针对城镇污水处理厂进水碳源不足而引起的生物除磷效果较差的问题，一方面建议有条件的污水处理厂可以采取自行投加优质碳源来解决，另一方面应尽快持续推进排水管网的提质增效工作，避免雨水、地下水渗入管网而造成城镇污水处理厂进水碳源不足。

　　2）控制厌氧区残留的硝态氮

　　当厌氧池存在硝态氮时，反硝化过程先消耗易降解的 COD，聚磷菌难以获得充足的有机物。由于反硝化速率快于释磷速率，导致生物释磷过程处于缓慢状态，生物除磷效果较差。另外，随着厌氧池内硝态氮浓度的增加，厌氧池内的氧化还原电位（ORP）将升高，高浓度的硝态氮会导致厌氧池成为缺氧池，从而导致丧失了生物释磷所需的厌氧环境。厌氧池内的 ORP 与厌氧释磷存在较好的相关性，ORP 越低，厌氧释磷效率越高。

　　一般情况下，厌氧池内的硝态氮浓度高于 1.5mg/L 会对生物释磷产生抑制。调研发现，全国部分城镇污水处理厂的厌氧区存在高浓度硝态氮现象。图 3-10 为调研的 58 座城镇污水处理厂厌氧池内硝态氮浓度累积分布图，污水处理厂厌氧池内的硝态氮浓度大于 1.5mg/L 的概率达到 43%，可显著影响生物除磷的效果。

　　为了研究硝态氮的存在对厌氧释磷所造成的影响，选取太湖流域某污水处理厂

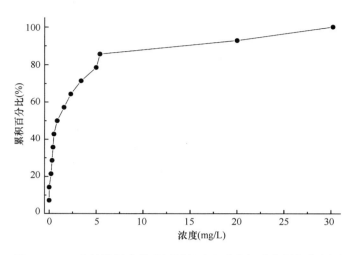

图 3-10　58 座城镇污水处理厂厌氧池内硝态氮浓度累积分布图

AAO 工艺沿程氮和磷变化进行了实验（图 3-11）。该污水处理厂采用 AAO 工艺，内回流点选择在厌氧池，回流液中携带的高浓度硝态氮对厌氧环境造成一定程度的破坏，导致厌氧池在实际运行中变为缺氧池，无法进行有效释磷。从图 3-11（a）氮组分变化特征分析可知，厌氧池内的硝态氮浓度平均值高达 9.45mg/L。继续对磷组分变化特征进行了分析，如图 3-11（b）所示，发现厌氧池内可溶性总磷及磷酸盐浓度基本保持不变。可以看出，厌氧池内并未发生厌氧释磷现象，高浓度硝态氮对厌氧释磷过程产生了明显的抑制作用。

针对厌氧池内的硝态氮浓度过高而引起的厌氧释磷抑制问题，一方面，污水处理厂可以设置预缺氧区或分点进水，实现回流污泥反硝化，消除高浓度硝态氮对生物除磷带来的负面影响。另一方面，当进水碳氮比低导致厌氧或前缺氧池硝态氮过高时，可投加外部碳源，逐步恢复和强化生物除磷作用。

3）优化化学除磷工艺和加药量

由于生物除磷效率有限且影响因素较多，为了达到日趋严格的污水排放标准，辅助化学除磷工艺逐渐被广泛采用。同步化学除磷无需增设化学沉淀池，只需直接将化学除磷药剂投加到生物池（投加点通常位于好氧池末端），通过形成含磷沉淀物辅助生物除磷，最终实现出水的达标排放，可以一定程度地降低运行及基建费用。目前，我国大部分执行一级 A 标准的城镇污水处理厂都通过投加化学除磷药剂保障出水总磷的稳定达标排放，其中大量工程采用同步化学除磷工艺。尽管有研究表明同步投加化学除磷药剂可以改善污泥的沉降性和脱水性，但越来越多的研究表明同步化学除磷可能会对系统生物除磷带来不利影响。

根据调研和实验结果，部分采用同步化学除磷工艺的城镇污水处理厂出现药剂过量投加的问题，过量药剂通过回流污泥进入预缺氧池或厌氧池中继续与进水中的磷结合，迫使生物除磷在磷元素的竞争上处于弱势。聚磷菌无法获得足够的磷元素，其增殖速度受到限

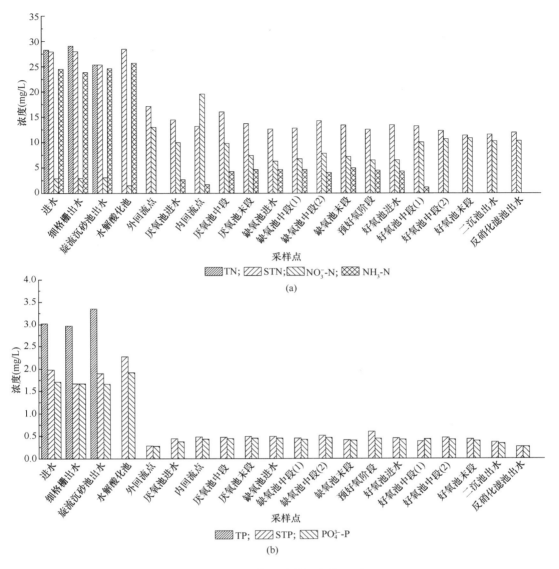

图 3-11　太湖流域某污水处理厂

（a）全流程氮变化规律；（b）全流程磷变化规律

制，相对丰度逐渐降低。表 3-10 为调研的 4 座城镇污水处理厂同步化学除磷对生物释磷的影响。与未投加化学除磷药剂的污水处理厂相比，利用同步化学除磷工艺的 3 座污水处理厂的厌氧释磷效果明显更差，可见同步化学除磷对生物除磷过程的抑制较为显著。

同步化学除磷对生物释磷影响　　　　表 3-10

厂名	除磷药剂种类	投加量（mg/L）	摩尔当量	厌氧区磷酸盐（mg/L）
a	聚合铝铁＋聚铝	97	1.36	1.0
b	聚合铝铁	100	2.87	0.4
c	聚合硫酸铝	9	0.60	2.6
d	无	0	0	7.5

为研究同步化学除磷对生物释磷的抑制效果，将其与后置化学除磷工艺进行了比较。图3-12为太湖流域某城镇污水处理厂一期及二期AAO工艺活性污泥厌氧释磷潜力情况。该厂一期工程采用后置化学除磷方式，二期工程采用同步化学除磷方式，其他条件如进水水质、处理工艺、投加药剂种类及投加量等都相同。在其他条件均相同的情况下，采用同步化学除磷工艺的厌氧释磷潜力明显低于后置化学除磷，表明同步化学除磷更大程度上抑制了厌氧释磷的效果。针对同步化学除磷对生物释磷的抑制问题，建议污水处理厂在综合考虑投资、占地、运行管理等多方面因素的情况下，优先采用后置化学除磷方式。

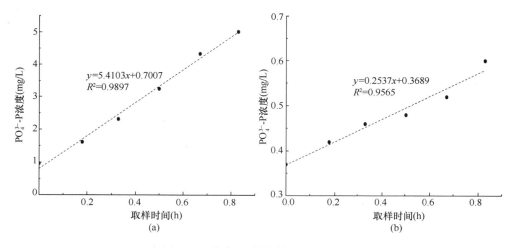

图3-12 太湖流域某城镇污水处理厂

（a）一期工程活性污泥厌氧释磷潜力；（b）二期工程活性污泥厌氧释磷潜力

（3）化学除磷

在活性污泥系统中，化学除磷所投加的药剂部分通过剩余污泥排出系统，但化学除磷剂的过量加入及不溶性磷酸盐的产生，可能会对污泥活性造成影响，从而影响工艺的运行及处理效果。研究发现含Al^{3+}的除磷药剂对亚硝化细菌活性存在较强的抑制作用，同时当它的投加量达到10^{-3}mol/L时，会对生化单元内微生物的活性产生较明显的抑制作用。张智等发现硝化菌和亚硝化菌的活性均受到投加含铁除磷药剂的影响，特别是含Fe^{2+}的除磷药剂，且添加含Fe^{3+}的除磷药剂后所形成的絮体结构相对松散。

为研究化学除磷药剂的种类及用量所造成的影响，选取太湖流域两个城镇污水处理厂进行化学除磷静态模拟实验（图3-13）。由图3-13（a）分析可知，不同的化学除磷药剂在相同有效含量的条件下对于磷酸盐的去除效果不同。A厂除磷效率较高的为聚合硫酸铁（PFS），在控制出水磷酸盐0.25mg/L以下时，有效投加量为9mg/L。由图3-13（b）分析可知，B厂使用聚合氯化铝（PAC）对磷酸盐的去除效果最佳，而使用聚合氯化铝铁（PAFC）最差。此外，B厂由于长期投加PAFC，药耗较高。由试验可知，采用PAC作为除磷药剂可以显著降低药剂投加量。综上所述，污水处理厂可依据自身进水水质情况，通过静态模拟实验确定最佳除磷药剂种类及合适的投加量，实现对化学除磷过程更为合理的控制，并在一定程度上节约运行成本。

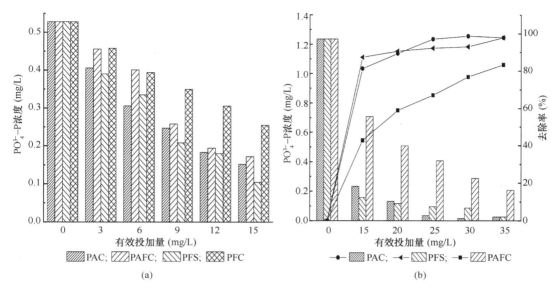

图 3-13　化学除磷药剂比选实验

（a）太湖流域城镇污水处理厂 A；（b）太湖流域城镇污水处理厂 B

（4）有机磷

水中的磷以正磷酸盐（焦磷酸盐和多磷酸盐）和有机结合的磷酸盐等多种磷酸盐形式存在。通常生活污水中携带的主要磷组分为无机磷（以正磷酸盐为主），基本不含有机磷。对于我国城镇污水处理厂来说，进水中的工业废水的比例通常会占 10%～30%，而在工业产业园区、部分中小型工业城市等，其比例往往高于 60%。

调研结果显示，城镇污水处理厂的污水中的有机磷主要来自排入管网的工业废水、垃圾渗滤液等。根据相关统计数据表明，在我国磷化工产量中，超过 40% 为有机磷化工，这样就会产生大量的有机磷化工废水，其中部分废水进入污水处理厂后将带来有机磷冲击问题。此外，垃圾压榨液或渗滤液也含有高浓度的有机磷，这部分废水进入污水处理厂也会产生严重的冲击影响。研究表明，正常情况下活性污泥和化学除磷药剂均无法有效去除溶解性有机磷。因此，当污水处理厂存在溶解性有机磷废水冲击时，会极大地影响出水 TP 的稳定达标排放。

图 3-14 为太湖流域某污水处理厂的进出水有机磷浓度分布，进水有机磷的浓度范围是 0.06～2.29mg/L，出水有机磷的浓度范围是 0.085～0.93mg/L，而出水磷酸盐的浓度范围是 0.05～0.07mg/L。由此可知，该污水处理厂的出水 TP 超标主要是由于进水中的有机磷浓度过高。进一步调研发现，该污水处理厂的有机磷来源为垃圾渗滤液。

针对污水中有机磷浓度过高的问题，研究了臭氧氧化对污水中的有机磷的去除效果。选取太湖流域两个污水处理厂的出水进行试验。由图 3-15（a）可知，当臭氧通入量在 133mg/L 以上时，能够完全氧化降解出水中的有机磷，使之全部转化为正磷酸盐，再通过化学除磷药剂可进一步去除这部分磷酸盐。从图 3-15（b）可知，当臭氧通入 200mg/L

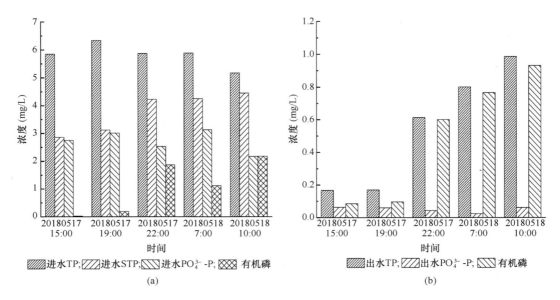

图 3-14 太湖流域某污水处理厂有机磷浓度分布

(a) 进水；(b) 出水

时，B 厂出水中的磷酸盐浓度仅占 TP 的 20% 左右，大量有机磷未被臭氧氧化降解。原因可能是有机磷通常含有苯环、碳碳双键等难降解的化学基团，结构复杂多样，而臭氧氧化降解有机磷的效果会因有机磷的分子结构的不同而差别较大。

因此，为了解决城镇污水处理厂出水有机磷浓度过高而导致 TP 超标的问题，加强源头管控是首要任务，避免进水带来的有机磷冲击影响。

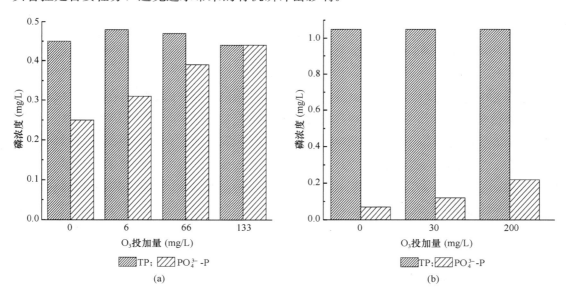

图 3-15 出水有机磷臭氧氧化实验

(a) 太湖流域污水处理厂 A；(b) 太湖流域污水处理厂 B

3.2.2　城镇污水处理厂工程性提质增效措施

采用管理性提质增效措施后，设施出水仍不能稳定达标时，应该针对仍然存在的问题，规划、设计和实施工程改造的技术措施。

1. COD

化学需氧量 COD 是以化学方法测量水样中需要被氧化的还原性物质的量，即污水中能被强氧化剂氧化的物质（一般为有机物）的氧当量。COD 是一个重要的有机物污染参数，COD 越高，表示有机物含量越高，水体受有机物的污染越严重。测定污水处理厂进水中的 COD，还可以判断供生化处理段利用的碳源是否充足。城镇污水中的 COD 可以划分为溶解性快速生物降解有机物、溶解性难生物降解有机物、悬浮性慢速可生物降解有机物、悬浮性难生物降解有机物等，其中显著影响出水稳定达标的主要是溶解性难生物降解有机物。

研究发现，污水处理 COD 存在达标难度的主要原因是污水中溶解性难降解 COD 含量较高，而城镇污水处理厂常规工艺不能有效降解该部分 COD。在污水处理厂实际运行过程中常通过两种方式强化去除难降解有机物。一种是在预处理单元采用水解酸化池进行处理，从而改善废水的可生化性；另一种在深度处理单元利用臭氧氧化或活性焦吸附等工艺对难降解有机物进行强化去除。

进水中的溶解性不可降解组分是 COD 能否实现达标排放的关键影响因素之一。全国 35 座城镇污水处理厂进水的 BOD_5/COD 如图 3-16 所示，一般认为污水 $BOD_5/COD>0.4$ 时污水可生化性较好，统计的 35 座城镇污水处理厂中仅有 17 座的进水可生化性较好，占 48.6%。

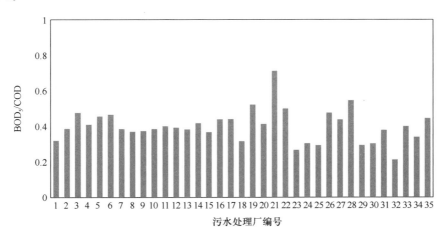

图 3-16　全国 35 座城镇污水处理厂进水 BOD_5/COD

污水处理厂进水中难降解 COD 主要来自上游企业所排放的工业废水。大多数接纳了高比例工业废水的城镇污水处理厂，其出水中含有高浓度的溶解性不可降解 COD，表现为出水 BOD 浓度较低（一般小于 5mg/L）但 COD 浓度仍高于 40mg/L。

图 3-17 为进水中含有工业废水的污水处理厂进出水 COD 浓度，图 3-18 为进水为生活污水的污水处理厂进出水 COD 浓度。由此可知，当污水处理厂进水中含有工业废水时，其出水 COD 浓度在 30～50mg/L 左右，而当进水为纯生活污水时，污水处理厂出水 COD 浓度除个别天数外，均在 20mg/L 以下，工业废水（尤其是化工、印染、电子等行业）的处理难度显著高于生活污水。

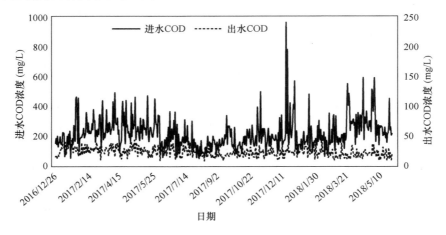

图 3-17 污水处理厂进出水 COD 浓度（含工业废水）

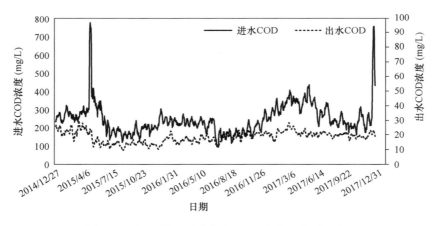

图 3-18 污水处理厂进出水 COD 浓度（生活污水）

对污水处理厂进行全流程测试分析和曝气试验的结果如图 3-19 和图 3-20 所示。可以看到，经过污水处理厂好氧处理后，出水 COD 中仍剩余 20～50mg/L 的溶解性不可降解 COD。

对部分污水处理厂的出水水质分析后发现，出水 COD 浓度基本与化工、制药、印染等难降解工业废水的所占比例呈正相关。选择 10 座含有工业废水的污水处理厂，进行出水样品的 GC-MS 检测，分析有机物组分的结果如图 3-21 所示。出水中的主要有机物以石油化工裂解或油品加工副产物 [如 1,2-双（二环己基磷基)-乙烷、2-甲基二十六烷等]、钢铁制造副产物（硅烷二醇二甲酯等）、染料及制药行业副产物（如氧杂蒽等）、纤维、塑

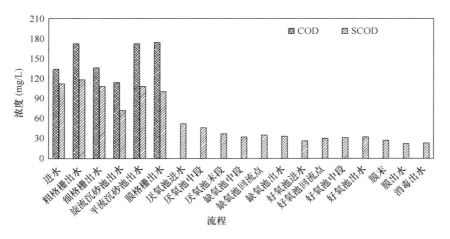

图 3-19 污水处理厂全流程 COD 浓度变化

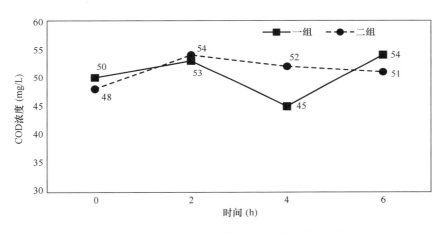

图 3-20 污水处理厂生化池出水延长曝气实验

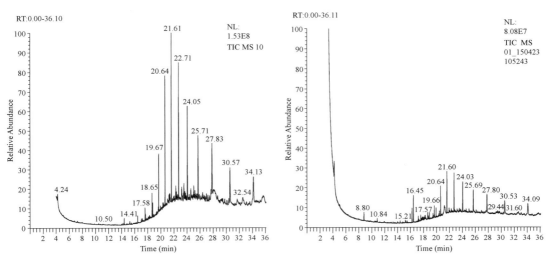

图 3-21 10 座污水处理厂出水 GC-MS 图谱（含工业废水）（一）

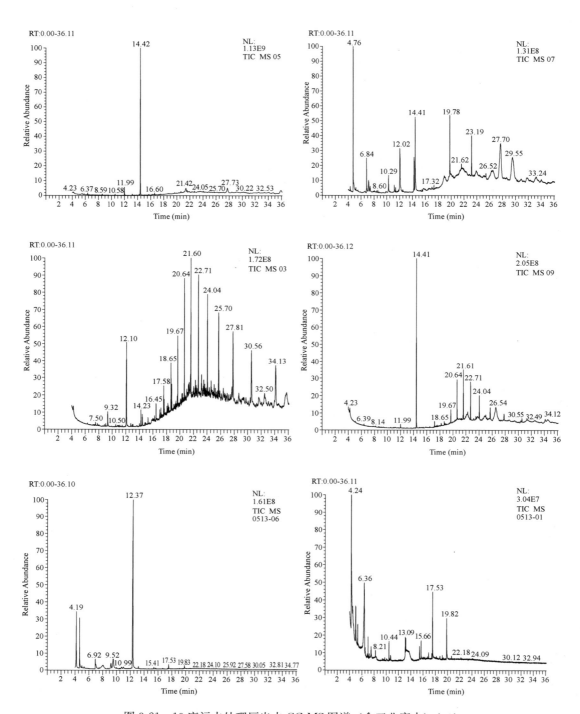

图 3-21　10 座污水处理厂出水 GC-MS 图谱（含工业废水）（二）

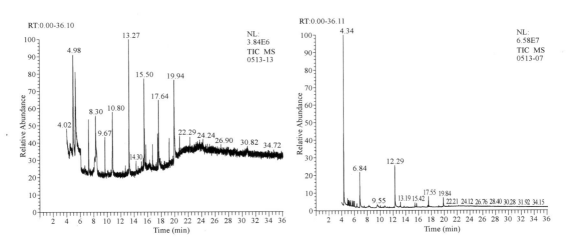

图 3-21　10 座污水处理厂出水 GC-MS 图谱（含工业废水）（三）

料生产（如 1，6-己内酰胺等）为主。这些有机物性质较稳定，活性污泥系统无法对其进行有效降解，是较为典型的溶解性难降解有机物。

对难降解 COD 去除效果差的原因进行研究，对各污水处理厂实际处理效果进行评估，可以针对性采取措施，对城镇污水处理厂难降解 COD 进行有效去除，以实现出水 COD 的稳定达标运行。COD 达标排放问题受进水中的溶解性不可降解 COD 影响较大，难降解 COD 主要来自上游企业所排放的工业废水，出水 COD 浓度基本与化工、制药、印染等难降解工业废水的占比呈正相关。这些有机物性质较稳定，溶解度较高，通过常规活性污泥系统无法实现有效降解，因此若需进一步降低污水中溶解性难生物降解有机物含量，必须采用工程型提质增效措施。

（1）臭氧

臭氧（O_3）可将难生物降解的污染物转化为易生物降解的含氧化合物，提高污水可生化性。反应剩余的 O_3 在含有杂质的情况下可被还原为氧气，增加水体溶解氧且不会产生二次污染。因此，O_3 可用于多种有机污染的治理，与有机污染物反应的作用途径可分为直接氧化和间接氧化（图 3-22）。

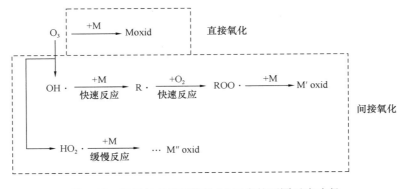

图 3-22　臭氧与有机污染物 M 反应的不同反应途径

臭氧氧化工艺的反应速度快，低浓度即可瞬时反应，杀菌能力为氯的数百倍，且不产生污泥和酚臭味、无二次污染等。O_3 对水的脱色，脱臭，去味，杀菌灭藻，除铁锰、氰化物、酚类、二氧化氮、二氧化硫等有毒物质以及降低 COD、BOD_5 等均有明显作用。针对城镇污水处理厂生化处理出水中含有大量溶解性难降解有机物且难以稳定达标排放的情况，可在深度处理段增设臭氧氧化或臭氧催化氧化工艺。

但是，臭氧容易氧化具有双键的有机物，对某些小分子有机酸、醛类等反应速率较低。因此，臭氧氧化工艺只能去除部分有机物，无法稳定去除出水中的难降解有机物。由于各污水处理厂水质差异较大，臭氧氧化处理的效果也差异较大。对 5 座进水中含有工业废水的城镇污水处理厂二级出水进行臭氧氧化实验，经臭氧氧化处理后 COD 随臭氧投加量的变化趋势如图 3-23 所示。厂一、厂二、厂三、厂四和厂五的二级处理出水 COD 分别为 49mg/L、49mg/L、36mg/L、50mg/L 和 53mg/L。臭氧氧化处理仅对厂二的二级处理出水有较好的处理效果，当臭氧投加量为 60mg/L 时，臭氧氧化对 COD 的去除量为 23mg/L，出水 COD 降低至 26mg/L，可满足出水标准。臭氧氧化处理对厂一、厂五的处理效果一般，当臭氧投加量为 50mg/L 时，臭氧氧化对厂一、厂五的二级处理出水 COD 的去除量分别为 12mg/L 和 13mg/L，出水 COD 仅能满足一级 A 标准要求，但无法满足更高标准的要求。对于厂三和厂四，臭氧氧化处理对 COD 的去除量仅为 6mg/L 和 2mg/L，效果极为有限，尤其是对厂四基本无去除效果。

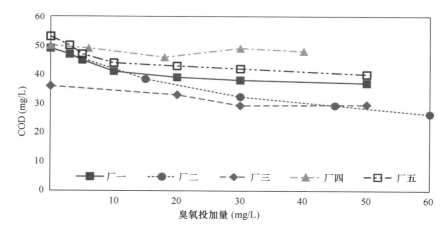

图 3-23　臭氧氧化对 5 座城镇污水处理厂二级出水 COD 的去除效果

城镇污水处理厂二级出水中难降解有机物种类和浓度对深度处理中臭氧氧化处理效果有很大影响，特别是对其中含有较多饱和有机酸类物质的污水臭氧氧化效果较差。因此，在设计臭氧氧化工艺之前，必须进行试验确定臭氧氧化的效果。臭氧氧化后不会增加系统 BOD_5，因此臭氧后接生物滤池和曝气生物滤池时，还需要考虑碳源补充的问题。

（2）催化臭氧

臭氧催化氧化是一种高级催化氧化技术，利用臭氧催化剂高效催化臭氧生成·OH，对于去除难降解有机物具有广谱性，因此可应用于采用臭氧氧化工艺无法稳定达标的城镇污水处理厂深度处理。臭氧催化氧化过程中，一部分臭氧和有机物被催化剂吸附在表面，在催化剂作用下，更多臭氧溶解于水中，且活性增强。臭氧产生自由基氧化有机物，氧化产物最终从催化剂表面脱落。同样，催化剂催化水中臭氧分解产生自由基，或与有机物络合使其更易于被臭氧氧化，进而提高氧化效果。

图 3-24 为某接入大量制药废水的污水处理厂二级出水经臭氧氧化和臭氧催化氧化后的 COD 变化情况。原水 COD 约为 120mg/L，经臭氧氧化处理后 COD 可降至 80mg/L 左右，仍无法达到排放标准要求。采用臭氧催化氧化工艺后，COD 可降至 22mg/L 左右，稳定达到排放标准。但运行 19d 后出水 COD 显著升高，5d 内 COD 升高至 42mg/L，随后出水 COD 稳定在 40mg/L 左右。

催化剂的吸附过程对 COD 的去除贡献不能被忽略。对照臭氧催化剂对原水 COD 的吸附曲线，前 15d 臭氧催化氧化去除 COD 的总量等于臭氧氧化和臭氧催化剂吸附的 COD 去除量之和。随后，臭氧催化剂吸附逐渐饱和，出水 COD 也逐渐升高。最终，臭氧催化氧化对 COD 的去除率稳定在 66% 左右，是单纯臭氧氧化工艺 COD 去除率的两倍。

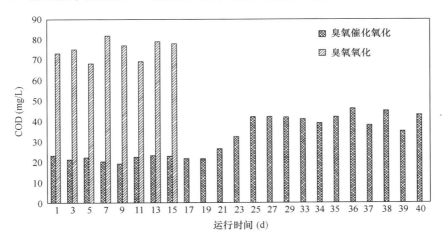

图 3-24　某厂二级出水经臭氧氧化和臭氧催化氧化后的 COD 变化情况

由于臭氧直接氧化和催化氧化工艺对不同水质污水的处理效果具有较大差异，因此选用设计前需进行试验确定臭氧氧化的效果。根据研究，臭氧氧化工艺不会增加出水 BOD_5 和 NH_3-N，因此不建议在臭氧氧化工艺后增设生物滤池和曝气生物滤池。针对臭氧氧化工艺去除效果不佳的污水处理厂，可增设臭氧催化氧化工艺，但为确定臭氧催化氧化工艺对 COD 的长期稳定去除效果，设计前试验需进行至少 2 个月，使臭氧催化剂达到吸附饱和状态。

（3）芬顿

芬顿反应在过氧化氢存在的条件下，将有机污染物氧化为二氧化碳和水，是一种环境友好的催化过程。芬顿反应起主要作用的是在亚铁离子催化分解过氧化氢产生的羟基自由基（·OH）。羟基自由基的产生过程可以简要地用如下反应表述。

$$Fe^{2+} + H_2O_2 \longrightarrow Fe^{3+} + OH^- + \cdot OH \tag{3-1}$$

$$Fe^{3+} + H_2O_2 \longrightarrow Fe^{2+} + OH_2 \cdot + H^+ \tag{3-2}$$

使用芬顿氧化后可明显提高废水的可生化性，是近年来国际上广泛研究的一种新型高级氧化技术。但是，普通芬顿法的氧化效率受反应体系、反应温度、催化剂投加量、反应时间等的影响大，而且不能充分矿化有机物，过氧化氢的利用率不高。

对某污水处理厂二级出水进行芬顿氧化实验，探究芬顿氧化对 COD 的去除效果。芬顿氧化小试实验取二级出水 500mL，加入不同剂量的芬顿试剂（30％ H_2O_2 和 $FeSO_4 \cdot 7H_2O$）。根据实际加药量配比开展小试实验，以 0.09mL 30％ H_2O_2 和 24mL $FeSO_4 \cdot 7H_2O$ 为一个单位的药剂量。图 3-25 为不同剂量芬顿试剂处理后的溶解性 COD 的变化情况。由图可知，芬顿氧化可有效去除该厂二级出水中的溶解性难降解 COD，去除率随芬顿试剂药剂量增加而升高。药剂投加量为 0.09mL 30％ H_2O_2 和 24mL $FeSO_4 \cdot 7H_2O$ 时，溶解性 COD 可降至 40mg/L；当药剂投加量为 0.45mL 30％ H_2O_2 和 120mL $FeSO_4 \cdot 7H_2O$ 时，溶解性 COD 可降至 35mg/L。

如果污水处理厂采用芬顿氧化工艺，应根据水质及时调节芬顿试剂投加量并优化操作条件，提高处理效率并节约成本。

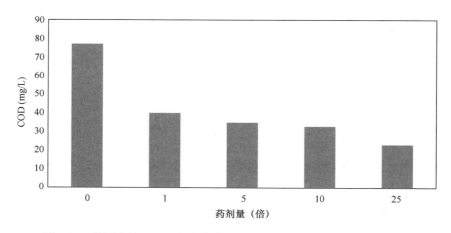

图 3-25　某污水处理厂二级出水溶解性 COD 随芬顿试剂药剂量的变化

（4）活性炭

活性炭基材料是一种拥有多孔径、极丰富的孔隙构造的碳化物，外观色泽呈黑色，具有良好的吸附特性。活性炭的成分以碳为主，此外还包含少量的氮、氢、氧，其结构外形类似六边形，比表面积高（大约 1000m²/g）。

活性炭针对废水中的溶解性难降解有机物及色度等均有较好的吸附效果。目前投入工程应用的活性炭基材料吸附剂大致可归为 4 类：活性炭、活性炭纤维、活性焦和活性半焦。活性炭主要是以褐煤为原材料研制出的一种同时具备吸附剂和催化剂双重功能的粒状物质。活性炭纤维也被称为纤维状活性炭，是由一定的碳化活化程序而制备的纤维状前驱体，内外表面分布着超过 50％的碳原子。这种独一无二的表面性固体结构使纤维状活性炭具有更好的吸附性能。

活性炭的吸附基本原理分为物理吸附和化学吸附。在活性炭被用于去除液相和气相中污染物的过程中，主要发生的是物理吸附作用。存在于活性炭表面与内部的多孔径、极丰富的孔隙构造，使其具有强大的吸附污染物的容量。活性炭表面基团和污染物分子之间存在范德华力、静电作用力等，能够使介质相中的杂质转移到孔径中。除了活性炭的物理吸附作用，在活性炭的表面也会发生化学反应。由于活性炭表面存在的少量以结合键等形式存在的氧和氢，与被吸附质进行化学反应。诸如常见的羧基、羟基、酚类、脂类、醌类、醚类等。这些氧化物或络合物存在于活性炭表面时都具备与被吸附质进行化学反应的能力。

针对二级出水 COD 不能达标且其中可溶性难降解有机物较多的污水处理厂，进行了活性炭吸附小试实验。实验采用连续流的方式进行，活性炭填充有效体积为 1 L。A 厂和 B 厂二级出水 COD 随活性炭吸附停留时间的变化如图 3-26 所示。

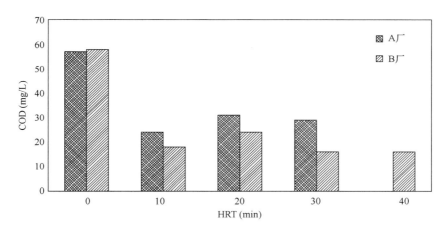

图 3-26　A 厂和 B 厂二级出水 COD 随活性炭吸附停留时间的变化

A 厂和 B 厂经历了 15h 左右的好氧生物处理，二级出水溶解性 COD 分别为 57mg/L 和 58mg/L。经活性炭吸附处理后，溶解性 COD 均显著下降。A 厂二级出水经 10min 活性炭吸附处理后，溶解性 COD 降低至 24mg/L；进一步至 20min 和 30min，出水 COD 分别为 31.1mg/L 和 29mg/L。B 厂二级出水经 5min 的活性炭吸附处理后，溶解性 COD 降低至 18mg/L；进一步延长水力停留时间至 10min，15min 和 30min，出水 COD 分别为 24mg/L，16mg/L 和 16mg/L。上述结果表明，水力停留时间为 5～10min 的活性炭吸附处理即可实现溶解性 COD 的有效去除，且进一步延长水力停留时间不能有效提高溶解性 COD 的去除效率。

2. TN

（1）A-AAO-AO 工艺

传统 AAO 工艺从好氧区回流硝化液至缺氧区，以及污泥回流至厌氧区，以提供反硝化的初始硝态氮（图 3-27）。AAO 工艺的理论脱氮效率受缺氧区初始硝态氮的浓度影响较大。传统 AAO 工艺的脱氮率 η 与内回流（r）、外回流（R）的关系如下：

$$\eta = \frac{R+r}{R+r+1} \tag{3-3}$$

式中 η ——脱氮率，%；

        R ——外回流比，%；

        r ——内回流比，%。

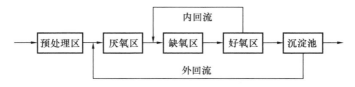

图 3-27   典型 AAO 工艺流程图

提高内回流比有利于提高脱氮效果，但存在脱氮效率极限。一般内回流比最大 300%，外回流比最大 100% 时，回流至缺氧区的硝态氮是系统全部产生硝态氮的 80%，即使在进水中充分投加碳源，生化单元的最大脱氮效率不高于 80%。因此，当进水 TN 超过 50mg/L，出水要求小于 10mg/L 时，传统 AAO 工艺的脱氮效果难以满足需求。

为了考虑更高的生化段脱氮效率，可以采用 A-AAO-AO 工艺（图 3-28）。该工艺由预缺氧区、厌氧区、缺氧区、好氧区、消氧区、后缺氧区、后好氧区、二沉池组成。进水按比例分配至各级缺氧池，硝化液直接由上级好氧池推流至下一级缺氧池，不设置硝化液回流，污泥直接回流至缺氧池。A-AAO-AO 工艺各单元功能明确，各单元易控制和实现功能菌群适宜的环境条件，能充分发挥良好的污染物去除功能，提高脱氮效果，运行稳定性强，适用于高标准出水要求的污水处理厂。

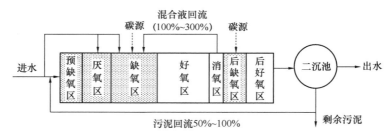

图 3-28   生物处理单元 A-AAO-AO 流程图

（2）反硝化滤池

反硝化滤池是将反硝化功能和深床过滤功能有机结合的高效生物脱氮单元。一般采用特殊规格及形状的石英砂作为反硝化生物的挂膜介质，附着生长在石英砂表面上的反硝化细菌利用适量优质外加碳源把硝态氮转换成 N_2 完成脱氮反应。反硝化滤池脱氮的基本原理是利用反应器内滤料上所附着生物膜的氧化分解作用、滤料及生物膜的吸附截流作用、沿水流方向形成的食物链分级捕食作用，以及生物膜内部微环境和缺氧反硝化作用，达到提高生物脱氮效率的目的（图 3-29）。

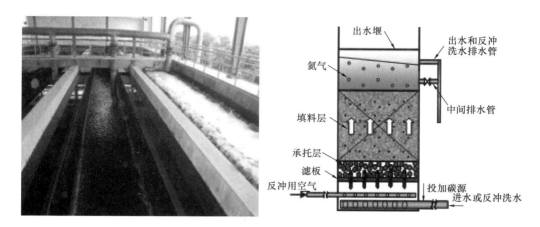

图 3-29　某污水处理厂反硝化滤池实际运行和原理图

反硝化滤池启用反硝化功能需考虑挂膜时间。一般夏天培菌时间需要 1～2 周左右，在冬季 TN 去除困难情况下培菌时间约 1 个月或更久。当出水 TN 要求在 10mg/L 及以上时，应尽量在生物池强化脱氮；当出水 TN 要求更高，例如小于 6（5）mg/L 时，可以考虑增设反硝化滤池。

为了探究反硝化滤池工艺对某污水处理厂二沉池出水的处理效果和确定最佳碳源投加量，进行反硝化生物滤池小试实验。实验过程分为挂膜启动和碳源浓度摸索两个阶段。取深床滤池活性砂为挂膜材料，进水为该污水处理厂二沉池出水，并投加适量碳源。启动运行 4d 时，系统对硝态氮具有了良好处理效果，挂膜成功。控制反硝化滤池中 DO=0mg/L，HRT=0.5h，进水为四期二沉池出水，投加乙酸作为碳源，调节进水 C/N 分别为 0、2、4、8、10，监测进出水硝态氮和 COD 浓度，筛选乙酸的最佳投加量。

如图 3-30 所示，出水流经未挂膜的反硝化滤池后，$NO_3^- $-N 浓度基本不变；经过挂膜成功的反硝化滤池处理后，$NO_3^- $-N 浓度明显下降。投加乙酸作为碳源，调节进水 C/N 分别为 0、2、4、8、10 时，监测进出水 $NO_3^- $-N 浓度。结果表明，C/N 为 4 时，出水

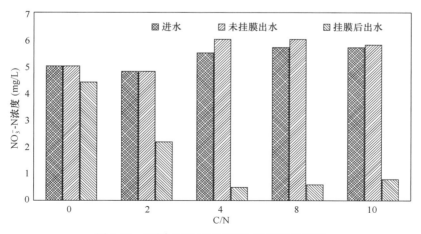

图 3-30　不同 C/N 比下 $NO_3^- $-N 的变化情况

NO_3^--N 浓度为 0.6mg/L；C/N>4 时，出水反硝化效果并未明显提高。监测 COD 的变化情况（图 3-31）可知，C/N 为 2 时，出水 COD 与不投加碳源时相近，投加的乙酸基本被消耗；C/N 为 4 时，投加的碳源有所剩余。因此，在该运行工况条件下，最佳 C/N 为 2～4。

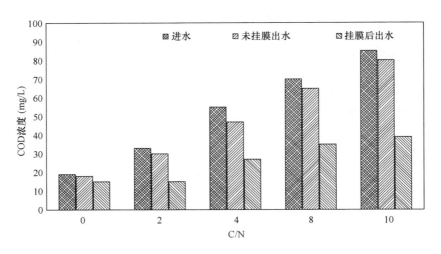

图 3-31　不同 C/N 比下 COD 的变化情况

在反硝化滤池启动期间，应注意以下问题：①尽量保持反硝化过程有足量的高品质碳源，缺少碳源则反硝化菌的生长会受到限制。一般来说，国外多以甲醇作为外加碳源。因药品的安全性和毒性，甲醇的使用在我国受到限制。实践证明，乙酸钠是一种良好的碳源，易于被微生物所利用，可实现较高的 TN 去除率。②在挂膜期间要保持较低的水力负荷，以 3～5m³/(m²·h) 为宜，过快的流速不利于反硝化菌在填料上的附着。若启动过程中长时间不进行反冲洗，则易造成填料结团成块而形成短流。因此，应适时施以短时、低强度的反冲洗，以达到重新分配生物量、激发微生物活性并加速启动的目的。

研究表明，若反硝化生物膜反应器进水 PO_4^{3-}-P：NO_3^--N<0.01，则 PO_4^{3-}-P 将成为影响反硝化滤池反硝化潜力的限制性因子。因此对于采用深度化学除磷与 DN 滤池联用的情况，尤其要注意在反硝化滤池进水保持适量浓度 PO_4^{3-}-P，以维系缺氧生物膜微生物的生长，并确保反应器保持高效的反硝化性能。

（3）自养反硝化

硫自养反硝化工艺以还原态硫为电子供体，是一种新型的生物脱氮工艺。该工艺具有无需有机碳源、反应时间短、脱氮速率高、处理成本低、占地面积小等优点，适合处理低氮污水，如污水处理厂二级出水。图 3-32 为

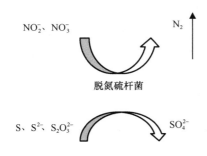

图 3-32　硫自养反硝化工艺图

硫自养反硝化工艺图，式（3-4）为硫自养反硝化反应原理。

$$55S + 50NO_3^- + 32H_2O + 20CO_2 + 4NH_4^+ \xrightarrow{\text{脱氮硫杆菌}} 4C_5H_7O_2N + 55SO_4^{2-} + 25N_2 + 64H^+$$

$$(3\text{-}4)$$

影响硫自养反硝化工艺脱氮效果的主要因素包括：硫源类型、温度、pH、溶解氧、硫磺粒径等。具体分析如下：

1）硫源类型。硫自养反硝化所用硫源主要包括 S^{2-}、S^0、$S_2O_3^{2-}$ 等。研究表明，不同还原态的反硝化硫源表现出的脱氮效果有一定差异，其中以硫代硫酸盐为电子供体的脱氮效果最佳，在 $10\sim30℃$ 条件下的脱氮效果均在 90% 以上，以 S^{2-} 为电子供体的脱氮效果最差。Zhou 等研究了以 S^{2-}、S^0、$S_2O_3^{2-}$ 为硫源的 3 个硫自养反硝化系统，通过微生物群落分析发现三者微生物种群有一定的差异，以 S^{2-} 为电子供体的系统中脱氮硫杆菌（*Thiobacillus*）所占比例最少，说明以 S^{2-} 为电子供体反硝化效果较差。Chung 等以硫代硫酸钠为电子供体进行自养反硝化实验，发现以其为电子供体对硝氮最高去除量可达 $1000mg/L$，且亚硝酸盐积累过多会抑制硝酸盐还原。虽然 $S_2O_3^{2-}$ 效果较好，但因硫代硫酸盐溶于水而较难控制投加量，且产物硫酸盐的产生量多于硫单质，因此实际应用中仍多采用硫单质作为反硝化的硫源。

2）温度。温度对硫自养反硝化脱氮效果影响较大，保证合适的温度可有效提高反硝化效果。研究表明，硫自养反硝化适宜温度在 $20\sim35℃$。Montalvo 等通过将 2 个 UASB 反应器运行温度分别控制在 $13\sim20℃$ 的室温条件及 $35℃$ 的恒温条件，均得到较好的脱氮效果。袁玉玲等人采用硫磺/石灰石系统（SLAD）处理城市污水，发现当温度维持在 $18\sim30℃$ 时，系统脱氮效率达 95%；温度低于 $18℃$ 时，脱氮效率逐步下降到 69%。因此，冬季低温可能会影响该工艺的反硝化效果。

3）pH。由硫自养反硝化原理可知，该工艺过程消耗碱度，会造成 pH 下降。研究表明，硫自养反硝化最佳 pH 为 6.85，脱氮硫杆菌最佳生长 pH 为 6.9。在运行过程中，需要将 pH 控制在 $6.5\sim8$ 范围内，以保证良好的反硝化环境。

4）DO。硫自养反硝化主要的功能菌种为脱氮硫杆菌，为兼氧自养型细菌，除了参与缺氧反硝化过程外，还能够以氧气为电子受体，还原性硫为电子供体，参与好氧的氧化过程。具体过程如下：

$$S + 1.5O_2 + H_2O \longrightarrow SO_4^{2-} + 2H^+ \tag{3-5}$$

进水中溶解氧过高会对硫自养反硝化过程产生影响。脱氮硫杆菌更趋向于以氧气为最终电子受体，并且一些反硝化酶对 O_2 较为敏感，当 DO 高于 $0.5mg/L$ 时，硫生成率及硝氮去除率下降到 30% 左右。

5）颗粒尺寸。硫磺颗粒尺寸大小也会对脱氮效率产生影响，且脱氮效率与硫磺颗粒尺寸密切相关。自养反硝化脱氮速率随着颗粒尺寸的上升而下降。马航等人采用粒径分别为 $0.8mm$ 和 $3mm$ 的硫磺颗粒作为硫自养反硝化电子供体进行实验，发现 HRT 为 $3h$、进水硝氮浓度为 $80\sim90mg/L$ 时，$0.8mm$ 的颗粒脱氮率可达 91%，$3mm$ 颗粒脱氮率为 87%。粒径与脱氮在一定范围内呈现正相关。

笔者团队曾开展中试研究硫自养脱氮效果。采用的硫磺填料为 4～8mm 的半球状工业级硫磺（中石化生产），进水流量约为 14m³/h，HRT 为 0.21h，流速为 14.7m/h，运行时间约为 120d（经历冬夏季节），水温 13～27℃。中试所用进水为宜兴某城市污水处理厂二沉池出水。启动阶段在进水水箱中投加硝酸钾提高硝酸盐负荷。二沉池出水水质见表 3-11。

二沉池出水水质 表 3-11

水质指标	COD（mg/L）	NH$_4^+$-N（mg/L）	NO$_3^-$-N（mg/L）	TP（mg/L）	pH	水温（℃）
二沉池出水	30～50	0.1～0.5	6～15	0.2～0.5	6.9～7.3	13～27

纯硫反应器中的主要功能微生物为脱氮硫杆菌。当予以适当的条件时，反应器会表现出较强的脱氮能力。反应器长期稳定运行脱氮效果如图 3-33 所示。

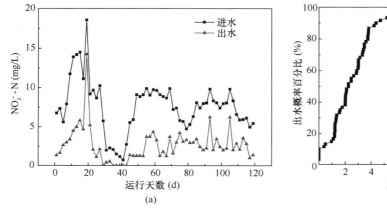
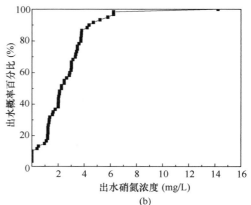

图 3-33 纯硫反硝化中试反应器的处理效果

（a）硝态氮去除效果；（b）出水硝态氮概率分布

由图 3-33 可知，反应器对硝氮处理效果较为稳定。由出水硝氮浓度概率分布图可知，出水低于 4mg/L 所占比例约为 87％，说明稳定运行期脱氮效果较好。从整个运行期来看，进水硝氮浓度在 1～18mg/L 之间，出水硝氮浓度在 0～6mg/L，且亚硝酸盐浓度低于 0.5mg/L。运行的初期为冬季，温度逐步下降，最低环境温度为 －8℃，最低水温为 13℃。在运行 17d 时，水温达到最低值，进水硝氮为 11mg/L，出水硝氮为 4.7mg/L，处理效率降低至 57.7％，但仍可达到反应器设计排水标准。可见，温度对硫自养反硝化脱氮效果有较大影响，与文献报道的实验研究结果接近。之后因低温导致设备管道破裂，中试停运约 30d。重新启动后，经历梅雨季节，进水硝氮浓度低至 1～2mg/L，出水基本监测不出硝氮。进入夏季后，水温升至 20℃以上，硝氮去除率提升至 85％左右。图中部分出水值较高，是由于反冲不及时或反冲不彻底，反应器内部出现短流现象所导致。

长期稳定运行测试期间，监测纯硫中试装置反应器氨氮变化。由图 3-34 可知，纯硫中试装置进出水 NH$_4^+$-N 基本无太大变化，进水 NH$_4^+$-N 在 0～1.7mg/L 之间，中试装置出水 NH$_4^+$-N 浓度在 0～1.4mg/L 之间。由硫自养反硝化原理式可知，在反硝化过程中，硫自养过程会消耗氨氮。由于进水硝氮浓度较低，因此消耗的氨氮量也较低。同时也有研究表明，在硫自养反硝化过程中，也可不需要氨氮的参与。从目前的实验结果来看，氨氮的浓度对硫自养反硝化没有产生太大的影响，出水 NH_4^+-N 也始终在排放标准内。图中部分出水氨氮高于进水，主要是因为反冲不及时或者不彻底，脱落的生物膜在反应器处于厌氧状态下发生自溶，释放部分氨氮所造成。

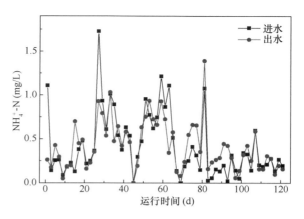

图 3-34　纯硫中试进出水氨氮变化

硫自养反硝化对碱度有一定的消耗，因此会造成出水 pH 降低，降低程度跟硝氮去除量有关。稳定运行期，进出水 pH 变化如图 3-35 所示。可以看到，进水 pH 在 6～7 之间，均值为 6.93；出水 pH 在 6～6.9 之间，平均值为 6.39，pH 平均下降量为 0.54。在没有外部投加碱度补充的情况下，反应器可有效脱除二级出水中的硝氮，且出水 pH 满足污水处理厂出水排放限值。

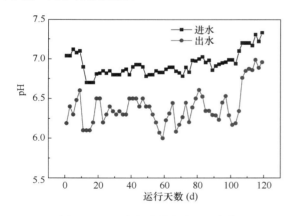

图 3-35　纯硫中试进出水 pH 变化

3. NH_3-N

（1）悬浮填料生物膜工艺

悬浮填料生物膜工艺（Moving-Bed Biofilm Reactor，MBBR）又称移动床生物膜工艺，该工艺通过向活性污泥系统中投加密度接近于水的悬浮填料作为微生物附着生长的载体，从而提高活性污泥系统负荷率、增强脱氮除磷能力。填料在池内能够停留于任何位置，曝气时随水流动或自由流化，具有抗冲击能力强和污泥浓度高等优点，悬浮移动载体的方式克服了传统生物膜法存在的载体堵塞和配水不均等问题，同时为微生物的附着生长提供了良好的生存环境。单位载体附着的生物量较大，污泥浓度可达活性污泥浓度的数倍，被广泛用于污水处理厂的升级改造。在好氧区容积不足或低水温导致出水 NH_3-N 不能稳定达标，且不具备新增池容条件时，可在好氧区投加悬浮填料。

MBBR 工艺的设计理念结合了生物膜法和活性污泥法的优点。与传统的固定载体生物膜法不同，MBBR 工艺利用了整个反应池作为微生物的生长空间，大幅提高了空间利用率。MBBR 工艺使用特殊材质的塑料作为生物膜生长载体，利用曝气扰动、机械搅拌或者液体回流等作用使反应器中的载体自由悬浮移动，保证了污水中的污染物与载体表面微生物细胞的充分接触，有效提高了传质效率。此外，呈流化状态的载体在曝气过程中能够切割分散气泡，促进固、液、气三相充分接触，强化了传质过程。

为考察投加填料强化硝化效果，江南大学李激教授团队对江苏省无锡市某污水处理厂三期 MBBR 系统进行了硝化能力测试。试验条件为水温 15.6℃，混合液的 MLSS 为 3200mg/L，MLVSS 为 2110mg/L，结果如图 3-36～图 3-38 所示。

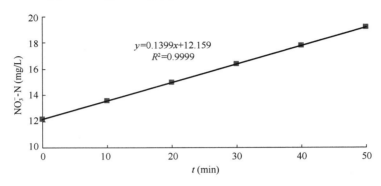

图 3-36　0％填充率下混合液硝化速率

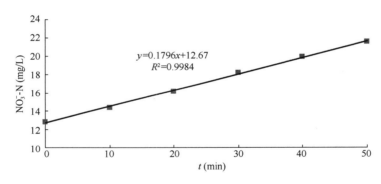

图 3-37　16％填充率下混合液硝化速率

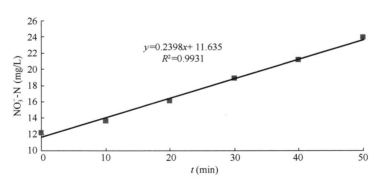

图 3-38　40％填充率下混合液硝化速率

由图可知，不同填料填充率下混合液的硝化均呈零级反应，氨氮浓度对硝化速率基本上没有影响。在混合液 MLVSS 为 2110mg/L 的情况下，0、16％和 40％填充率的混合液硝化速率分别为 0.140mg/(L·min)、0.180mg/(L·min) 和 0.240mg/(L·min)，硝化速率随着填料填充率的增加而增加。与不投加填料相比，16％和 40％填充率的混合液的硝化速率分别增加了 28％和 71％。悬浮填料具有较大的比表面积，其上附着生长着大量世代时间长的硝化细菌，增加了生物系统中的污泥浓度，提高了系统的硝化速率。随着填充率的增加，系统中污泥浓度越大，进而系统的硝化速率越大。研究表明，向曝气池中投加15％～30％容积的填料，系统增加的固定 MLSS 量为 10～19g/L，极限情况下甚至高达 30g/L。

虽然通过向传统活性污泥曝气池中投加悬浮填料能提高系统的硝化速率，但悬浮填料的投加会占用曝气池的一部分有效体积，从而会降低曝气池的实际水力停留时间（HRT），即填料段的实际水力停留时间和填料的填充率密切相关。通过投加悬浮填料，一方面缩短了水力停留时间，另一方面提高了硝化速率。填料的填充率是填料的堆积体积占填料段有效体积的比例。对 SPR-1 填料来说，一般 3.5L 的堆积体积相当于 1L 的实际体积。在 16％和 40％填充率下，填料与含填料混合液的实际体积比为 5％和 11％。根据硝化速率试验结果，对不同填充率的硝化效果进行了比较研究，结果见表 3-12。

不同填充率下硝化效果比较 表 3-12

填充率	硝化速率 [mg/(L·min)]	HRT（min）	$NO_3^- $-N 增加量（mg/L）
0	0.1399	t	0.1399t
16％	0.1796	0.95t	0.1706t
40％	0.2398	0.89t	0.2134t

与不投加悬浮填料相比，16％和 40％填充率下混合液的硝化效果提高了 22％和53％。随着填充率的增加，填料的强化硝化效果越发显著。由于填料具有较大的空隙率，水力停留时间降低幅度较小，对系统硝化效果的影响较小，系统硝化效果主要取决于含填料混合液的硝化速率。一般来说，悬浮填料的填充率不超过 50％，不宜过大，因为填充率过大，会影响悬浮填料在曝气池中的流化效果以及填料与污水中氨氮的充分接触，导致系统硝化效果变差。

总之，悬浮填料的投加能强化传统活性污泥法的硝化效果，尤其在低温季节硝化速率较低和生物池容积限制的情形下，填料的强化硝化作用显得尤为重要。由于在不同的填料填充率下，系统会具有不同的硝化速率和硝化效果，因此根据上述试验结果，对不同填料填充率下的硝化速率和强化硝化效果的数据进行拟合，结果如图 3-39 和图 3-40 所

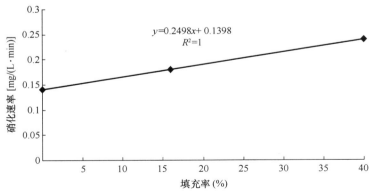

图 3-39　不同填充率下硝化速率拟合曲线

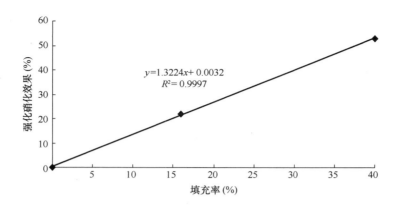

图 3-40　不同填充率下强化硝化效果拟合曲线

示。可见，不同填充率下的硝化速率和强化硝化效果与填料的填充率均呈很好的线性关系。

在污水处理厂升级改造中，悬浮填料的投加量要根据实际所需的氨氮去除增量确定，所以不同悬浮填料填充率下硝化速率和强化硝化效果的拟合直线方程具有重要的应用意义，能为悬浮填料的合理经济投加提供理论指导。

悬浮填料投加是系统工程，设计时应综合考虑池型、水力流态、填料类型、填充率、曝气、推进/搅拌、填料拦截装置等因素。应采用生物附着性好、有效比表面积大、孔隙率高、使用寿命长的悬浮填料。悬浮填料有效比表面积宜不小于 $500 m^2/m^3$，$20℃$时填料区容积负荷宜不小于 $0.5 g NO_3^- \text{-} N/(m^2 \cdot d)$ 计算。填充率应根据进出水水质、氨氮去除目标和挂膜试验确定的表面负荷或有效生物量计算，宜为 $20\%\sim50\%$。

（2）硝化滤池

硝化滤池是一种集生物氧化、截留悬浮固体于一体的工艺。以滤池中填装的粒状填料（如陶粒、焦炭、石英砂、活性炭等）为载体，在滤池内部进行曝气，使滤料表面生长着大量生物膜。当污水流经生物膜时，利用滤料上所附生物膜中高浓度的活性微生物强氧化分解作用以及滤料粒径较小的特点，充分发挥微生物的生物代谢、生物絮凝、生物膜和填料的物理吸附和截留以及反应器内沿水流方向食物链的分级捕食作用，实现氨氮等污染物的去除。硝化滤池示意图如图 3-41 所示。

目前曝气生物滤池在市政污水处理厂提标改造中有较多的应用，其应用过程中需关注如下注意事项：

1）当并联运行的滤池间的进水量出现偏差时，通过监控每个滤池的进水水量，自动调节各进水支管的流量，保证污水在每个滤池内的停留时间大致相同。

2）由于采用滤头布水，滤头堵塞易使污水在滤料层中分配不均，造成滤料层内微生物不均匀生长，从而使布水布气不均匀，导致处理效率降低。因此，需要保证预处理设备对油脂和悬浮物的去除率，防止滤头堵塞。

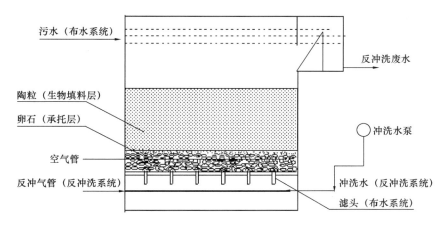

图 3-41　某污水处理厂硝化滤池示意图

3）及时监控每个滤池曝气管道风量，防止曝气不均或布气系统堵塞。根据具体情况调节空气阀门，使供气均匀，可采用曝气器冲洗系统对曝气管和曝气头进行冲洗。

4）反冲洗是维持滤池运行的关键。反冲洗周期应根据出水水质、滤料层的水力损失、出水浊度综合确定，并由自动化程序进行控制。反冲洗包括快速降水、气洗、气/水反冲洗、漂洗等步骤。当滤料堵塞时，可通过加大反冲洗水力负荷或空气强度来冲洗。应保证反冲洗控制和反冲洗设备运行正常，并有一定的备用率。

调研发现污水处理厂硝化滤池出水 DO 约为 7mg/L。硝化滤池后续如接反硝化滤池，将引起大量碳源的浪费，因为每 1mgDO 需要消耗 0.87mgCOD。因此尽量避免采用曝气滤池＋反硝化滤池的组合工艺。

4. TP

（1）气浮

气浮技术是一种历史悠久的固液分离技术，在国内外应用广泛。气浮净水技术原理是在污水中引入大量微小气泡，气泡通过表面张力作用与颗粒物的相互作用，借助微气泡的吸附上浮作用，使其粘附在悬浮颗粒上，形成整体相对密度小于 1 的状态，根据浮力原理浮至水面，实现固液分离，污水得以净化。气浮技术比较适合相对密度接近于水的化学絮体、胶体类物质和难沉降颗粒物的去除。

气浮装置一般会利用射流器产生微气泡。射流器是一个文丘里喷嘴，当水泵将高压水送至喷嘴，随着喷嘴的直径逐渐变小，喷嘴中的水以极高的速度喷射出来，经过吸气室后进入喉管，高速的水流使得喉管内形成了局部的负压，从而使气管外空气被吸入喉管，并被水流分割成大量微小气泡，成为气液混合体。气液混合体经扩散管排出，形成强有力的喷射流，实现充氧和水力搅拌的功能。在水体中加入细气泡，可以将水体中絮凝状物体带出水面，继续由刮渣机排出，从而达到去除水体中磷酸盐的目的。

为了考察气浮除磷技术对 TP 的去除效果，进行了中试实验研究，连续 18d 监测了气浮工艺进水和出水总磷的变化趋势。气浮系统对总磷的去除效果如图 3-42 所示，进水 TP 浓度范围为 0.1～0.34mg/L，每万吨污水的 PAM、PAC 投加量分别为 0.374kg、300kg。

在投加化学除磷药剂后，出水 TP 浓度范围为 0.03～0.07mg/L，平均去除量为 0.24mg/L，处理效果较为稳定。本实验采用气浮法进行固液分离时选用阳离子 PAM 作为絮凝剂，因阴离子 PAM 表面携带的负电荷与微气泡表面电荷同号，产生的静电斥力影响微气泡对悬浮固体的吸附效果。

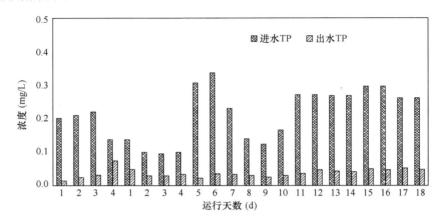

图 3-42　气浮系统进水前后 TP 变化情况

因溶气系统的溶气进水为气浮池出水回流，溶气压力需要通过调节回流泵流量控制。在实际操作过程中，溶气压力与回流比相关联，因此需通过试验找出溶气压力与回流比之间的关系，优化运行效果。试验结果如图 3-43 所示。

气浮装置的回流比过低，溶气水不足，会导致气浮效果变差；回流比过高，会降低装置整体运行效率，增加运行成本。一般来说溶气气浮装置的回流比控制在 10%～20% 为宜。根据实验结果，回流比会随着溶气压力升高而降低，当溶气压力在 0.65MPa 时，回流比降至 25% 左右，此后随着溶气压力的升高，回流比变化减缓。因此，在实际运行过程中，为保证回流比在 20% 左右，溶气压力应控制大于 0.65MPa。

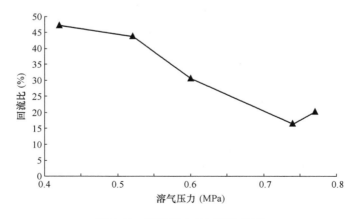

图 3-43　溶气压力与回流比关系

微气泡粒径是影响气浮效果的关键因素。研究表明，溶气压力是影响微气泡粒径的重要因素。一般随着溶气压力的增加，微气泡粒径会变小，当压力大于 0.4MPa 时，微气泡粒径变小的幅度大幅减小。但溶气压力大于 0.4MPa 时，对微气泡粒径变化规律的研究较少。

虽然微气泡的上浮速率受气泡粒径、液体黏度、液体流态等多种因素影响，但在相对稳定的环境中，气泡粒径是影响其上浮速率的主要因素，因此试验通过对气泡位移的测定，对微气泡上浮速率进行了研究，试验结果如图 3-44 所示。可以看出，当溶气压力从 0.47MPa 增加至 0.74MPa 时，微气泡上浮速率从 0.61cm/s 减小至 0.44cm/s，速率下降了 33%，可以认为在相同高度的试验装置内，其他条件不变的情况下溶气压力为 0.74MPa 时微气泡的停留时间较溶气压力为 0.47MPa 增加 50% 左右，即较高的溶气压力可增加微气泡与混凝絮体的接触时间，强化气浮效果。气浮装置在运行过程中，在保证足够的回流比前提下，应尽量提高溶气压力，以强化气浮效果。

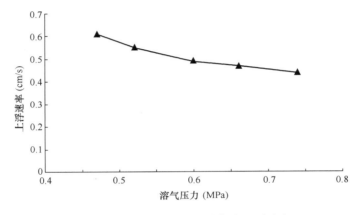

图 3-44　不同溶气压力下微气泡上浮速率

气浮工艺的主要适用范围是用地受限或除磷要求较高（小于 0.2mg/L）的情况，宜结合占地、投资及模拟试验结果确定气浮装置类型。浅层气浮负荷参考值为 $10\sim20\text{m}^3/(\text{m}^2\cdot\text{h})$，水力停留时间参考值为 $2\sim4\text{min}$；矩形高速气浮负荷参考值为 $18\sim28\text{m}^3/(\text{m}^2\cdot\text{h})$，水力停留时间参考值为 $8\sim12\text{min}$。溶气水泵回流比宜为 10%～20%。混凝剂加药量宜为 10～50mg/L，反应时间宜为 3～5min；助凝剂加药量宜为 0～0.5mg/L，反应时间宜为 3～5min。气浮系统应配置自动预泄压装置，以及防止回流水逆流堵塞气管装置。

（2）混凝沉淀

在二级出水后设置混凝沉淀单元，可进一步去除总磷，实现更高标准的排放。混凝法的基本原理是在废水中投入混凝剂，因混凝剂为电解质，在废水里形成胶团，与废水中的胶体物质发生电中和，形成絮体而沉降去除。混凝沉淀不但可以去除废水中的粒径为 $10^{-6}\sim10^{-3}\text{mm}$ 的细小悬浮颗粒，而且还能够去除色度、油分、微生物、氮和磷等富营养物质、重金属以及有机物等。

在实际工程运用中，大部分污水处理厂采用"聚丙烯酰胺（PAM）＋聚合氯化铝（PAC）"为除磷药剂进行混凝沉淀。PAM 是废水处理中常用的非离子型高分子絮凝剂，分子量为 150 万～2000 万。PAC 是一种无机高分子混凝剂。PAM 具有在颗粒间形成更大的絮体的能力，由此产生巨大表面吸附作用。由于其本身与水中胶体颗粒带有同样的负电荷，所以在使用过程中需与 Al^{3+} 等一些阳离子金属盐配合使用。阳离子的 Al^{3+} 与弱阴离子型聚丙烯酰胺和胶体颗粒间都可发生静电吸附作用，使弱阴离子型聚丙烯酰胺和胶体颗粒的桥联作用加强，产生的絮体更大、更结实，不易破碎。PAM 絮凝机理主要是"架桥"絮凝，通过压缩双电层、吸附电中和、吸附架桥、沉淀物网捕等机理作用，使水中细微悬浮粒子和胶体离子脱稳、聚集、絮凝、混凝、沉淀，达到净化处理效果，可以有效地去除水体中的总磷和磷酸盐。

（3）磁混凝

磁混凝沉淀技术在普通的混凝沉淀工艺中同步加入磁粉，以磁粉作为混凝沉淀的凝结核，并利用磁场作用，提高混凝沉淀和分离效率的强化混凝沉淀分离技术。通过吸附电中和作用，混凝剂水解产生的正离子聚集于带负电荷的胶体颗粒和磁粉颗粒周围，由于静电斥力的消失，胶体颗粒与磁粉颗粒之间以及它们自身之间通过范德华力团聚长大，最后通过絮凝剂的架桥作用，进一步将凝聚体絮凝成大絮团而沉淀，从而达到高速沉降的目的。

应用磁混凝工艺时，水力负荷宜设置为 $15\sim20m^3/(m^2\cdot h)$，絮凝池的设计水力停留时间宜为 $4.5\sim5.5min$。此外，应随时关注磁粉流失的情况，定期补投。

磁混凝沉淀工艺的停留时间较短，包括 TP 在内的大部分污染物出现反溶解过程的概率非常小。投加的磁粉和絮凝剂对细菌、病毒、油及多种微小粒子都有很好的吸附作用，对该类污染物的去除效果比传统工艺要好。磁粉可以通过磁鼓回收循环使用，具有高速沉淀的性能，与传统工艺相比具有速度快、效率高、占地面积小、投资小等诸多优点。

5. 新污染物

（1）污水处理厂新污染物的现状

近年来现代社会的快速发展导致向水环境排放了各类化合物，例如药品和个人护理产品（PPCPs）、类固醇、激素、表面活性剂、全氟化合物（PFC）、阻燃剂、工业添加剂以及它们的中间产物等。这些最近引入或新检测到的有机痕量污染物，一般称为新型微污染物（ECs）或新污染物。新污染物尽管在环境中存在的浓度（范围从 ng/L 到 $\mu g/L$）较低，但是在环境中的持久性以及对人类健康和生态系统的不利影响是它们的显著特征。

污水处理厂进水中的新型微污染物的来源、种类及典型物质如图 3-45 所示。

污水处理厂是世界范围内水生系统中新污染物的主要来源之一。通过 GC/MS 非目标筛选技术，从海口市 2 座污水处理厂的进出水样品鉴定出含有 59 种有机污染物，进出水中的双酚 A 浓度均较高，超过 1000ng/L。通过监测希腊 2 座污水处理厂一年内的进出水样品，发现 172 种新型污染物，其中咖啡因、乙酰氨基酚、厄贝沙坦和缬沙坦是最普遍的化合物，浓度范围从 ng/L 到 $\mu g/L$ 不等；极性化合物在污水处理厂中的去除率均大于 80%。中东和北非地区（MENA）污水处理厂进水和出水中 PPCPs 赋存情况的综述表明，该地区污水处理厂出水中的 PPCPs 浓度小于 7000ng/L，低于 132000ng/L 的进水浓度，

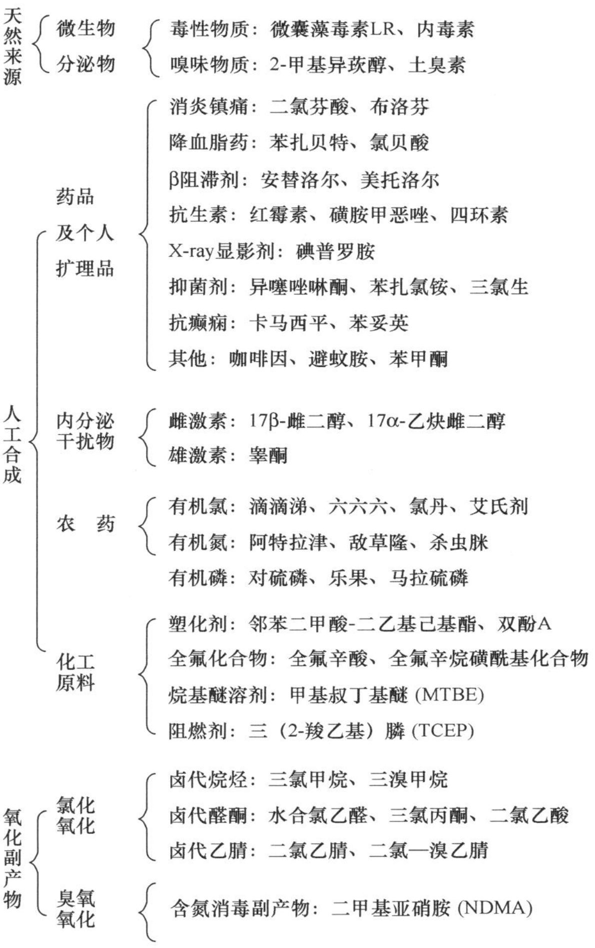

但明显高于 60～2300ng/L 的全球范围水平。有学者研究了污水处理厂中 50 种药物分子、6 种邻苯二甲酸盐和双酚 A 的浓度数据和去除效率，发现污水处理厂对大多数研究的化合物、邻苯二甲酸酯的去除率大于 90%，抗生素的去除率约为 50%，双酚 A 的去除率为 71%，镇痛药、消炎药和 β-受体阻滞剂的去除率最小，约 30%～40%。

为应对当前的 COVID-19 疫情，一些药物正在被大量使用，例如利巴韦林、洛匹那韦、利托那韦、氯喹和雷帕霉素等，已被用作治疗的一部分或作为自我用药（尤其是在医疗保健系统不完善的地方）。这些药物也是水环境中最常见的新兴污染物之一。有学者对这些抗病毒药物在污水处理厂出水浓度进行了预测，结果表明出水浓度预计为 0.0015～0.37mg/L，其中伊维菌素的风险较高。由于新冠治疗在世界范围内仍在大规模持续，因此需要关注抗病毒药物在污水处理厂的赋存情况。

图 3-45　污水处理厂进水中新型微污染物的
来源、种类和典型物质

传统的污水处理厂并不是为去除新型微污染物而设计的，因此大部分具有亲水性、难降解性的新污染物能够穿透污水处理厂而进入自然水体中。水生环境中微污染物的出现经常导致许多负面影响，包括短期和长期毒性、内分泌干扰作用和微生物的抗生素耐药性。ECs 的毒理学作用取决于剂量-暴露关系。例如，长期接触药理活性物质（PhAC），即使是低浓度，也会影响生物体的酶促和代谢机制。有研究报道，长期接触环丙沙星会影响人体免疫系统，大量使用除草剂（如莠去津）可通过阻断钠钾门来干扰神经系统的信号通路，环境剂量的双氯芬酸可能会导致褐鳟鱼肾脏发生炎症等。此外，在某些情况下，代谢物比母体化合物具有更高的毒性。比如，多氟化合物在活性污泥体系中被降解为全氟化合物，导致处理后污水的生态毒性增加。

新污染物在当前的环境法规中通常不受管控，最近才在饮用水中增加了相关的监管指标。虽然大量新型微污染物被排放到环境中，但在很大程度上缺乏基于生态风险评估的控制。因此，在排放污水之前，需要对其进行有效处理以期降低生态风险。

（2）新污染物的去除技术

活性污泥是污水处理厂最常用的生物处理方法之一。与其他非生物技术（如高级氧化工艺）相比，活性污泥成本低，而且操作条件温和。如果新污染物难以生物降解、对微生物有毒或不易吸附到悬浮固体上时，活性污泥将缺乏去除它们的性能。在各种化学技术中，高级氧化工艺（AOP）已被大量研究用于去除新型微污染物。然而，AOPs 也有一些缺点，比如高能量需求、高运行和维护成本，以及在氧化过程中可能形成有毒或持久性副产物等。在物理技术中，膜过滤和活性炭吸附是最有吸引力的两种技术。但是，纳滤和反渗透仍可部分渗透一些痕量有机污染物，并且目前的运营成本很高。

1）生物处理工艺

生物处理系统，如活性污泥法、移动床生物反应器、膜生物反应器和人工湿地等，被广泛用于去除来自废水中的新污染物。生物降解和吸附到污泥固体上在大多数生物处理过程中发挥了关键作用，生物系统中存在的微生物群可以通过代谢或共代谢途径对微污染物进行生物转化。在代谢途径中，微生物利用新型微污染物作为其主要碳源来维持其生物量。在共代谢途径中，ECs 在利用初级碳源的过程中被降解，而不可生物降解的污染物可以通过使用额外的生长基质作为碳源的共代谢途径来去除。有学者发现在 3 种 β-受体阻滞剂（阿替洛尔、美托洛尔和索他洛尔）中，阿替洛尔主要通过共代谢生物降解被去除，其他两种污染物则对污泥固体有更大的亲和力。废水的成分、污染物的理化性质、运行参数、微生物类型和操作条件等几个因素也会影响生物处理对 ECs 去除的性能。

2）化学处理工艺

高级氧化工艺（AOP）通常在污水处理中的生物工艺之后应用。强氧化剂（例如，$OH \cdot$、$O_2 \cdot$ 等）介导的 AOP 旨在增强 ECs 的降解和矿化，或将其转化为毒性较低的化合物。AOP 的不同方法包括臭氧氧化、基于紫外线的氧化、芬顿和类芬顿方法、电化学方法、超声波、光催化、电离辐射和其他组合过程。

臭氧氧化是去除 ECs 研究中最受关注的技术之一。臭氧的应用一般涉及两种反应机制，臭氧的直接反应和臭氧反应过程中形成的 OH 自由基（$OH \cdot$）的间接反应。臭氧选择性地与含有富电子部分的化合物反应，例如苯胺（双氯芬酸、磺胺甲恶唑）、嘧啶（甲氧苄啶）、萘（心得安、萘普生）、芳香环和双键（卡马西平）和叔胺（罗红霉素、红霉素）。美托洛尔、阿替洛尔、氢氯噻嗪和咖啡与臭氧的直接反应速率较低，去除率与臭氧剂量相关，增加臭氧剂量会使去除率增加。臭氧氧化技术与多相催化剂或光催化剂的联合使用，是一种有吸引力的解决方案。与每个单一过程的累加效应相比，两种或多种 AOP 的组合可以得到更高的去除率。广泛使用的催化剂包括过渡金属氧化物、载体上的金属、用金属改性的活性炭和沸石等。也有学者发现可以通过臭氧化快速去除药物化合物如卡马西平和磺胺甲恶唑等，尽管催化剂 γ-Al_2O_3 或 Co_3O_4/Al_2O_3 的存在不会加速它们的去除，但是这些催化剂仍然可以增加这些药物化合物的去除率。

由于单独使用紫外氧化工艺受限较大，因此一般采用 UV/H_2O_2、$UV/$过乙酸（PAA）和光芬顿等工艺。研究显示，使用 UV/H_2O_2 最多可去除 50% 的阿莫西林。传统芬顿法使用 Fe^{2+} 和 H_2O_2，产生 $OH \cdot$ 来降解有机物。传统芬顿法具有成本低、过程简单的优点，但是也存在产生大量污泥以及二价铁再生较慢、需要 pH 低于 4 等缺点，因此，后续出现光芬顿、电芬顿、光电芬顿等技术。据报道，中试规模的太阳能驱动的高级氧化工艺（太阳能光芬顿）处理污水处理厂二级出水时，在停留时间 180min、H_2O_2 投加量为 75mg/L 的条件下，完成了对氧氟沙星和甲氧苄啶的完全去除。

电化学氧化工艺可以从城市废水中去除 ECs。在废水处理中广泛采用电化学氧化的关键挑战有：电极的成本相对较高、出水还有有机氯和溴化物的转化产物等。非均相光催化（特别是基于二氧化钛，TiO_2）消除各种 ECs 已经被广泛研究。ECs 可以被光激发电子或光致空穴形成的自由基降解，也可以通过催化剂表面空穴的直接氧化降解。电化学氧化工艺已在实验室规模和中试规模上采用，主要使用基于 TiO_2 的材料作为催化剂。尽管成功证明太阳能驱动的 TiO_2 光催化过程可有效消除废水中的多种 ECs，但市售光催化剂 TiO_2 的吸收光谱之间窄重叠（UV 范围的一小部分）限制了日光应用。

3）物理处理工艺

近年来，有研究使用各种吸附剂（如金属氧化物、水凝胶、金属有机框架、农业废物、磁性复合材料、黏土复合材料、聚合物复合材料、碳纳米管和石墨烯衍生复合材料、生物质或植物基吸附剂）从单组分系统中去除污染物。由于重金属、染料、杀虫剂、抗生素、个人护理产品等多种污染物在实际废水中共存，这些研究的技术在现实中的适用性仍需要进一步验证。

活性炭是广谱吸附 ECs 使用最广泛的吸附剂，具有高孔隙率、大比表面积和较强的表面相互作用。活性炭根据外观可分为粉末活性炭（PAC）和颗粒活性炭（GAC），根据粒径可分为大孔（$\geqslant$50nm）、中孔（2～50nm）和微孔（0.8～2nm）。PAC 和 GAC 都可以有效去除废水中的 ECs，由于有机材料对吸附活性位点的干扰减少，中孔 AC 最适合去除 ECs。活性炭的吸附效率取决于 ECs 的性质（分子大小、极性、官能团、K_{ow}、K_d、pK_a）、AC（粒径、表面积、孔径、矿物质含量）和环境条件（pH、温度、污水水质）等。

直接在活性污泥池或二级处理系统后（如深度处理中的滤池）中添加 PAC 是 PAC 在污水处理厂中的主要应用。类似地，GAC 可以填充到现有的砂滤器中或作为污水处理厂中滤池上层滤料。有学者通过 MBR 反应器添加 PAC 处理医院污水实现了对特定新型微污染物高达 86% 的去除效率。据报道，在污水处理厂 GAC 滤池出水中，对选定的 ECs（如双氯芬酸）具有更高的去除效率（84%～99%）。

膜过滤工艺，包括正渗透（FO）、反渗透（RO）、纳滤（NF）和超滤（UF）等，已广泛应用于水和污水处理工艺。FO 的主要优点是对于各种 ECs 的高去除率，以及在渗透驱动力下运行而无需液压差。ECs 通过 RO 膜的渗透过程，包括了 ECs 吸附到膜表面、ECs 溶解到膜中，以及随后溶解的 ECs 分子通过膜基质的扩散传输。虽然 NF 膜也可以完全或接近完全去除各种 ECs，但 NF 膜对 ECs 的去除在很大程度上取决于 ECs 的物理化学性质，因此明显受到水质的影响。

研究表明，23 种非离子和离子内分泌干扰物和 PPCPs 的实验室规模 FO 截留率为 40%～98%。截留率主要取决于大小和电荷（80%～98% 为正电荷和负电荷化合物，40%～90% 为非离子化合物）。结果表面相对较小的化合物能够分配到相对亲水的 FO 膜中并扩散通过膜活性层；膜表面污垢层分离并阻碍疏水化合物之间的相互作用，从而增加截留率；FO 膜表面的负电荷引起静电相互作用（即排斥），导致带电化合物的截留率通常很高。

反渗透工艺结合膜生物反应器（RO-MBR）已被有效地应用于原污水和二次污水的处理。RO-MBR 系统表明，在进水中研究的 20 种 PhAC 的总体保留率大于 99%，而单独的 RO 显示出对许多微污染物（例如，阿替洛尔、克拉霉素等）较高的保留率，比如卡马西平（>99%）、磺胺甲恶唑和索他洛尔（>98%），以及抗生素、精神控制和抗炎药（>90%）等，出水均低于检测限（≤10ng/L）。RO 对 ECs 的截留是由目标溶质、溶液和膜本身之间的静电和其他物理力的某种复杂相互作用决定的。

与 FO 膜和 RO 膜类似，ECs 的物理化学性质对 NF 膜的截留也有显著影响。NF 膜对双酚 A 的截留率（74.1%）远低于布洛芬或水杨酸（分别为 98.1% 和 97.0%）。使用中试规模的市政污水处理系统研究了超滤膜（孔径=0.1 μm）对 7 种不同 PhAC 的去除率。在该研究中，除双氯芬酸和磺胺甲恶唑外，大多数目标 PhAC 均未被 UF 膜有效去除（<35%）。

（3）新污染物的去除案例

瑞士的水保护法于 2016 年 1 月生效，旨在通过减少来自污水处理厂的微污染物负荷来改善地表水质量。在接下来的 20 年内，瑞士现有的 700 座污水处理厂中约有 100 座将使用深度处理工艺来实现微污染物的减排。

瑞士 Neugut 污水处理厂的处理水量约为 13000～57000m³/d，进水 COD 的 50% 为工业废水所贡献，主要为食品工业。污水处理厂的最初工艺是初沉池、常规活性污泥、二沉池和砂滤池。常规生物处理反应器的平均 SRT 约为 13d，HRT 为 18h（不计沉淀池 HRT）。常规生物处理后溶解有机碳（DOC）为 3.5～6mg/L，亚硝酸盐低于 0.04mg N/L。2014 年，增加了臭氧化反应器（分为 6 个串联反应器），从液氧罐供给的氧气中产生 O_3，安装在二沉池和砂滤池之间。随后又安装了 4 种中试反应器，包括移动床反应器（MB）、固定床反应器（FB）、全新 GAC 滤池（GAC$_{fresh/OZO}$）和饱和 GAC 滤池（GAC$_{loaded/OZO}$），与砂滤器性能进行比较。此外，在深度处理单元之前，还安装了一个相同中试规模的 GAC 生物滤池（GAC$_{BIO}$）。其工艺流程图如图 3-46 所示。

Bourgin 等对不同单元的微污染进行分析发现，生物处理中几乎完全消除了几种化合物（例如苯扎贝特、避蚊胺、依普罗沙坦、三氯生、甲氧苄氨嘧啶和缬沙坦等）（相对减少量大于 80%），但仍有一半的化合物没有被显著消除（相对减少小于 20%）。在臭氧氧化过程中，ECs 减少的程度随着臭氧剂量的增加而增加。在 0.35gO$_3$/gDOC 的最低特定

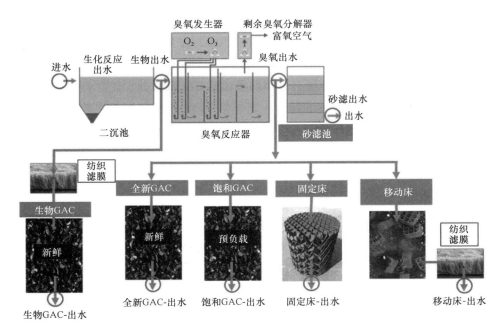

图 3-46　Neugut 污水处理厂深度处理工艺流程图

臭氧剂量下，43 种物质中的 20 种减少了不到 80%。同样，对所选 550 种物质的筛选表明，饱和 GAC 滤池、固定床反应器、移动床反应器等深度处理单元不会显著影响出水新污染物的数量和总浓度。通过上述 3 种深度处理后，平均减排率不超过 5%。在 550 种物质的筛选中，在相同过滤体积时，GAC_{BIO} 和 $GAC_{fresh/OZO}$ 的总浓度下降幅度相当（GAC_{BIO} 为 47%，$GAC_{fresh/OZO}$ 为 41%）。

　　Neugut 污水处理厂二沉池出水后的臭氧氧化处理促使污水处理厂出水中微污染物负荷显著降低。在推荐的臭氧剂量（$0.55 gO_3/gDOC$）下，即使在 $NO_2^- $-N 为 0.2mg/L 的浓度下，指示物质也减少了 80%以上。污水处理厂进水中检测到的一组约 200 种微污染物，在整个处理过程中平均减少量超过 79%。

3.3　城镇污水处理厂降耗增效技术

　　城镇污水处理行业是高消耗能源行业，电能、药耗和燃料是其消耗的主要能源。在污水处理工艺过程中，主要耗能的工艺过程有污泥处理、生物处理供氧、提升污水和污泥等。能耗比例较大的是污水生物处理、污泥处理，特别是生化处理曝气、污水污泥提升的能源消耗较大。典型的二级城镇污水处理厂电耗中，污水提升能耗占总能耗的 10%～20%，污水生物处理（主要用于曝气供氧）能耗占总能耗的 50%～70%，污泥处理占 10%～25%，三者能耗之和占总能耗的 70%以上。因此对污水处理厂能耗进行全流程分析，根据能耗水平、水质状况及设备支持程度等情况，合理制定适合本厂实际的优化运行策略是污水处理厂节能降耗的必由之路。

3.3.1 电能降耗

污水处理厂的设备都是靠电驱动的，电能是进行正常生产的最主要能源。因此节约用电是节能降耗的重要方面，可在以下几方面降低能耗。

1. 优化设备选型

鼓风曝气设备、水泵设备等的能耗占比较大，因此做好水泵和风机的设备选型对节能减排具有重要的意义。

（1）水泵选型

对水泵进行优化选型不仅可减少污水处理投资，同时可以节约能源和降低成本。污水处理厂水泵的优化选型应遵循以下原则：在规定年份内，水泵应满足扬程和流量的技术要求，其运行工作点应控制在高效区范围内；在水泵长期运行的过程中，应使多年平均扬程下的装置保持高效率和低运用费；在校核最高扬程下，水泵能正常高效工作。

水泵选型时，除了根据设计情况选用适合功率的水泵外，还可选用带有变频技术及软启动的水泵。水泵由变频器驱动，根据进水流量变化进行控制，流量传感器反馈信号与流量设定信号输入 PLC 后，经可编程序控制器计算，输给变频器一个转速控制信号。变频器为电动机提供可变频率的电源，使电动机获得无级调速所需的电压和频率，从而直接改变和控制电动机的输出轴功率，保证污水泵机组一直运行在高效区。配备变频器的水泵机组运行效率可保持在 75% 以上。在实际应用中，水泵选型时可根据设计流量将工频水泵与变频水泵搭配使用，从而达到更好的节能效果。因此合理绘制各建筑物的进出水高程、优化污水提升系统、减少提升的水头损失，使水泵维持在高效区间。如果采用提升泵变频技术的优化控制，水泵的能耗相较非变频水泵可节能 12%～40%。

水泵的启动方式有多种，在直接启动时会使系统管道中的流体发生突然变化，产生"水锤"现象，影响管道和阀门寿命。启动过程中产生巨大的起动电流，造成过大的转矩突变，会对电机和叶轮造成严重的影响。此外，若启动频繁还易造成设备损坏。若控制柜带有软启动功能，则可平滑减速；逐渐开关水泵，可克服瞬间断电停机的弊病，减轻对重载机械的冲击，避免高程供水系统的水锤效应，减少设备损坏。如果启动参数可调，可根据负载情况及电网继电保护特性选择，自由地无级调整至最佳的启动电流。

水泵优化选型是污水处理厂优化设计和经济运行的一项重要工作，而且与节约能源，降低成本，提高经济效益都密切相关。首先应确保在设计流量范围内水泵能够高效运行，其次可运用先进而又高效的节能技术对泵类设备进行节能技术改造，从而进一步达到节能降耗的目的。对水泵采用变频调速、优化组合和污水源热泵等先进而又高效的节能技术，可以降低污水处理厂的能耗，节约运行成本，而且会取得良好的经济效益。

（2）风机选型

根据污水处理规模、污水进水水质、处理工艺的不同，污水处理工艺所采用的气源供应方式也有所不同。当采用低曝供气方式时，鼓风机的主要功能为曝气供氧，同时搅拌活性污泥，使之处于均匀悬浮状态，以提高处理效果。常用的鼓风机主要有罗茨鼓风机、离心式鼓风机、磁悬浮离心风机和空气悬浮离心风机等。各类风机各有优势，需要根据污水处理厂的地域、规模、工艺设计、管线系统、投资量等条件，分析和优选合适的风机类型。表 3-13 为各类鼓风机的特点对比。

不同种类鼓风机特点对比 表 3-13

类别	罗茨鼓风机	单级高速离心风机	磁悬浮离心风机	多级离心风机	空气悬浮离心风机
压缩方式	容积型	旋转型	旋转型	旋转型	旋转型
风量控制	既定（不可变）	借助 IGV & VDV 调节风量（50%～100%）	借助变频器调节风量（45%～100%）	借助 IGV 调节风量	借助变频器调节风量（40%～100%）
性能变化	经过一定时间后，转子磨损，效率急剧下降	与时间无关，供应既定流量	与时间无关，供应既定流量	与时间无关，供应既定流量	与时间无关，供应既定流量
电动机种类	感应电动机	感应电动机	高速感应电动机	感应电动机	永磁同步电动机
噪声	100dB 以上	90～95dB	80～90dB	90～95dB	75～85dB
振动	非常严重	严重	无	严重	无
基础及地锚	大型者，需要另行进行基础施工	需要另行进行基础施工	不需要	需要地锚固定	不需要
润滑	需要随时管理/更换油脂或润滑油	属润滑油循环式，需要注意管理	无	油脂或润滑油	无
轴承寿命	1～2 年	5～10 年	20 年以上（半永久性）	2～4 年	20 年以上（半永久性）
电动机启动	直接联机启动；启动电流 10 倍以上	直接联机启动；启动电流 10 倍以上	软启动	直接联机启动；启动电流 10 倍以上	软启动
主应用机型	适宜 50hp 以下小型	适宜 500hp 以上大型	150～200hp	适宜 300hp 以上	50～400hp
价格	低价	高价	超高价	中等	超高价

进行鼓风机选型时，除了根据项目需求进行风机类型论证、核算确定风机参数与数量外，还可选用带有变频技术的鼓风机。采用工频运行方式鼓风机时，可利用主管路的阀门开度调节风量。虽然这样电动机可达到驱动要求，但多余的力矩增加了有功功率的损耗，造成电能的浪费。鼓风机不能灵活调节，会使生物反应器中的溶解氧浓度调节存在很大的滞后性，对整个工艺的运行产生不稳定因素影响。带有 DO 检测系统和变频技术的鼓风机可通过检测曝气区域内实时 DO，连续调节离心鼓风机机组总开度和阀门开度，精细化调控池内 DO，减小水质水量条件变化导致的出水水质冲击，提高出水水质的达标率并降低能耗，大幅度加快系统反应速度，做到鼓风机流量调节次数最少、开关机最少，降低人工操作强度。

2. 优化智能控制系统

20 世纪 70 年代末，国内污水处理自动化控制水平提升较快，基本实现了基础自动化。比如，通过计算机对污水处理单元的过程实施记录和控制，在遇到紧急情况时自动报警。现阶段，通过自动控制系统将位于现场的实时监控设备所显示的工艺参数与运行状态，通过网络传输至控制层，经过数据分析与处理后进行决策，再将结果传输到现场控制设备，完成调控的全过程。

以曝气系统为例。曝气系统作为污水处理去除污染物的核心设备，也是耗电量最大的环节，是节能降耗的重点研究对象。实际工作中发现曝气量偏大或者偏小都会对生化池的反应效果有影响。如若曝气量偏大，则生化池内有机污染物会因 DO 过高而分解迅速，从而致使微生物营养缺乏，活性污泥自我分解，容易引起污泥的自我膨胀，并且高曝气量所带来的电耗增大，增大了能源消耗。相反，如若曝气量偏小，生化池中微生物的生存空间被限制，处理效率也会随之降低影响出水水质。因此，需要设计一套自动控制系统，基于实际的进水水质水量特征和负荷状况，建立污水处理厂的气量分配和控制数字化模型，自动智能分配各个工段的曝气量，使溶解氧浓度处于最佳区域，确保生化反应池高效稳定运行。相比原有系统不进行自动控制，曝气控制系统可使能量消耗降低 15%～20%。

3. 建立健全用电计量、管理及统计制度

污水处理厂站各部门要从基础工作入手，建立主要用电设备监测指标，规范与监测指标相关的原始记录资料的采集、整理和分析工作，对重点用电岗位和设备要加强监管；完善用电统计考核制度，认真执行用电定期统计的报表制度；配备合理的用电计量仪表，加强用电量计量管理；加强用电统计。

污水处理厂可针对一些老旧设备开展节能降耗改造项目，以提高设备的运行效率。例如，给设备增设变频装置，根据设备的实际工作需求提供所需的电源电压，达到节能、调速的目的。

3.3.2　药剂降耗

药剂消耗虽然在整个污水处理厂中所产生的能耗比例不大，但在碳源投加、污泥调节和除磷等环节也存在一定的节约空间。

1. 碳源降耗

如果污水处理厂进水平均 $BOD_5/TN<3$，则生物脱氮碳源缺乏的问题突出，需要采用外加碳源的方式提高生物系统脱氮的能力。目前，污水处理厂解决低碳源污水处理常用的外加碳源有乙酸、乙酸钠等，这两种物质均为易降解物质，本身不含有氮磷等营养盐类物质，分解后不留任何难于降解的中间产物。

城镇污水处理厂的商业碳源多为快速可生物降解有机物，可在 30min 内参与完成反硝化脱氮过程。采用外加碳源强化生物脱氮时，应根据污水处理厂出水 TN 的实际情况，尤其是季节、日和时变化情况，随时调整碳源投加量，避免碳源投加过量造成浪费，并增加后续单元对氧的需求量。首先可以通过选择反硝化效果较好的碳源，然后测定缺氧段末端 COD 和硝态氮确定合适的碳源投加量，以进一步节约碳源用量。

在碳源方面降耗的优化运行原则有：利用进水中的碳源进行脱氮潜力挖掘和药剂种类

比选，减少碳源投加量；应尽量减少预处理段的跌水复氧，降低进水中碳源的损耗率；生化池应尽量满足活性污泥脱氮条件，充分挖掘去除潜力。

2. 除磷药剂降耗

城镇污水处理厂中对磷的去除主要有生物除磷和化学除磷两种方式。生物除磷过程是在生化处理单元中通过聚磷菌在厌氧状态下释磷，在好氧状态过量吸磷，然后通过将富磷污泥排出系统实现污水中磷的去除。由于城镇污水处理厂进水中往往缺乏足够的释磷易降解有机物，通过工艺调控改善生物除磷效果的困难较大，难以单独依靠生物除磷实现稳定达标，因此大部分污水处理厂设置了化学除磷药剂投加单元。目前，常用的化学除磷药剂为铁盐和铝盐，例如：硫酸亚铁、三氯化铁、硫酸铝、聚合氯化铝等。

除磷药剂投加量的确定依据有进水磷浓度、磷种类、设计出水磷浓度、设计除磷效率等。除磷药剂在不同进水水质条件下，最佳除磷药剂种类差异性较大。因此，最终投加量的确定要经过小试和中试的实验确定。确定实际投加量后，可增设自动加药装置，根据水量自动调节药剂投加量，从而进一步达到降耗效果。

3.4　城镇污水处理厂资源化利用技术

我国的污水处理事业起步时间与其他先进的西方国家相比较晚，城镇污水处理厂污水及污泥资源化利用还较为不足。大部分城镇污水处理厂在处理污水时会选择投加碳源（乙酸、乙酸盐）或化学除磷药剂（铁盐、铝盐），处理过程产生的剩余污泥用于填埋或焚烧，不仅增加了运行成本，还造成了二次污染。通过污泥的资源化利用，可以显著减缓上面的不利影响。因此，需大力发展城镇污水处理厂资源化利用技术，提高污水及污泥中资源转化效率，实现污水处理事业的可持续发展。

3.4.1　鸟粪石结晶法磷回收技术

磷是人类和动、植物等生命活动中需要的非常重要的元素，在细胞生命活动中它起着十分重要的用途。磷资源是日益减少的不可再生资源，但同时也会引起水体富营养化。城市污水经过处理后大部分的磷会进入剩余污泥中，可以考虑从污泥中利用新技术"回收磷"，来替代传统工艺的"去除"磷。

磷回收的方法有很多种，主要有：化学沉淀法、吸附/解吸附法、生物法和结晶法等。目前，鸟粪石结晶法磷回收技术已经得到普遍的认可，很好地去除废水中的氮和磷。鸟粪石的分子式是 $MgNH_4PO_4 \cdot 6H_2O$，缩写为 MAP。鸟粪石结晶法能够通过向待处理的废水中加入镁盐和铵盐，与水中的正磷酸盐发生反应，即可生成磷酸铵镁沉淀。其化学反应式如下：

$$Mg^{2+} + NH_4^+ + PO_4^{3-} + 6H_2O \longrightarrow MgNH_4PO_4 \cdot 6H_2O \tag{3-6}$$

影响磷酸铵镁结晶的影响因素有反应时间、pH、离子摩尔比、过饱和度、温度等。目前大部分的研究表明鸟粪石结晶反应的优化条件为 pH＞7、镁：氨：磷酸根摩尔比为

1:3:1，反应时间则受晶体的成长速度及其成核速度的影响。鸟粪石结晶法能够回收污泥和污水中的磷，反应时间短、操作过程简单、反应较容易控制、适应范围也较为广泛，因此具有良好的应用前景。

3.4.2 污泥厌氧消化技术

污泥厌氧消化是通过分解污泥中有机质，得到可进行能源利用的生物质燃气。通过利用不同的厌氧消化工艺和菌种，可产生如 CH_4、H_2、C_2H_5OH 等不同的代谢产物。厌氧消化处理污泥具备可持续性，其不仅能降解污泥中的有机物质、消除气味、提高污泥的卫生水平和稳定性，还可以回收污泥中的 N、P 作为肥料原料，同时产生沼气、氢气，回收能源，实现污泥的资源化、稳定化和减量化。因此，剩余污泥的厌氧消化具有稳定化污泥、回收能量、回用作农肥等显著优点。

污泥厌氧消化过程主要分为水解阶段、酸化阶段、产氢产乙酸阶段、产甲烷阶段四个阶段。水解阶段相应的水解菌分泌胞外酶中的水解酶（淀粉酶、蛋白酶和脂肪酶），水解不溶性的有机化合物。酸化阶段时酸化细菌将水溶性化合物分解成短链有机酸（甲酸、乙酸、丙酸、丁酸和戊酸）、醇（甲醇、乙醇）、醛、二氧化碳和氢气。产氢产乙酸阶段中，产乙酸细菌（互营单孢菌属和互营杆菌属）转化酸化阶段的产物得到乙酸和氢气，可以继续被产甲烷菌利用。产甲烷阶段则是产甲烷菌利用前几个阶段的产物合成甲烷。产乙酸阶段决定了沼气生产的效率，因为约 70% 的甲烷由乙酸的还原产生。

如果能控制厌氧过程的不同阶段时长及反应效率，则可得到不同的资源产物，由此可以发展为厌氧产沼气、产氢、产酸等专项技术。例如污泥制氢技术近年来逐渐引起国内外学者的重视，利用污泥制取氢不仅可以将在城镇污水处理中产生的大量剩余污泥无害化、减量化，从而减少对环境的污染，还可以产生氢气缓解能源危机。污泥制氢是污泥消化稳定技术和厌氧发酵制氢技术的结合，具有消除环境污染和获得清洁能源的双重意义，而且原料来源广泛，廉价易得，具有发展潜力。

我国城镇污水处理厂污泥多，污泥厌氧消化的推广空间巨大。污泥厌氧消化推广的主要问题是规模较小、投资高、技术复杂、维修量大等，而沼气利用途径单一、市场化困难削弱了工艺的优势。因此需要降低投资、简化运行和提高沼气及其他产品利用的效益，加速研究配套政策，才能改变投入高、产出低的现状，使污泥厌氧消化成为污泥处理的主流工艺。

3.4.3 污泥热解技术

热解技术在许多领域都有应用，炼钢时的焦炭就是热解的产物。但热解用于污泥处置是在德国科学家 Bayer 和 Kutubuddin 对污泥热解进行深入研究提出了低温热解制油后，才开始受到了大家的关注。经济分析表明，污泥热解比焚烧更加有应用潜能。污泥热解不仅可以大幅减少污泥量，还具有二次污染少，成本较焚烧低，且适应各种规模的污泥处置等优点。污泥热解可以实现污泥的资源化，热解残渣可以用来作吸附剂，热解气和热解油作为能源收集利用。我国在污泥热解方面起步较晚，但是发展迅速，已经涌现出了许多新的污泥热解工艺，如微波热解工艺和超临界热解工艺。

污泥热解的原理就是将污泥在无氧或缺氧条件下加热，使之转变成气态、液态和固态的产物的化学过程。污泥热解是非常复杂的化学反应过程，其中包括了大分子的断裂、小分子的聚合以及异构化等复合反应。一般将污泥热解分为 3 个阶段，第一阶段污泥中含有的水分析出，第二阶段为挥发成分析出阶段，第三阶段为焦炭燃尽阶段。随着热解的温度不同，产物的产率也会不同。根据产物产率的不同，有时将第二和第三阶段称为产油和产气阶段。

与焚烧相比，污泥热解的主要特点有：①污泥的减容率虽然不及焚烧，但仍可达到 50％以上（视污泥性质而定），同时污泥热解产生的飞灰更少。②污泥热解不会产生二噁英等有毒物质，而且对污泥中含有的重金属起到了很好的固定作用。③污泥热解产物可以实现资源的有效回收，液体可以用来作为燃料油，残渣用来作吸附材料或燃料，气体作为燃气储存。④污泥热解设备占地小、投资省、适应性更强。⑤热解在无害化处理污泥的同时，实现了资源的回收。

3.4.4　污泥材料化技术

城镇污水处理厂剩余污泥中含有约 30％无机物以及 Al、Si、Ca 与其他微量元素，是制砖、制水泥的理想原料。污泥经过焚烧后添加木屑、玻璃纤维等物质，可以压制板材以及用于铺路和填坑。目前污泥材料化技术主要有以下几类：

1. 合成水泥

从污泥中的化学成分上看，灰分化学性质与黏土十分相近。因此城镇污水处理厂中的污泥灰分可以直接代替黏土作为水泥的生产原料，污泥进行煅烧后则可当作水泥熟料进行使用。作为水泥熟料时，污泥的煅烧温度要求较低，在污泥资源化利用的同时还可节约能源。目前此项技术因制作成本较高，在我国的推广应用还有一定的制约性。在未来的技术发展中，还需要不断改进工艺，降低成本。

2. 制备陶粒

污泥陶粒制备原理是利用在污泥中加入黏合剂与改良剂，使之形成陶粒。这个过程需要经历的步骤较多，如混合、造粒、焙烧和冷却等。采用污泥制备的陶粒，化学性质也较为稳定，可以满足陶粒产品需求。

3. 吸附材料

活性炭是目前废水处理中应用最广的吸附剂之一，但价格昂贵，因此研制新型廉价吸附材料是技术研究的重点。城镇污水处理厂污泥是一种可以制备活性炭的廉价材料。使用污泥制备的活性炭具有发达的微孔结构和较大的比表面积，对印染废水、重金属废水等处理效果较好。目前污泥活性炭的制备有物理化学法、催化活化法、超临界技术、微波加热等方法。利用污泥进行活性炭等吸附材料的制备，不仅可以实现污泥的资源化利用，还降低了废水活性炭工艺的处理成本，值得大范围推广使用。

4. 污泥制砖

污泥在经焚烧后的泥灰与黏土成分相似，因此可以通过焚烧污泥和污泥干化两种方法来实现污泥制砖。利用污泥制砖有 3 点优势：一是烧制过程中，污泥内的有机物质也会燃烧，从而节约燃煤；二是基本可以杜绝二噁英等有害气体的产生，且重金属经过高温稳固，不会再次污染环境；三是污泥掺入砖坯后没有炉渣问题，可节省后续处理费用。

3.4.5 耦合蛋白质与磷氮回收技术

耦合蛋白质与磷氮回收技术包括以下步骤：通过生物絮凝沉淀工艺使得城镇污水中的有机污染物在短时间内尽可能地转移到污泥中；通过絮凝污泥定向酸化工艺为深度除磷脱氮膜生物反应器工艺提供优质碳源，进而获得富含氮磷的活性污泥；最后通过污泥高效水解和蛋白质分离提取技术，实现污泥资源化利用。

污水处理厂每天产出大量剩余污泥，通常定期运送到垃圾填埋场填埋，或将剩余污泥自然风干脱水后焚烧供热，或用于发酵产沼气。一方面，这些处理处置方式成本较高，效果不理想，同时处理过程中污泥所含有害成分易对环境造成二次污染；另一方面，污泥含有丰富的可利用有机物，如蛋白质、可溶性多糖等，蕴藏着大量热能和资源。我国城镇污水处理厂剩余污泥中粗蛋白有时高达 40%，其中包括微生物蛋白质和胞外聚合物蛋白质两种。若能将污泥中的蛋白质和磷有效提取出来，则是将污泥资源化利用的一种有效方式。目前已有多种方法可将污泥中的蛋白质分离提取，包括物理（高压喷射法、热解法、超声破碎等）、化学（碱法、酸法、臭氧处理等）和生物（酶法）等方法。耦合蛋白质与磷氮回收技术可以缓解我国污泥产量大的问题，提高污泥及污水中资源再利用率，因此具有一定的应用前景。

3.4.6 水源热泵技术

生活过程的热量输入导致污水排放出口温度（平均为 27℃）比自来水温度高出 2～17℃。因此污水余温所含热能较多，约占城市废热排放总量的 15%～40%。城市污水四季温差变化不大、流量稳定，具有冬暖夏凉的特点，可以成为居家、楼宇空调的冷热交换源。水源热泵技术是以城市污水作为提取和储存能量的载体，借助热泵系统，消耗少量的驱动电能，从而达到制冷制暖效果的一种创新技术。根据利用水源的不同，可以分为原生污水源热泵与污水处理厂出水水源热泵。

1. 原生污水源热泵技术

城镇污水处理厂往往位于城市人口较为稀少、地址较为偏僻的地区，开发水源热能应用有一定的局限性。对于距离污水处理厂较远，但供冷或供热需求集中且量较大的商业区或者住宅区，可沿途利用污水管网中的原生污水。污水管网中的原生污水水量较大，水温较为稳定，是良好的冷热源。但是，污水的水质较差，水中颗粒污杂物较多，通常不能直接利用，需要通过设置污水换热器，利用中介水提取其中热量之后，再进入热泵机组实现供能。

与传统供能技术相比，污水源热泵技术具有节电、节水、节初投资、环保等优势。以西安土门商圈区域集中供暖（冷）项目而言，采用污水源热泵系统满足区域内 312 万 m^2 建筑面积的供热（冷）需求，与传统的"冷水机组＋燃气锅炉"的供能形式相比，每年可节约 6783tce、16910t CO_2、112t SO_2、105t NO_x，以及 65t 烟尘，带来了明显的经济与环境效益。

在冬季时，大规模管道原位在线利用污水热能，可能不利于随后进入污水处理厂的生物处理设施，导致生物处理冬季运行时的效果变差。例如，北京地区冬季进入污水处理厂的水温最低为 12～14℃，如果前端管道普遍在线取 5℃温差用于热泵交换热量，则会使取用热量后进入污水处理厂的进水温度降至 10℃以下，对生物处理过程造成负面影响。

2. 污水处理厂出水水源热泵技术

污水处理厂的出水比原污水具有更高的潜热值，通过水源热泵系统提取热能也相对容易。污水处理后在出水口利用热能对冬季污水处理运行没有任何影响。与原生污水源热泵相比，出水的水源热泵技术原理相近，但由于水质更为洁净，可以直接进入热泵机组，因而投资更省，热效率更高。

在污水处理厂集中回收热能的缺点是交换出的热量消纳问题。需要在厂内和厂周边找到稳定的热量消纳用户，比如周边住宅或工企空调热量交换。从污水处理剩余污泥终极处理、处置角度，交换的热量也可用于污泥热干化后焚烧。

第4章 排水管网—污水处理厂网联合运行管理

4.1 厂网一体化联合运行概述

4.1.1 厂网一体化运行的要求

为了改善城市水环境，需要提高城镇排水系统综合处理效率，也就要求在识别城镇排水系统工作瓶颈难点的基础上，对城镇排水系统进行厂网一体化的综合管理。住房和城乡建设部、生态环境部和国家发展和改革委员会三部委联合印发《城镇污水处理提质增效三年行动方案（2019—2021年）》（以下简称《行动方案》），要求"树立系统观念，推动厂网河（湖）一体化"。

《行动方案》提出：充分认识并遵循污水治理的科学规律，在积极推行污水处理、管网收集和河湖水系"厂—网—河（湖）"一体化运作的基础上，统筹安排全系统内部各单元各模块的建设、管理和整治。这是因为"水体污染表现在水里，但根源在岸上，核心在排水管网"。因此，需要树立系统观念，进行整体谋划，提高对污水收集处理设施和黑臭水体治理工作的整体认知，从城市、区域乃至流域角度进行综合管理，统筹实施。

目前，污水收集处理系统还存在一些"老大难"的问题，需要依靠厂网河湖一体化的改革措施进行破解。比如，排水管网建设滞后于城市发展；城中村、老旧城区和城乡接合部等存在部分生活污水直排和水体黑臭多发；排水管网的管理和运维机制不完善，存在管网破损错位、错接混接、淤积严重等问题；地下水、雨水入渗等原因导致污水收集处理设施效益不高，难以发挥应有的作用。

由于缺乏厂网一体化的系统思维和管理机制，过去导致了排水管网和污水处理厂的碎片化运行维护，为运行管理带来了很大挑战。比如，管道错接混接，坡度不对，甚至倒坡；清淤维护修复不及时，相互推诿，主体责任不清；污水偷排、超标排放难以管理等；污水处理厂进水污染物浓度偏低，污水处理"花钱不讨好"；有时又出现工业废水超标纳管的现象，影响城镇污水处理厂的稳定运行，也制约了污泥处理产物的资源化利用。

4.1.2 厂网一体化运行的必要性

排水管网的水量水质扰动是影响厂网运行效能的主要问题，而排水管网的入流入渗是导致管网水量水质波动的主要诱因。排水管网入流入渗会增加管道流量，对污水处理厂增加不必要的负荷，同时入流入渗情况导致管网溢流、管道壅水、运行故障，对处理设施造成额外的需求，增加运行成本。当管网中的流量超出了管网的容量，就会以溢流的形式体现出来。这些溢流的污水会淹没街道，污染邻近的河流，也能导致污水处理厂严重的运营问题。

国内外比对情况看，欧美等发达国家开发了适用于国外管网环境条件的模型与方法，同时也开展了不同区域的诊断评估工作。如欧洲一些城市的入流入渗率研究，德国的柏林为 5%、格拉德贝克为 27.6%、洛克维茨为 57%；法国的里昂白天为 38.0%±12.4%、夜间为 56.0%±15.4%；意大利的罗马为 36%～72%；英国的伯克姆斯特德为 14.3%～62.5%。我国相关的研究工作开展较少。盛政等研究了国内西南部某城市的入流入渗，得出大约有 6% 的雨水进入了污水管网。毛建军等人研究了宜兴市的入流入渗情况，发现入流入渗量在部分监测点占到总流量的 35%～55%。此外，还有一些文献进行管网的雨污混接问题造成的雨水管网与污水管网之间流量相互转移的研究，但其研究重点多为污水管网对雨水管网的流量和水质的影响。

根据我国《城镇排水统计年鉴》的数据，截至 2017 年年底，我国共有城镇污水处理厂 4205 座，总处理能力为 1.87 亿 m^3/d，全年污水处理总量约 562 亿 m^3，城市污水处理率已达到 94.54%。污水收集系统与处理系统缺乏联动，污水水质水量冲击明显影响污水处理厂的运行稳定性与经济性。提升厂网一体化运行调控能力是提升排水系统区域减排能力与系统处理效能的必要途径。为了克服上述问题，我国水污染控制与治理重大科技专项等支持了一系列研究项目，探索和示范了基于厂网联动与联合调度、高标准稳定达标的污水收集和处理技术体系，实现了污水处理厂冲击预警、污水处理厂的稳定达标、节能降耗、污泥的安全处理与处置，以及在污水处理厂稳定达标基础上进一步提高出水水质、加强污水高标准处理以保证污染物减排与水资源回用。

4.1.3　厂网联合运行的方法概述

近年来，国内多地已进行污水处理厂网一体化工作的积极探索。以下介绍安徽省池州和阜阳、上海市等地的典型案例。

1. 安徽省的厂网一体化方案

2014 年 12 月，安徽省池州市住房和城乡建设委员会与社会资本深圳市水务（集团）有限公司签约，推动主城区污水处理及市政排水设施的 PPP 项目。该项目主要特点可归纳为"三合一分"：市县整合、厂网整合、资产整合、建管分离。该项目列入财政部第一批 PPP 示范项目，是全国 7 个 PPP 经典案例之一，称为"池州模式"。2015 年 12 月，安庆市住房和城乡建设委员会与北京城市排水集团有限责任公司签署了《安庆市污水收集处理厂网一体化 PPP 项目协议》。项目整合政府投资建设或运营管理的污水处理厂、配套污水管网及污水泵站，以及 PPP 项目合同约定的未来新增或续建的厂、网设施交由社会资本与市城投公司组建的项目公司投资、建设、运营和管理，实现污水全收集、全处理。该项目是 2014 年财政部公布的 30 个示范项目之一。

2021 年阜阳市人民政府办公室关于印发《阜城污水处理提质增效专项行动（厂网河站一体化）工作方案》，按照"厂网河站一体、建设运维管理一体、城乡一体"的理念，统筹开展水污染治理、水生态修复等工作。通过现状摸底、系统治理、标本兼治、示范推广，促进城镇污水全收集、收集全处理、处理全达标以及综合利用，确保阜城污水治理取得明显成效。阜阳市采用特许经营合作模式推进阜城污水处理提质增效（厂网河站一体化）项目建设（包括盘活存量资产），特许经营期限 30 年。根据《基础设施和公用事业特许经营管理办法》（六部委令第 25 号），明确市城管执法局作为该项目提出部门，市发展改革、财政、城乡规划、自然资源规划、环保、水利等部门对特许经营项目实施方案根据职责提出书面审查意见。市城管执法局负责审定该实施方案，报市政府同意后实施。市城管执法局作为项目实施机构，市建投集团作为政府方出资代表。

2. 上海市的厂网一体化要求

2020 年 4 月 10 日，上海市水务局发布了《关于开展排水系统"厂、站、网"一体化运行监管平台建设的实施意见》，以落实《上海市城镇污水处理提质增效三年行动实施方案（2019—2021 年)》（沪水务〔2019〕1383 号）。实施意见要求：建设覆盖市、区两级排水体系的排水运管平台，实现排水设施"智能监测、系统运行、科学调度、全程管控、节能减排"，保障城市防汛和排水安全，巩固和提升水环境整治成果。

2021 年全面建成市、区两级排水运管平台。排水运管平台包含排水综合监控、排水运行调度、数据统计分析、全过程管理、辅助决策支持等功能模块，主要服务于排水管理部门对排水设施运行的监管和应急调度，应具备设施运行过程监控、调度管理、数据统计分析和辅助决策等功能，建设要求见《排水运管平台建设技术要求》。

2021 年年底完成全市监测站点建设和数据接入工作，基本建成覆盖全市的排水设施监测体系。该体系按照"一张图看到底"的设计思路，从行政区、排水支线、排水系统 3 个层面进行一张图监控。排水设施监测站点建设主要为了采集排水设施运行和主要设备工况数据，为排水运管平台提供信息支撑。主要建设内容：完善污水处理厂进水井水位、进出水流量、进出水水质监测；完善排水泵站泵机开停和集水井水位监测；建设雨、污水管网水位和污水支线流量监测等。在排水设施运行方案数字化基础上，精细化监控各类设施日常运行状态，核查和规范设施管理人员操作，并对不当操作进行实时报警。应按照《水务管理信息标准》要求及时、准确、完整地接入数据，建设要求见《排水设施监测站点建设技术要求》。

2021 年年底建成覆盖本市中心城区和郊区城镇化地区的排水模型。模型构建应遵循近、远期结合的原则，近期应构建包括地表产流、汇流、管道流在内的排水模型，远期增加水质模拟等功能，为排水运行调度方案制订等工作提供技术支撑，建设要求见《排水模型建设技术要求》。

4.2　厂网一体化联合运行排水系统的优化控制

4.2.1　厂网一体化联合运行的概念

1. 城市水循环的系统认识

厂网一体化联合运行是城市水系统运行循环的一个重要环节。简单来说，厂网一体化联合运行，就是将过去分割管理的排水管网和污水处理厂进行关联和运行。

2016 年，任南琪院士在第六届中国水业院士论坛上提出"城市水循环的 3.0 版本"。3.0 版本是灰色＋绿色的系统，在污水资源生产、生活和生态回用及梯级利用基础上，充分利用城市水体的生态净化功能，再加上海绵城市设施对雨水的收集与利用等，同时减轻城市"逢雨必涝"等水安全问题。面对水安全风险、水生态破坏、水资源短缺、水环境污染等问题决不能分而治之，都纳入"海绵城市建设"中。

2018 年，任南琪院士在第八届中国水业院士论坛上提出"城市水循环的 4.0 版本"，即在海绵城市建设和黑臭水体整治过程中，以习近平同志提出的三个自然为指导、以水循环系统为关键、以城市功能为切入点，整体解决好水资源、水安全、水生态、水文化、水环境的质量问题。城市水循环系统 4.0 版本包括暴雨径流管理、黑臭水体整治、污水处理。小排水系统渗、滞、蓄三点比较完善，但河流治理、排水系统和整个管道承受能力是有限的，需要通过源头治理减少量，减少排水管道系统的负担。大排水系统设计运行要考虑初雨净化的问题，最好蓄和疏。黑臭水体治理是一个很复杂的工程，应该通过多种措施保障生物净化、生态景观、泄洪排涝三方面的功能。

2. 智慧水务视角下的厂网一体化控制

厂网一体化控制是实施智慧水务的关键支点。图 4-1 显示了奥格公司的智慧水务概念图，通过模块化控制技和智慧化管控，实现了水安全、水环境、水生态的综合效益。基于"资源整合、信息共享"的思路，形成统一的水务数据标准、系统接入标准，构建水务基础信息资源的集中存储与规范存储、统一管理和共享应用平台，为水务应急提供综合信息共享和应用支撑服务。

4.2.2　排水管网运行调度的模型方法

1. 排水管网模型的重要意义

城镇排水管网是城镇基础设施的重要组成部分，在市政建设中占有十分重要的地位。长期以来，由于存在着诸如资金短缺、重视污水处理设施建设轻视管网建设、重视新管网建设轻视老管网改造等问题，导致地下排水管线的新旧层次和积累问题异常突出。近年来国家已经开始重视管网设施改造，各地也加大了改造力度，积极推进排水设施建设。地下管网设施掩埋于地下，具有隐蔽性，故排水管网改造是一项复杂而艰巨的工程，亟需先进技术的创新和引导。

图 4-1　智慧水务概念图

目前传统的排水管网改造设计一般只考虑静态情况，根据当地用水情况选取相应的设计参数，校核现状排水管道及确定设计排水管的过水能力。这种传统设计方法的局限性在于忽略了排水过程中的水量随时间的变化关系，没有将排水管网对整个排水过程的响应关系完整表达出来。利用排水系统水力模型，对不同设置情景下系统的运行过程真实再现，可以确保改造策略的科学有效，为排水系统的改造优化提供了依据。

为减少溢流污染，提高排水系统安全性，以往解决的方法往往是投入大量的资金，耗费大量的人力物力进行工程性改造，如将合流制改造成分流制、修建调蓄设施等。这些工程性改造措施往往投入巨大，而且不适合应用于建筑密度较大、人口密度较高、地价昂贵的中心城区。因此，工程师们开始把目光投向排水系统的优化控制，通过统一优化调度，将排水系统中的每一个设施都发挥最大潜能，以提高排水系统性能。

维持排水系统运行稳定，充分发挥各部分功能是排水管理长期面临的要求。计算机辅助模型可以深入理解排水系统水力状态，对不同降雨场景下污水收集系统的响应状态仿真模拟，准确模拟超载流态，识别系统性能缺陷和诱因，为排水系统改造工程实施提供科学支撑。运用计算机水力模型可以真实再现系统在特定暴雨系统的实际操作，比对不同调控或替代方案的运行效果，制订设计暴雨条件下系统运行预案，在系统运行状态仿真、识别、预测、优化方面可以发挥不可替代的作用。

2. 厂网一体化运行的模型工具

厂网一体化的模型工具有不少，比如国外的 SWMM、Mike Urban 等。国内近年来发展了一些模型类工具，比较有代表性的是市政华北院智慧水务分院开发的 Simuwater 软件。在小尺度排水系统模拟方面，实现海绵城市项目精细化辅助设计；在中尺度排水系统模拟方面，实现排水系统运行和调度评估；在大尺度排水系统模拟方面，实现流域级水量水质综合模拟评估。

Simuwater 是国内首款国产"源—网—厂—河"一体化模型软件，适用于河湖流域、源头设施的精细化设计运维等水环境治理任务。其中的"源"包括 LID 设施、汇水区精细模拟，"网"包括管网、调蓄设施、节流设施全流程模拟，"厂"包括污水处理厂、分散净化设施的全工艺模拟，"河"包括河湖水系、生态景观的综合模拟。

该软件耦合了多种模拟原理，将机理模型与概化模型动态耦合，可自由选择非线性水库、马斯京根、曼宁公式、CSTR 等十余种模拟方法，兼顾模拟速度和精度，实现分钟级高精度滚动模拟，为 Python、Matlab 等程序提供丰富接口。软件涵盖丰富的规划—设计—运行辅助决策，如排水防涝、海绵城市、黑臭水体等系统方案，海绵项目、调蓄设施、排水管网等辅助设计，"源—网—厂—河"一体化策略优化调度，"源—网—厂—河"一体化实时控制。基于监测数据和模拟预测数据，结合优化算法，为排水系统的多目标运行控制制订最优调度方案。

Simuwater 包含 34 个模拟数据块（图 4-2），通用设置负责项目基础通用参数的设置，

序号	标题	释义	描述
1	[DEscriptION]	项目描述	
2	[GENERAL]	通用设置	设置通用选项，如模拟起始时间、结束时间、步长等
3	[RAINGAGES]	雨量计	设置雨量计参数，如雨量计类型、采样步长、采样时间序列等
4	[EVAPORATION]	蒸发	设置蒸发固定值或蒸发月均值
5	[SUBCATCHS]	子汇水区	根据通用设置中的径流演算方法选择项，设置子汇水区水文属性
6	[JUNCTIONS]	连接点	设置连接点
7	[TANKS]	集水池	设置集水池属性，如形状曲线、启闭液位等
8	[OUTFALLS]	排口	设置排口
9	[SPLITTERS]	分流器	设置分流器属性，如分流至何链接、分流量等
10	[INFLOWS]	直接入流	设置节点直接入流，包括水量/水质或污染负荷
11	[DWFS]	旱季入流	设置节点旱季入流，包括水量、水质
12	[PIPES]	管渠	设置管渠属性，如上下游节点、马斯京根参数等
13	[PUMPS]	水泵	设置水泵属性，如上下游节点、工作曲线等
14	[CONNECTIONS]	延滞连接	设置延滞连接属性，如上下游节点、延滞时间等
15	[WEIRS]	堰	设置堰属性，如上下游节点、尺寸、出流参数等
16	[CONTROL_RULES]	控制规则	设置控制规则，语法为IF…THEN…ELSE…PRIORITY…
17	[SWMM_INPS]	SWMM	设置SWMM输入文件路径、接入接出节点和对应链接
18	[REACTORS]	反应器	设置反应器基础属性，如反应器类型、设计类型、设计能力等
19	[REACTORS_DECAY]	反应器污染物衰减	设置反应器污染物衰减方式及参数
20	[REACTORS_EMPTYING]	反应器排空	设置反应器排空参数
21	[POLLUTANTS]	污染物	设置污染物参数，如湿沉降浓度等
22	[DECAY_COEFFICIENT]	污染物衰减系数	设置集水池、管渠、LID的污染物衰减方式及参数
23	[INITIAL_CONCENTRATION]	污染物初始浓度	设置集水池、管渠的污染物初始浓度
24	[LANDUSES]	土地利用	设置土地利用类型
25	[CONVERAGES]	下垫面覆盖	设置子汇水区下垫面覆盖，即土地利用类型构成
26	[BUILDUPS]	污染物累积	设置污染物指数累积参数
27	[WASHOFFS]	污染物冲刷	设置污染物冲刷参数，有两种方法：EMC和指数
28	[LOADINGS]	污染物初始负荷	设置子汇水区污染物初始累积负荷
29	[LIDS]	LID单元	设置LID单元结构体构成及参数
30	[LID_GROUPS]	LID组	设置子汇水区LID单元面积、宽度、收集范围等
31	[LID_MONOS]	LID单体	设置LID单体雨量计、面积、宽度、盲管出口等
32	[CURVES]	曲线	设置集水池形状曲线和水泵工作曲线
33	[TIMESERIES]	时间序列	设置时间序列，供雨量计参考
34	[PATTERNS]	时间模式	设置时间模式，供旱季入流、污染物衰减等参考

图 4-2　Simuwater 模拟数据块

应用于全局；可视化对象可完成城市水系统要素的空间拓扑构建；非可视化对象负责提供可视化对象计算所需水量、水质的数据参考或来源，实现设施、条件的完全表达。

Simuwater 拥有丰富的运算机理与扩展空间，高可靠性应用保障。以 SWMM 模拟结果作为参照，Simuwater 的模拟结果差异不超过 3%；可与实际监测数据相互比对，验证模拟可靠性，提升模拟实际应用价值。经多场次降雨模拟结果与监测结果比对，Simuwater 的模拟结果趋势与监测数据一致，过程线、峰值拟合度较高，模拟结果可靠、稳定（图 4-3）。

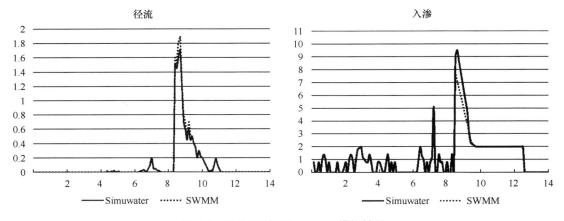

图 4-3　SWMM 与 Simuwater 模拟结果

Simuwater 是实时控制决策的"大脑"，可以发挥多种作用：①在规划设计阶段，为设施的尺寸规模和基本的运行控制规则决策提供辅助分析，全面分析系统匹配性，提供基础新/改/扩建方案；②进行神经网络预测，并依据多约束条件及控制目标利用遗传算法进行控制目标的优化，制订实时优化调度策略，该策略可作为调度建议下发给运维人员；③优化后的模拟控制软件可用于各排水设施的实时控制，并针对项目运营所设定优化目标进行实时优化调度。

4.2.3　排水管网运行调度的实时控制

1. 排水管网运行调度实时控制的意义

传统的粗放式管理方式已经难以适应复杂的城镇排水系统。水力模型则能优化排水系统的设计和管理，提高系统的可靠性和环境友好性，为复杂的系统管理提供了高效的手段，已经被公认为是诊断系统运行性能、预测排水系统雨天响应、评估不同控制策略对溢流削减效果的重要工具。美国环境保护局鼓励合理有效地运用模型，评估溢流污染控制效果、制定溢流污染控制长期规划。监测手段和传输技术的日趋完善为模型应用创造了必备的基础环境，排水管网设计和管理要求的日趋提高使得计算机水力模型成为排水系统科学管理的重要辅助。

实时控制（RTC）措施在城镇排水系统中的应用，不仅大幅减少了城市洪灾频率，还控制了合流制溢流的排放量，减轻了对环境的影响。Duchesne 认为 RTC 的性能取决于控制决策作用于未来排水系统的应用效果的预测。由于 RTC 的预测性，因此需要将预计参数输入系统，通过模型模拟排水系统并评价预定控制措施对未来系统状态的影响，通过不断地评价，选取最优的控制方式运用于实际系统。由此可见水力模型在 RTC 中扮演着重要的角色。目前，RTC 已在欧美大城市得到了广泛应用，在控制合流制溢流的排放量中发挥了重要作用。如德国柏林，在对现状排水系统修复和评价的基础上，发起了旨在加强整体实时控制的集成排水系统管理（ISM）工程，该工程通过将各自排水区域的模型集成到操作决策支持系统内，优化整个系统内贮存和处理的污水体积，达到合流制溢流的减量排放，减小对环境的影响。

2. 排水管网实时控制的模型与技术

20 世纪 60 年代末，学者开始研究排水系统的实时控制方法，以 SWMM（Storm Water Management Model）为代表的排水管网模型也随之出现。到 20 世纪 80 年代，欧美发达国家的排水系统日趋完善，合流制系统溢流（CSO）逐渐成为水污染的主要原因。因此，早期的合流制排水系统的运行以充分发挥管网系统在线调蓄能力，尽量避免和减少 CSO 为主，同时兼顾内涝控制，实时控制算法则以规则控制（Rule Based Control，RBC）为主。

排水管网实时控制技术的发展历程大致可以分为三个阶段：管网 CSO 和内涝控制阶段、厂—网联合优化控制阶段、水系统综合控制研究阶段。从整个发展历程来看，实现实时控制的关键技术包括工艺和策略、控制模型以及控制算法。

（1）在线控制工艺和策略

管道在线控制主要是充分利用管网剩余空间进行水量调度，适用于管网存在充分可用空间的情况，尤其是在下游存在瓶颈的情况下，对上游设施进行流量动态控制，实现削减 CSO 和城市内涝的目标。

20 世纪 90 年代，哥本哈根在管道关键部位安装闸门和带有逻辑运算能力的控制器，根据降雨量和下游管网水位控制闸门启闭，尽可能使下游不发生溢流。第一阶段实时控制实施后，CSO 削减 80%，排空时间由 40h 减少到 2~3h。加拿大魁北克 Westerly 排水系统对 3 条截流干管和 2 条地下隧道进行在线控制。控制中心接收来自 17 个传感器的数据，并将制定好的设定值下发至 5 个可控闸门的控制站，系统 CSO 削减可达 70%。

目前我国很多城市已建成的排水管网存在大量混错接、管线淤积、腐蚀破损等情况，由此带来的高水位运行问题十分严重，很多城市管网系统可用剩余空间有限。因此，应优先开展排水管网的提质增效工作，清污分流，降低城市河道水系水位，腾出管网容量，在此基础上逐步实现运行调度的优化。

（2）实时控制模型

排水系统实时控制所用到的模型可分为面向过程的模型和面向控制的模型。排水管网模型是最常见的面向过程的模型，以 EPA-SWMM 模型应用最为广泛。SWMM 模型主要使用圣维南方程，模拟管道中水流质量和能量的守恒关系。圣维南方程精确描述了城镇排水管网及附属设施中的水力过程，但是计算的复杂性决定了这类模拟需要消耗较长的运算时间。此外，也有一些案例中用到了污水处理厂模型与管网模型综合分析。污水处理厂模型可以模拟包括生物反应池、生物膜工艺、厌氧反应工艺、初沉池、二沉池等处理过程。

与面向过程的模型不同，面向控制的模型复杂性低，从而减少了计算时间，主要适用于复杂的大规模排水系统。面向控制的模型主要是简化模型和概念模型。由于简化了一部分系统动态，所以面向控制的模型计算精度降低。圣维南方程在稳态条件下可以线性化表示流量和液位的关系，以此为基础的线性化简化模型可以模拟出相似的结果。概念模型主要包括虚拟水箱模型、纳什模型、马斯京根模型和积分器-延迟模型等，主要原理是对城镇排水系统中主要设施进行概化，可根据监测数据进行参数调整，以提高模拟结果的可靠性。

（3）实时控制算法

排水系统常用的实时控制算法，分为启发式算法和基于优化的算法两类。启发式算法是基于经验或知识的算法，主要包含规则控制法 RBC 和模糊逻辑控制法（Fuzzy Logic Control，FLC）。RBC 是最简单的实时控制实现方式，但是规则设计、运行效果和维护都依赖专家经验。与 RBC 相比，FLC 可以为系统的优化运行提供更多控制方案。

常见的优化控制算法主要包括种群动力学控制算法、进化策略（Evolutionary Strategy，ES）和线性二次型最优控制（Linear Quadratic Regulator，LQR）等。丹麦哥本哈根排水系统进行实时控制系统升级改造时，采用了遗传算法对复杂的目标函数求解，为系统各受控位置计算设定值。Marinaki 等人研究了 LQR 在排水系统削减 CSO 和均匀分配水量方面的效果。

4.2.4 污水处理工艺的优化运行与实时控制技术

1. 污水处理工艺优化的思想和方法

由于成本低、运行简单、效果稳定，生物处理工艺在污水处理行业中非常普遍。从经济和环境的角度看，有必要使用动态优化工具来确定设计运行参数，从而提高活性污泥法的处理效果。但是，在实际工作中，运行人员往往对优化结果甚至真实的趋势缺乏信心。

所谓优化，就是设定目标函数和约束条件，通过数学方法求解得到最优结果。由于污水处理工艺存在经济、运行和环境等不同的运行目标，可以使用多目标优化（MOO）得到帕累托最优边界，也可以使用权重系数进行单目标优化（SOO）。为了应用优化的结果，一般需要解决目标函数不准确、进水特征无法准确描述、复杂生物反应过程的模拟不够准确等问题。

首先，要认识到模拟结果与工艺数据有差异是正常的现象。比如，ASM 和 Takacs 模型较为常用，但是参数多且难以确定，因此多数情况下只能采用默认参数，此时的模拟结果只能代表趋势而不能精确预测。为了控制这种差异，一般需要用观测数据来校准模型参数，或者通过敏感性分析确定需要校准的参数（其他选用默认值）。

其次，要合理考虑进水特征的动态变化。由于基于动态进水的优化结果比稳态更安全，因此需要观测和确定进水水质水量的时间变化特征。由于动态进水特征的观测和预测比较困难，因此很多场合不得不采用长期平均值作为输入条件。如果采用稳态进水来计算构筑物参数时，就需要验算各种不利条件（如冲击负荷）或者采用安全系数，此时更好的办法是采用多目标优化。

再次，要分析活性污泥工艺的可控制性。活性污泥工艺的控制方法可以大致分为开环控制和闭环控制。开环控制直接计算优化控制条件和实施动作，而反馈控制则比较实际效果与控制目标差异来进行调节。反馈控制要更可靠一些，比如有人研究了在线优化控制（RTO），通过在线仪表实时计算当前状态下的优化参数，然后输出控制调节参数。此外，活性污泥工艺状态特征在长期运行过程中会发生变化，因此基于短期或启动时期数据形成的优化方案，并不能一直适合长期运行。一种办法是在优化时即采用长期数据，还可以多次循环模拟来表现研究长期影响。

最后，要设置好约束条件，以提高计算结果的可用性。在优化计算过程中的变量约束条件主要包括出水水质、MLSS、溶解氧、碱度、SRT 和反应器尺寸等参数。需要合理设置参数的范围，如构筑物参数 MLSS 为 $1000\sim9000\mathrm{mg/L}$、溶解氧 $2\sim4\mathrm{mg/L}$、碱度 $6\sim8\mathrm{mM}$、SRT 为 $5\sim35\mathrm{d}$ 等。通过设定参数的上下界限，可以确保输出结果在工程上是可以实现的。

2. 污水处理工艺的前馈-反馈控制技术

前馈控制和反馈控制是经典控制技术中最为基础的两种结构。前馈控制的基本思想是通过测定干扰因素，调整控制变量，使得干扰因素的影响得到补偿。反馈控制的基本思想是通过系统设定值与实际测定值之间的偏差确定控制变量的改变，从而消除偏差。反馈控制由于结构简单，在实际工程中的应用非常广泛。污水处理工艺的运行控制中的其他控制（串级控制、基于模型的预测控制等）通常都是在反馈控制和前馈控制的基础上发展或综合而得到的。

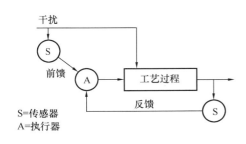

图 4-4　前馈补偿-串级反馈的原理图

清华大学环境学院施汉昌教授团队提出了污水处理系统"前馈补偿-串级反馈"控制方法，原理图如图 4-4 所示。前馈补偿控制的关键在于准确预测输入的波动和执行器的变化对工艺过程造成的影响，使得执行器动作的效果与输入波动的效果在程度上尽量接近，在方向上相反。在反馈控制的基础上增加前馈补偿，可以通过提前测定干扰和及时启动控制措施，避免单纯反馈控制的动作滞后造成临时性控制失效，或加大控制幅度所导致的能量浪费。

通过系统结构的识别和抽象，明确哪些过程和单元满足经典反馈控制的条件，并将其抽象为经典的一阶传递函数。通过解决前馈模型与补偿变量的识别问题，明确哪些过程需要进行前馈模型计算，以及如何将前馈补偿给合适的过程变量等。在此基础上，就能够在排水系统中构建和应用"前馈补偿-串级控制"策略。

4.3 基于水量调控的厂网一体化联合运行技术

4.3.1 排水管网提升泵站的优化控制

1. 泵站优化控制的总体思想

区域内可调蓄的设施类型及调蓄空间非常有限时，为了保证优化目标能够得到有效调控，可以通过控制泵站中泵启停台数、运行时间以及运行液位，来达到优化控制的效果。具体技术路线如图4-5所示，优化技术体系包括优化目标筛选、可控要素确立、调控方式选择、筛选最优策略等多个层次。

2. 水泵的编组能耗分析

污水泵站水泵运行效率主要与水泵运行液位情况有关。统计提升泵井液位和单位能耗数据，可以作图来拟合液位对能耗的影响关系，如图4-6和图4-7所示。可以看到，一般情况下随着液位的升高，提升做功明显下降，吨水的单耗也呈现明显的线性或抛物线下降。

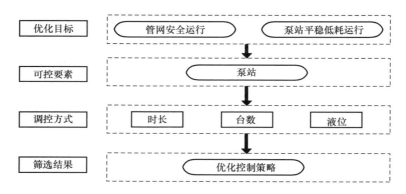

图 4-5 调控策略及控制方法技术路线图

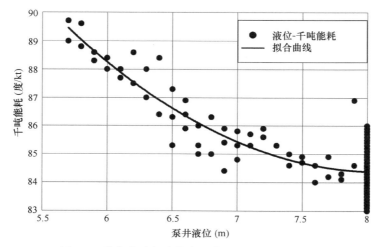

图 4-6 液位变动幅度较大的某泵站液位-流量关系

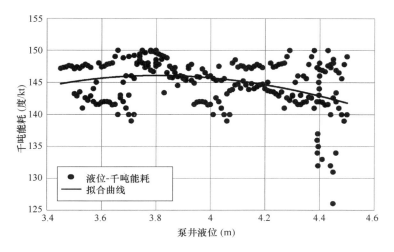

图 4-7　液位变动幅度小的某泵站液位-流量关系

　　但在某些情况下，如液位变化幅度较小等，吨水单耗的下降趋势不明显，接近一个稳定水平。

　　总体来说，泵井的液位越高，提升泵的能耗效率越好。这样通过已知的液位-能效关系，就可以调控泵的启停，使液位达到最佳的能效状态。图 4-8 对某泵站的液位数据进行了统计做出直方图，由此可以大致判断水泵运行效率较高的液位区间。

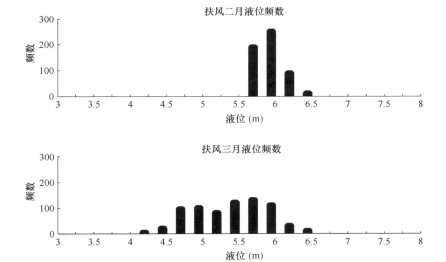

图 4-8　某泵站液位数据统计直方图

　　为了使污水泵站的水泵能够运行更加稳定，防止部分水泵连续运行时间过长或者长期处停歇状态，通过实施水泵轮巡来优化泵站中水泵的运行状态。污水泵站将有一个水泵最长连续运行时间的参数，当某一水泵连续运行时间达到该参数值时，该水泵将会自动关闭，同时开启 1 台型号相同（或者性能类似）的水泵；当需要开启 1 台水泵时，会开启相同型号（或者性能类似）水泵中，累计运行时间最短的那台水泵；当需要关闭水泵时，会选择累计运行时间最长的那台水泵。

以宜兴某泵站为例，各台机泵的运行累计时间长度如图 4-9 所示。该泵站始终保持 1 台变频机泵运行，连续运行时长设置为 100h；另外 3 台工频机泵根据流量需求进行启停，1 周后运行累计时长接近。实施机泵轮巡期间，该泵站未与其他泵站进行出水流量的联合控制。在白天污水的进水高峰时，一般有 3 台机泵（1 台变频机泵、2 台工频机泵）在运行，夜间污水进水流量较低时，仅有 2 台机泵（1 台变频机泵、1 台工频机泵）在运行。整个运行过程中，变频机泵运行 100h 后会自动切换，即始终保持有 1 台变频机泵处于运行状态，可以进行出水流量的控制；另外 3 台工频机泵在 2 台同时工作和 1 台单独工作的条件下进行切换，但是运行时长基本接近，表明轮巡系统在机泵控制过程中起到了较好的效果。

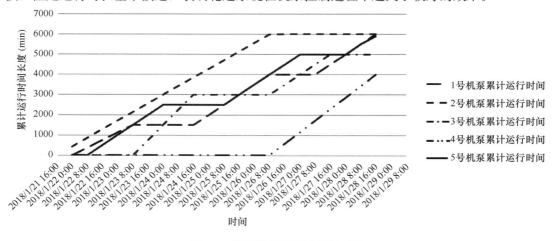

图 4-9　某泵站机泵累计运行时长

4.3.2　中间提升泵站在线调控的影响

为了实现管网安全、污水处理厂进水稳定以及泵站平稳运行的目标，分别设置 3 种策略进行对比。策略 1 采用现状控制规则，策略 2 采用液位控制规则，策略 3 采用时间控制规则，具体策略设置见表 4-1。以无锡城北片区作为案例，同时选择典型旱天以及一年一遇的降雨天（58.7mm）作为情景进行分析。

1. 对管网的影响

旱天条件下，按照表对 4 座泵站进行设置，分析在 3 种不同控制策略下，通过泵站的调控对管网产生的影响。具体结果如图 4-10、表 4-1 所示。可以看出，城北片区在现状旱天条件下，依靠调整各泵站控制规则，对于缓解管网整体负荷作用有限。通过液位控制相对来讲能更有效降低管网负荷程度。

泵站在不同控制策略条件下管网指标对比情况　　　　　　　　　　表 4-1

对比指标	现状控制规则	液位控制规则	时间控制规则
管道满管运行比例	0.33	0.31	0.35
充满度加权平均值	0.54	0.53	0.55

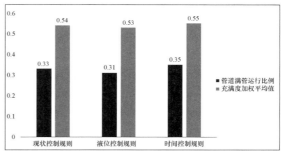

图 4-10　泵站在不同控制策略条件下管网运行状况

2. 对上游片区影响

由于泵站本身的功能，其可以更有效地对上游管网产生影响。因此同样在 3 种不同控制策略下，评估上游片区所受到的影响。具体结果如图 4-11、表 4-2 所示。可以看到，相比之下，泵站对于其上游片区的影响更加明显，同时利用液位控制规则能更有效减轻管网负荷水平。

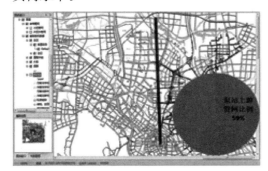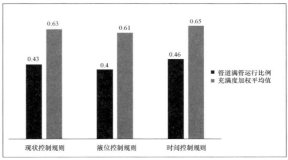

图 4-11　泵站在不同控制策略条件下上游片区运行情况

泵站上游片区运行指标对比　　　　　　　　　　　　　　　　表 4-2

对比指标	现状控制规则	液位控制规则	时间控制规则
管道满管运行比例	0.43	0.4	0.46
充满度加权平均值	0.63	0.61	0.65

3. 不同泵站上游片区对比

由于各泵站排水能力各不相同，所控制的范围也相差很多，因此不同泵站上游片区在受泵站的影响上也不尽相同。进一步分析泵站对于上游片区的影响，具体内容如图 4-12 所示。可以看出，控制规则对于各泵站上游片区可控性的影响比较明显且并不一致。山北泵站和锡澄泵站在时间控制规则下表现较差，北环路泵站在现状控制条件下表现较差，而吴桥泵站则区别不大。相较之下，由于液位控制能更合理控制泵的启停台数，可以更加充分发挥泵站能力，对于减轻泵站上游管网负荷具有一定作用。

4. 对上游主干管影响

由于泵站实际控制范围有限，其更多是通过调节与泵站相连的干管水量变化进而保证

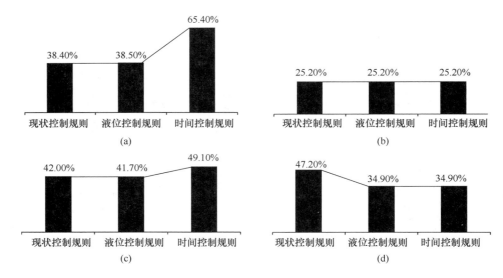

图 4-12 不同控制策略条件下的 4 座泵站上游受到的影响

（a）山北泵站；（b）吴桥泵站；（c）锡澄泵站；（d）北环路泵站

支管污水输送的顺畅，因此泵站对其相连的干管影响最为明显。这里采用表 4-3 中的控制策略来对比某泵站上游支管的运行情况，效果如图 4-13 所示。可以看出，不同控制规则下泵站对于上游主干管影响明显，同时模拟结果显示控制不同的泵启动条件会极大影响上游主干管负荷。采用方式二的控制方式可以有效降低上游管线负荷水平，保证管道顺利输送。

某泵站控制策略表   表 **4-3**

泵站名称	控制策略	
某泵站	方式一	方式二
	全天开启 1 台泵，且前池液位达到 3.5m 时开启	全天开启 1 台泵，且前池液位达到 1 m 时开启

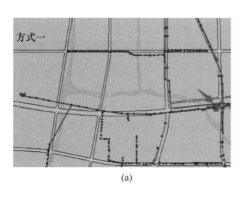
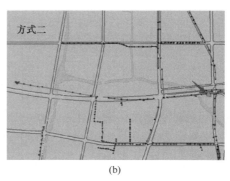

图 4-13 不同控制策略下效果

（a）策略方式一；（b）策略方式二

5. 对污水处理厂的影响

旱天条件下，按照上述控制策略表对 4 座泵站进行设置，分析在 3 种不同控制策略下，通过泵站的调控对污水处理厂产生的影响。具体结果如图 4-14 和表 4-4 所示。旱天

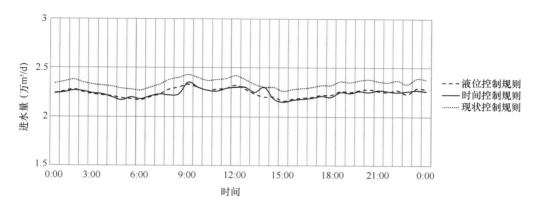

图 4-14　不同策略控制条件下污水处理厂进水量变化

条件下，泵站策略改变对污水处理厂影响有限。相对来讲，由于较粗尺度下的液位控制会导致泵启停次数增加，因此入厂污水流量的波动相对较大一些。

污水处理厂进水量变化指标对比　　　　　　　　　　　　　　　　表 4-4

对比指标	现状控制规则	液位控制规则	时间控制规则
入流量标准差	0.09	0.11	0.07
入流峰值/峰谷	1.1	1.2	1.1

4.3.3　提升泵站与污水处理厂联合控制

1. 提升泵站基本信息

以某污水处理厂上游 4 座泵站（a~d）和污水处理厂提升泵站的联合控制为案例，介绍提升泵站自控系统改造方案，以实现泵站信息的融合与可视化。

提升泵站 a 的自控系统现场有 PLC 控制柜及触摸屏，其通过专线连接至调度中心 SCADA 系统。原来在调度中心 SCADA 系统中只能监测到该泵站的运行状态，无法对泵站设备进行控制及对泵机调频等。基于以上原因，首先修复原有自控系统，并安装一套处理器用于与原有自控系统通信，同时在现场安装一体机用于参数调整。

提升泵站 b、c 和 d 的自控系统相对比较完善，仅需要在现场安装泵站终端一套，用于与原有自控系统进行数据交互，并将所需数据传送至调度中心。

污水处理厂进水泵房自控系统分为一二期进水泵房（PLC 分控站）和三四期进水泵房（远程 IO）两部分，分别控制一二期和三四期的进水。进水流量测量比较精确，厂区中控室通过 VPN 专线与调度中心进行通信。

2. 操作模式与系统设计

污水处理厂与管网泵站均设置 2 种操作模式：原有控制模式，为使用原有自动控制系统进行控制；联动控制模式，为使用根据测量的各项数据，根据事先设定的控制策略和参数，以进行厂网联动控制，优化厂网设备运行。

执行机构在调度中心设置一套自带处理器的通信设备，用于与调度软件、管网液位监测通信以获得最新控制策略和数据，调度中心与泵站或厂区进水泵房的数据传输尽可能利用原有泵站 SCADA 系统网络或物联网平台网络硬件。

网络架构如图 4-15 所示。管网水质数据、泵站液位监测数据通过 GPRS 网络传送至调度中心，然后通过调度中心的处理器送至污水处理厂等需要数据的地方。

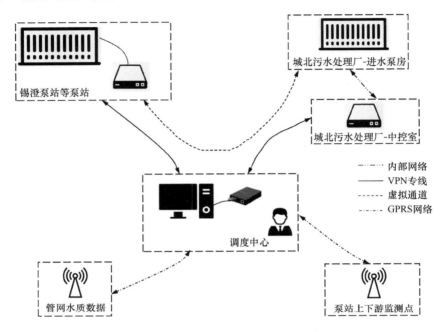

图 4-15　厂网泵站调控的网络架构示意图

图 4-16 为厂网联动各部分之间的数据交互及本系统所需的所有参数，实线部分为专用的工业控制网传送，实时性强。

3. 终端与控制系统的主要功能

需要在各监测点（泵站、污水处理厂）均设置现场控制终端，主要对本监控站点及与控制策略相关的数据（如泵站上下游的液位）监测。主要功能包括：

（1）数据处理、管理功能：生成监控点的动态图，显示实时数据、完成报警、历史数据、历史趋势曲线的存储、显示和查询。生成各类生产运行管理报表，通过打印机，定时或随时打印出全中文的符合生产运行管理报表、日报表、月报表和年报表。

（2）报警功能：在设备及工艺过程中发生故障时发出警报，显示故障点和故障状态，按照报警等级作出相关反应，记录故障的信息。同时以短信形式发送给相关人员。

（3）数据报表：在监控点值班人员通过一体式工控机可以调用每 10min 的数据，这些数据及其时标储存于服务器硬盘中，可以根据需求制作出日、月、年报表。各种报表应可按照标准格式或用户需要的格式打印。

（4）数据存储：相关数据和曲线存储时间至少 12 个月，存储形式为日期、时间、标识符以及设定值和被清除的值。

（5）趋势显示：趋势显示可以用棒状图或线状图显示历史趋势或当前趋势，操作人员

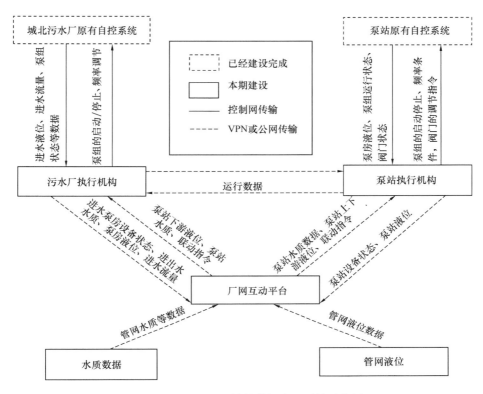

图 4-16 厂网泵站调控的数据交互系统示意图

可以在数据库中任选。当前趋势显示应根据实时原理不断校正。光标值也应被显示。

可将 8 个参数的趋势图显示在同一个画面上并在同一时间段内，8 个参数可用不同的颜色标识，显示数据应根据实时变化不断校正，光标值应在画面显示。且这组显示可以通过菜单进行选择。

操作员应可以方便地调整趋势显示的时间坐标或输入范围，其时间周期可由操作员设定（从 1min 到 1 月连续可调），操作人员能够输入开始时间和结束时间，并随着时间周期的变化，数据采样频率也应相应变化。趋势显示窗口重叠在模拟图上可以取得较好的效果。操作员应可方便地调整趋势显示时间坐标或输入范围。

（6）工况显示：形象显示设备的工况包括：就地手动、自动、运行、停止、故障、阀开到位、阀关到位、阀门故障等，具体故障以文字显示。能显示主要设备的启/停时间、本次运行时间、累计运行时间，并能根据运行时间自动提示设备运行状态等。

4.4 基于模型预测的厂网一体化联合运行技术

4.4.1 厂网联合优化运行模型与方法

为了实现区域排水系统的优化运行，均衡各个处理设施的能力与负荷，需要将排水管网和污水处理厂进行综合集团化管理。通过研究来水负荷与处理能力的匹配关系，来辅助判断冲击负荷对处理系统的影响，预测污水处理厂的冗余处理能力，从运行层面对区域内污水处理厂的运行进行调控优化。研发了管网与污水处理厂联合运行的管网调蓄调度与污水处理厂联合控制策略和方法，集成排水管网的监测预警系统和污水处理厂的全流程控制系统，从水质和水量的角度分析污水处理厂应对泵站变化的调整策略，实现排水管网、管网截流调蓄设施与污水处理厂的联合运行调度。

在调研掌握厂网运行数据的基础上，了解来水毒性、负荷等特征数据，确定厂网联动的必要性。通过现场测试和设备调研，分析来水负荷的动态变化和排水管网调蓄污水的特征，研究厂网联动的可行性。

在上述调研基础上，利用模拟计算平台建立了管网与污水处理厂的联合计算模型，开展了情景分析，确定了联动运行方案。模型如图 4-17 所示。

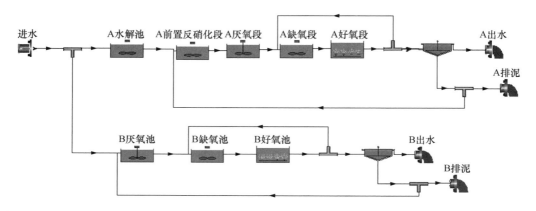

图 4-17 两厂联动 BioWin 模型

分别模拟上游来水泵站对两个厂水量从 0.1~0.9 分配的情况，模拟结果如图 4-18 所示。通过模拟发现，A 厂脱氮能力较强，B 厂 COD 去除能力较强，当来水 COD 浓度偏高时，可适当向 B 厂增加水量，并进行 B 厂的评估计算，以达到 B 厂的最大处理能力；当来水 TN 浓度较高时，可以适当向 A 厂增加进水量，通过 A 厂评估系统计算 A 厂的最大处理能力。

厂网联动包括管网调水和厂区自控，因此需要建立完善可靠的过程控制系统。清华大学施汉昌教授团队在宜兴的 8 座污水处理厂布置了现场控制器，用于厂内过程控制与预测污水处理厂的冗余处理能力。在城镇污水处理厂搭建厂网联动控制系统，用于整体调度分配污水处理厂与管网水量。该系统可以自动调节联通阀开度，实现排水管网水量分配与污水处理厂优化运行的联合，达到污水处理厂进水流量平稳波动与工艺单元的优化控制的目的。系统包括厂网联动单元和厂内自控单元（图 4-19）。

（1）厂网联动单元。收集市政排水管网汇水情况，并实时计算相关污水处理厂当前处理负荷率，根据污水处理厂处理负荷余量，智能调节联通阀开度，使污水处理厂进水流量在符合污水处理厂处理能力的前提下平稳波动。

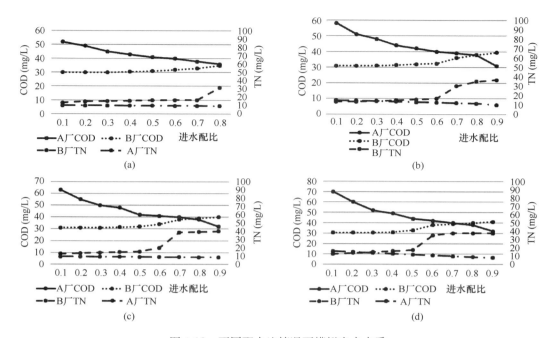

图 4-18　不同配水比情况下模拟出水水质

（a）10 万 t 进水量；（b）11.25 万 t 进水量；（c）12.5 万 t 进水量；（d）13.75 万 t 进水量

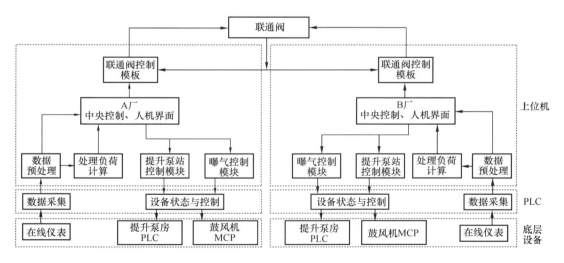

图 4-19　厂网联动系统控制策略图

（2）厂内自控单元。包括对提升、曝气和加药等系统的过程控制。提升过程控制单元以管网来水流量和集水井液位为变量控制提升泵的编组运行，使提升泵适应管网来水流量、避免频繁启停及稳定提升水量，为后续单元的控制建立良好的前馈条件。曝气过程控制单元以提升单元的进水流量、进水水质为前馈控制信号，确定溶解氧浓度和加药量的优化设定值等；以在线溶解氧仪、气体流量计、压力变送器等仪表信号为反馈控制信号，实现曝气量的合理分配及溶解氧的稳定控制，有效降低曝气能耗。

4.4.2 厂网联合运行系统的关键技术

1. 软件系统的总体设计

排水管网与污水处理厂联合运行调度系统利用 GIS 的空间数据管理、整合、分析和可视化功能，为排水管网模拟与优化运行模型提供排水管网结构数据和相关计算参数，并在模型模拟计算完成后利用多角度、多视图、多模式的动态方式显示模拟结果，实现排水管网模拟计算的自动化和模拟结果表达的可视化。

联合运行调度系统具有方案管理、在线监测、在线报警、地图操作、选择集操作、管网查询、管网编辑、管网分析和模拟计算等模块，可以根据用户设定的入流方案和控制策略，进行模拟分析评估，可对管网溢流、负荷、出口流量波动和泵站运行情况进行分析评估，并根据用户设定的评估等级，进行状态评估，为管网设施的离线和在线调度决策、管网决策评估、事故调度应急等业务提供决策支持，从而实现污水系统的综合管理，辅助排水管网运行优化调度，指导排水管网设施和污水处理厂的运行调控，提高城镇污水处理系统的可靠性。

根据排水管网管理的需要，联合运行调度系统主要分为：人机交互层、应用层、应用服务层和数据支撑层 4 层结构。其中应用层主要包括：方案管理功能模块、在线监测功能模块、在线报警功能模块、地图操作功能模块、选择集操作功能模块、管网查询功能模块、管网编辑功能模块、管网分析功能模块和模拟计算功能模块。

排水管网与污水处理厂联合运行调度系统的技术路线如图 4-20 所示。一般来说，需要以 GIS 数据库为基础，综合分析排水系统联合运营的调度决策需求，进行 GIS 功能与城市排水管网模拟模型的耦合开发。

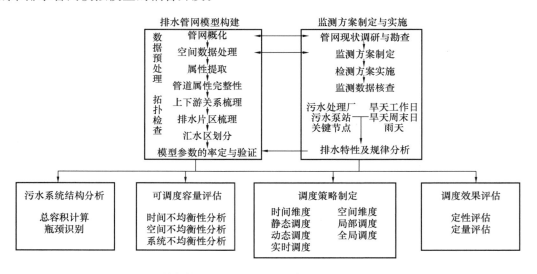

图 4-20 排水管网与污水处理厂联合运行调度系统技术路线

2. 城市排水 GIS 数据库技术

排水管网系统是一个数据量大、拓扑复杂的四维系统，隐藏性决定了它的复杂性，而隐藏性、埋设位置的集中性也决定了排水管线数据的重要性。排水系统的数据必须完整、准确，且具有实时性，这就要求必须为排水系统建立一个动态可维护的数据库结构。海量数据的存储、历史情景数据的管理则要求排水管网综合管理数据库能对管网信息数据进行统一管理，并建立一个高效率、低冗余的存储机制。构建这样的数据管理机制，不仅有助于数据的系统化，而且有助于研究工作范围的扩大。

排水管网数据库建设是管网信息系统建设的基础，为排水管网的建模提供数据支撑。根据排水管网的原始测绘数据，按照管网信息系统建模要求，对数据进行加工优化，最终建立存储排水管网信息的数据库。数据库更新优化的目的是建立满足管网建模要求的数据库，也就是保证管网空间拓扑完整性、一致性，管网属性完整性、一致性。数据库更新优化的内容主要有数据格式转换、去除重复点、去除重复管道、修改管道反向、补充缺失管道、补充节点井深属性、补充管道上下游管底高程属性、管道逆坡检查与修正。

在模型构建过程中，整个城镇排水过程被简化为水流和物质在排水管网设施或要素之间进行的迁移和转化，其中必不可少的管网要素包括管网节点、排水管道和汇水区（或服务区）。在完成排水管网模型的空间结构构建后，需要对上述要素的相关属性进行设置。

3. 排水管网服务分区

在排水管网模型的构建过程中，需要对模型的计算域进行离散化，即将研究区域相关的整个汇水区（服务区）划分成若干个子汇水区（子服务区）。这个过程通常称为汇水区（服务区）划分。由于模型是在概化后的基础上进行模拟和计算，因此汇水区（服务区）的离散程度将对模型的结果产生重要影响。

在排水管网汇水区（或服务区）的划分与管理过程中需要注意以下三点：①根据排水系统体制的不同，合理选择汇水区（或服务区）的划分方法；②根据建模区域内已有数据的精度和模型模拟的参数要求，合理选择汇水区（或服务区）的细分与调整方法；③对于数据精度低、空间尺度大的研究区域，建议采用分步划分、逐级细化、调整完善的划分策略，以加快推进排水管网模型在实际管理与专业分析中的应用。

污水管网系统收集的污水主要是通过建筑物内的排污管道流入城镇排水管网内。因此，相比雨水管网而言，污水管网各个节点的入流量与入流路径的不确定性较小。在污水管网模型构建的过程中，通常可通过实地调查与电子地图相结合的方式对污水管网的服务区进行划分。基于 GIS 技术的污水管网服务区划分的典型工作流程如图 4-21 所示。

在实地调查的基础上，借助城市 GIS 图层或卫星影像，沿城市街道将整个建模区域划分为若干个服务区。划分时要注意将建筑物图层都包含在服务区内，以便统计计算区域内的污水排放量。如果有详细的调查和地图数据，可以按建筑物的空间位置逐个划分服务区。为了保证服务区出口检查井对应的准确性，将新城片区污水管网详细图纸作为底图，综合考虑污水管道流向、管道高程等因素，就近将各个服务区对应到相应的检查井上。通过对示范区域进行服务区的手动划分，服务区的划分过程如图 4-22 所示。

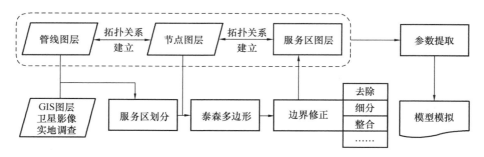

图 4-21　基于 GIS 技术的污水管网服务区划分典型工作流程图

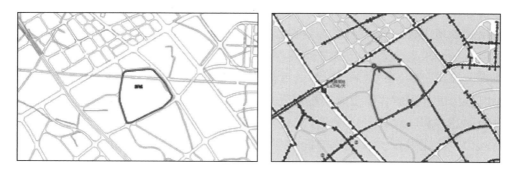

图 4-22　污水管网模型服务区划分过程

4. 评价准则

针对城镇排水管网运行状况，建立排水管网模型和多级管网运营评价指标体系，如图 4-23 所示。基于排水管网中关键节点的在线监测数据，结合城镇污水处理厂实时运行状态，制定排水管网泵站调度运行策略，评价联合调度的效果。

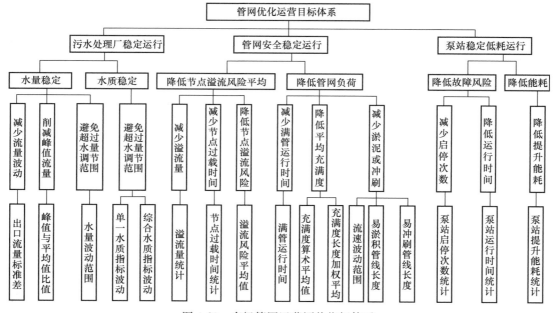

图 4-23　多级管网运营评价指标体系

4.4.3　排水管网综合管理系统

由于缺乏先进有效的评估工具，传统的采用人工巡查养护的方法针对性不强，且管网养护效果不好，造成管网淤堵时有发生，无法掌握整个管网内污水的流动状态。采用数字化技术的排水管网管理系统应用先进的工具对排水管网的水动力学状况进行模拟分析，全面掌握管网排水状况，以辅助进行排水管网巡查养护计划的制订，编制管网运行养护统计报表，确保管网工作运行状态的良好和设施资产的保值。

排水管网巡查与养护管理子系统在排水管网动态模拟基础模块的基础上，利用经过验证的模型，可以对排水管网在多种情景下进行模拟计算，对城镇排水管网系统巡查、管理、维护所关心的数据进行分析，以评估不同情景下排水管网系统的运行状态、潜在隐患和养护需求。从而为宜兴市污水系统的日常巡查养护工作提供科学化的分析工具，支持巡查计划的制订与实施。

1. 宜兴市排水管理系统

宜兴市污水系统信息化管理平台是在宜兴市污水系统已有信息化平台的基础上，对宜兴市污水系统管理的各类系统的统称。根据宜兴市污水系统管理的需要，信息化管理平台的总体框架如图 4-24 所示。

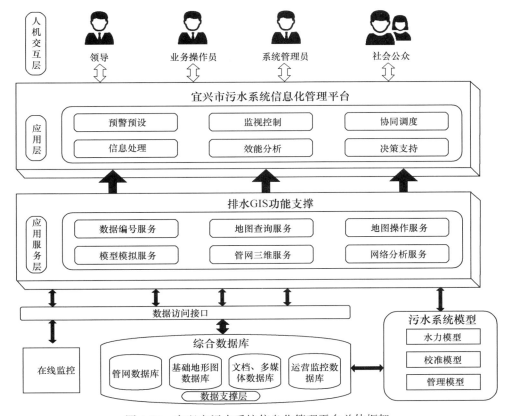

图 4-24　宜兴市污水系统信息化管理平台总体框架

信息化管理平台系统包括人机交互层、应用层、应用服务层和数据支撑层四层结构：①数据支撑层是软件系统的基础，宜兴市污水系统综合数据库应包括管网空间数据、管网资产数据、管网设计数据、管网模拟数据等所有与污水系统相关的数据；②应用服务层作为中间层，在数据支撑层与应用层之间架起了数据获取、处理、分析、共享、交换、应用展示的桥梁，为排水应用提供后台服务；③应用层是软件系统的核心，包括预警预报功能模块、监视控制功能模块、协同调度功能模块、信息处理功能模块、效能分析功能模块和决策支持功能模块；④人机交互层是整个系统输入、输出及人与系统交互的界面。依据实现目标的不同采用不同的客户端，包括门户系统、C/S 客户端、大屏幕终端和手机无线终端等。

宜兴市污水系统信息化管理平台是一个集成系统，包括综合信息发布子系统、排水管网巡查子系统、排水管网应急管理子系统等多种业务子系统，多个子系统协同作用共同实现城市预警预报、监视控制、协同调度、信息处理、效能分析及决策支持等功能。将多种信息有机地综合到统一的地图上，包括排水管网分布图、在线监测点位分布图、巡查信息、污水处理厂生产管理业务信息、效能评估分析等图层等。系统界面图如图 4-25 所示。

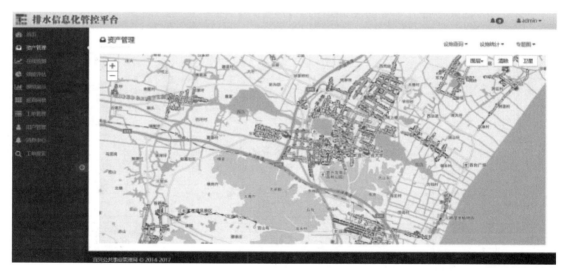

图 4-25　系统界面图

为了提供和收集可靠的监测数据，需要利用物联网技术和大数据分析技术，制订污水全过程在线监控信息集成方案，建立仪器在线自动采集、人工网上填报、移动端数据现场上传等多方式结合的信息综合采集模式，在统一的数据平台上实现不同管理对象的海量运营动态管理信息的共享与关联。排水系统监控体系的建设效果如图 4-26 所示。

2. 排水管网巡查及养护管理系统

基于标准化的管网巡查养护工作流程，协助管理者进行排水管网巡查养护全流程、精细化、数字化的有效监管，切实提高管网养护效率，降低养护成本。排水管网巡查养护标准化工作流程如图 4-27 所示。

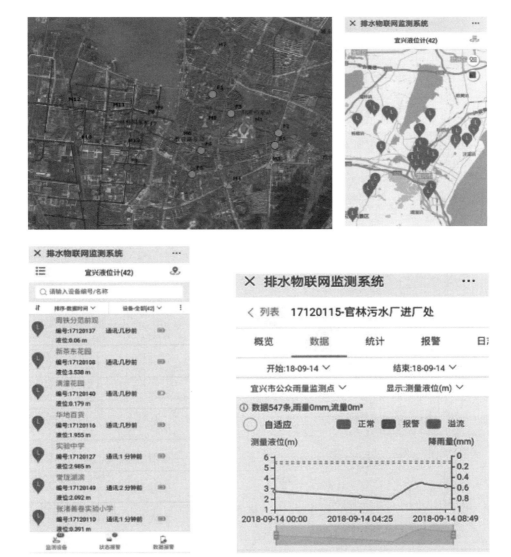

图 4-26　排水系统监控体系的建设效果

　　管网巡查与养护子系统基于基础 GIS 信息，结合管道属性数据（建设及竣工年代、材料等）、历史巡查记录和在线监测数据等，利用排水管网模型先进的水动力学分析功能确定巡查路线和重点巡查点的位置和巡查周期，输出巡查计划表，从而科学地制订管网巡查计划。管网养护计划表通过网络发送到各巡查人员终端（个人电脑或 PDA 等设备），方便管网巡查人员及时查询和使用。

　　图 4-28 为利用巡查养护子系统对宜兴市管网进行巡查养护计划制订的工作流程。该流程中排水管网模型对巡查养护计划的制订起到了重要作用。利用经过验证的模型，在多种情景对管网进行动态模拟计算，获得管网系统的流量、水深、流速等数据，为分析评估管网系统的运行状态和巡查养护需求提供了丰富的数据支持，从而制订出科学的可视化的

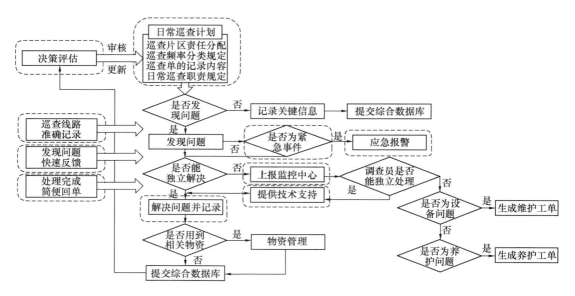

图 4-27　排水管网巡查养护标准化工作流程

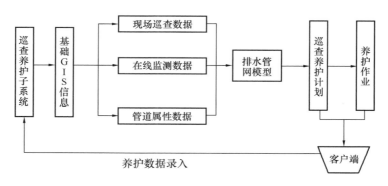

图 4-28　排水管网巡查养护计划制订工作流程

管网养护计划表。

查询排水管网的巡查计划、管网事故、养护计划和养护情况对实施管网巡查养护十分重要。指挥调度人员和现场作业人员可以分别通过 B/D 客户端和 PDA 客户端对以上情况进行查询。查询结果不仅能以 GIS 地图或表格的形式在系统界面中显示，还可以将查询结果以打印或文件形式输出。

管网主管部门组织对辖区内的排水设施进行巡查和养护的过程中，可以利用管网巡查养护子系统对现场的巡查养护信息进行记录，并将记录信息向系统进行反馈，及时在系统中响应和显示相应的现场信息，便于指挥调度。管网巡查养护子系统能够将巡查情况以GIS 地图或表格形式在系统界面中显示，即时反映巡查养护工作进展。利用管网巡查养护管理子系统进行管网巡查养护实施的工作流程如图 4-29 所示。

3. 排水管网的在线水质水量检测系统

宜兴市围绕城市水环境质量改善，基于城市排水管网与污水处理厂的系统运行过程与

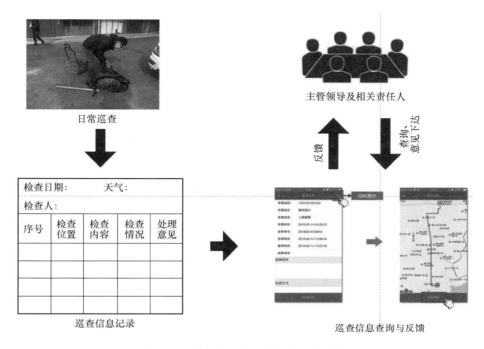

图 4-29　管网巡查养护实施的工作流程

特点，规划了多项城市供水排水、水污染和水环境治理领域的重大工程项目，来研究管网安全运行与监控技术、污水处理厂高标准建设、稳定达标与优化运行技术，旨在最终形成完整的厂网联动运行体系，并且通过城市综合示范，实现大幅度削减城市污水负荷、显著改善城市水环境质量，为全过程控制城市水污染负荷和全方位改善城市水环境质量提供技术支撑。

在大量排水管网设施建设完成后，如何有效地对大量排水管网资产进行科学的运营、管理和维护，成为摆在宜兴市水务管理部门的一个现实问题。由于缺乏污水系统全过程监控体系，对于排水户、收集管网、提升泵站、污水处理厂等关键环节没有有效的监控，不能及时发现排水管网偷排、排水管网淤塞、污水溢流的情况，加重了污水处理厂的运行压力，也影响了宜兴市的水环境质量的改善。随着计算机和通信技术的迅速发展，综合运用自动监控、网络与通信、数据库技术、地理信息系统等现代化技术手段和方法，建立基于城乡统筹、区域统筹、厂网统筹的城市污水系统综合监控体系，符合宜兴市当前城市发展和排水管网及设施管理的需要。

"十一五"期间，宜兴市实现了排水管网水量自动监测。但由于基本凭经验设立监测点，导致宜兴市监测点覆盖面不够，点位不足以全面、准确地代表宜兴市排水现状及变化趋势。另外，随着城市化的发展，城市新建管网、污水处理厂和提升泵站，需要进一步调整和补充监测点位。对现有监测点位进行合理优化和补充，是有效提升城镇排水管网系统管理水平的手段。在"十一五"已有监测节点的基础上，对现有的监测点位进行优化和补充，实现关键参数的在线采集和动态监控，构建覆盖排水户、收集管网、提升泵站、污水处理厂等关键环节的城镇污水系统综合监控技术体系,实现城镇污水系统全覆盖、全过程、实时监管,显著提升城镇污水系统整体安全水平。

工业废水污染是困扰宜兴市发展的主要环境问题之一。由于缺少合理的监控体系,大量工厂的工业废水偷排入网,导致高负荷、高毒害、难降解的工业废水排入下游污水处理厂,给污水处理厂稳定达标造成很大的负担。对宜兴市重点排污企业的污水排放状况进行监测,能及时发现排水管网偷排、排水管网淤塞、污水溢流的情况,有效缓解污水处理厂的水处理压力以及城市内河的水污染状况,确保污水处理厂的稳定达标。

根据工厂的排污量识别重点污染源,对重点污染源需要进行监测,监测内容包括水量和水质。水量监测主要包括液位和流量监测,传统的水量监测以人工为主,存在着监测周期长、效率低、范围小的弊病。而水量在线监测技术可以实现重点污染源的24h监控,从而有效杜绝超标排污行为。在线监测设备应与移动互联网技术结合,实现监测数据的长期监测和短时预警预报功能。监测频率应不小于15min,数据发送频率应不小于30min。采用人工或自动采样器时,按照特定的时间间隔或水量条件进行水样的采集,通过实验分析污水水质状况。监测指标主要包括流量、化学需氧量、氨氮、总磷和悬浮物等。应采取不定时方式采样,每月采样应不少于四次。遇企业技改、气候等因素,应增加采样频率。接到群众举报信息,也应及时出动,及时取样。

对排水管网系统关键环节进行实时在线监测,记录排水系统的动态运行情况。宜对易涝点、排放口、典型下垫面出口、主干管检查井、泵站上游节点、调蓄设施上游节点等关键节点的旱季与雨季的液位、流量和水质进行监测。通过对排水管网运行状况进行24h在线监控,可以为决策者提供早期的报警信息,使其能够对排水管网设施的运行情况及水量水质变化状况做出迅速、准确的反应。同时,基于排水管网在线监测设备记录的流量、液位等数据,可建立排水管网模型,对管道内的水流状况进行仿真模拟,实现排水管网的管道负荷分析、积水与溢流分析、应急预案制订与模拟等专业分析功能,提高污水系统的运营管理和科学决策水平。在线监测设备与移动互联网技术结合,还可以实现监测数据的长期监测和短时预警预报功能。监测频率应不小于15min,在降雨过程以1min为宜,数据发送频率应不小于30min,超过报警水位后,应增加数据发送频率,同时提供公众报警功能,减少事故的发生。

污水泵站是污水系统的重要组成部分,承担着城市雨水及污水的输送处理重任。目前,我国大部分城市的污水泵站运行管理水平较低,大多沿用传统的人员现场值班的模式来保证泵站的正常运行。这种模式需要大量的值班人员,使得人工成本昂贵;同时过多依靠人工操作,也使提升泵站设备的使用效率低下。

随着城镇污水系统的信息化、自动化建设的发展,传统的管理方式已经越来越不适应城市发展的要求,因此建立城市泵站远程控制系统对城市污水泵站进行集中控制,具有现实意义。对城市多个泵站进行集中监控,能提高城市污水系统的运营效率,并有利于污水泵站调度方案的制订,实现污水系统的自动化控制。监测内容包括格栅机的工作状态、污水池液位、提升泵组工作状态、出站流量、池内有害气体浓度等,其中提升泵组工作状态包括每台泵的启停状态、保护状态、电流、电压等参数。

污水处理厂是城市重要基础设施，通过自身的工艺处理流程，将收集的城市污水进行处理达到排放标准并进行回收再利用，既减少净水的利用率，又降低了污水排放对水体的污染，对保护水资源、土壤资源和空气污染都起到了非常重要的保护作用。但由于缺少有效的监管，大量工业废水偷排入网，增大了污水处理工艺的运行难度，影响污水处理厂稳定达标。因此，有必要对城市污水处理厂进行监控，实时监测污水处理厂进出水水质。一方面，通过对入厂污水进行监测，确保进水水质控制在允许范围，保证污水处理厂的正常稳定运行；另一方面，也能考核污水处理厂工艺运行成果，严格控制未达标水质的排放。监测对象包括污水处理厂进、出水，以及各个工艺单元的进、出水或混合液。污水处理厂水质监测指标主要包括流量、化学需氧量（COD）、氨氮、生化需氧量（BOD_5）和悬浮物（SS）等。采集水样的频率至少是 2h 一次，将 24h 的水样混合后进行检测分析，亦可根据构筑物运转需要而采集瞬时水样。

基于污水设施在线运行监控与预警子系统，可及时掌握管网中关键节点的液位与流量等在线监测数据，泵站、污水处理厂的实时运行数据，及时发现排水管网偷排、排水管网淤塞、污水溢流情况。同时，通过在线监测数据可以不断对排水管网模型进行校准，使模型更好地服务于事故预警、现状评估、改造方案设计与评估等排水管理与分析工作。污水系统在线监控标准化工作流程如图 4-30 所示。

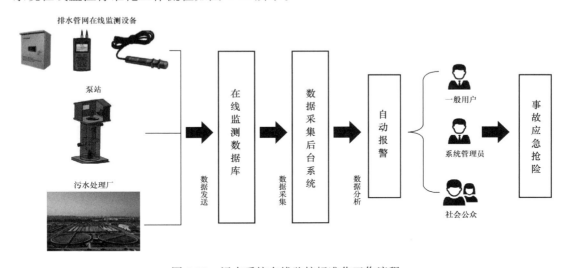

图 4-30　污水系统在线监控标准化工作流程

4.4.4　厂网一体化联合运行的评估体系

由于城市污水系统组成的复杂性和影响因素的多样性，仅通过局部、简单的经验判断，难以对污水系统运行状况做出准确评估，无法为系统优化决策提供科学依据。因此，需要构建有效的多级污水系统评价指标体系，实现污水系统的综合评估并给出定量的评估结果，帮助管理人员进行污水系统现状评估、控制方案的筛选、排水规划方案比选以及运行维护方案优选等，从而提高污水系统运行效率。针对污水系统的特殊条件和运行特点构建相应的指标体系，为城市污水系统的监管部门和运营单位提供及时掌握污水系统运行状况、科学评估污水系统效能水平的管理工具，为促进城市污水系统运行管理的持续改进和效能水平的持续提高提供了科学、有效的方法。

1. 评价指标的选取原则

评价指标选取主要取决于评价目的，污水系统动态效能评估指标是用来评价研究区域污水系统特性和质量的指标体系。由于目前国内外尚未建立统一的、公认的污水系统效能评估指标，而且选取不同指标对评价结果影响很大，为了使评价结论尽可能体现客观性、全面性和科学性，在建立效能评估体系时，应充分考虑系统性、代表性、可操作性、科学性和可量化性等原则。

（1）系统性原则

由于污水系统是一个涵盖多因素、多目标的复杂系统，评价指标体系应力求全面反映该污水系统综合情况。同时，指标设置上应具有层次性，自上而下分解，从宏观到微观层层深入，形成一个完整可靠的评价体系。

（2）代表性原则

应确保评价指标具有一定的典型代表性，不能过多过细，使指标过于繁琐，相互重叠，指标又不能过少过简，避免指标信息遗漏，应尽可能地反映污水系统的运行情况。同时，应避免指标之间的重复设置。

（3）可操作性原则

评价指标体系应含义明确且易被理解，指标量化所需资料收集方便，能够用现有的方法或者公式进行求解，并且符合所采用评价方法的要求。

（4）科学性原则

指标体系的设计及评价指标的选择必须以科学性为原则，客观真实地反映污水系统的运行状况。

（5）可量化原则

选择指标时应考虑能否进行量化处理，以便进行数学计算和分析。

2. 评估指标体系架构

本研究针对城市污水系统的特点以及管理中存在的主要问题，以城市污水系统安全稳定运行为总目标层，选取运行质量、运行效率、可持续性、管理水平、财务经济为一级指标，综合考核城市污水系统效能，同时下设二级和三级指标。

围绕污水系统安全稳定运行的目标，将污水系统效能评估指标体系分为五大类，包括：运行质量、运行效率、可持续性、管理水平和财务经济。

（1）运行质量

污水系统运行质量指标主要包括运行负荷率、运行达标率和污染物削减指数3个二级指标。运行负荷率包括污水处理厂的负荷率、管网负荷率以及泵站负荷率。由于我国污水系统普遍存在"重建设、轻养护"和"重地上，轻地下"的问题，污水收集管网与厂区建设不配套，部分已建成的污水处理项目负荷率偏低，或者进水水质特征异常，容易受到冲击负荷的影响，应采取相关措施充分提高城市污水系统的运行负荷率。同时污水处理厂最基本和最核心的要求是满足污水处理量，应确保处理污水达标排放。而随着污水处理能力的提高，污泥产生量也在增加，污泥得不到妥善处置而引起的环境污染问题日益增大。因此，污水处理厂运行过程中，保证污水处理能力和污泥处置能力，是确保污水处理效果、防止污染物进入自然环境的重要措施，也是影响城市污水处理厂成功达到污染治理目标的重要环节。

（2）运行效率

污水系统运行效率指标主要包括运行能耗指数、运行药耗指数和运营维护指数 3 个二级指标。污水处理厂的运行成本包括人工费、能耗费、药剂费、管理费、折旧费、污泥处理处置费、污水出水排放费及设备维修费等，运行费用昂贵，在一定程度上制约了城市污水处理事业的发展，也影响了城市污水系统的运行效率，对污水处理厂的运行能耗和药耗进行有效的评价有利于污水处理工艺的节能技术研究。同时，由于排水管网长时间地运行，管道内部存在淤积、堵塞、渗漏、破裂甚至管道下沉塌陷等各种缺陷状况，影响了城市管网的正常运行，甚至造成局部管网功能失效，从而给城市居民的生产和生活带来不便。通过排水管网在线监测以及高效、有序、全面的管网巡查养护工作可帮助管理部门及时发现和清除管网中的"病患"，并及时对缺陷管道进行维修使其恢复排水功能，从而有效保障城市的排水安全。

（3）可持续性

为了实现城市污水系统可持续发展，必须保证污水系统设施设备完好，同时应设置人员管理机构和相应岗位，配置足够的管理人员和运营人员。另外，由于管道使用过程中会出现大量的问题，需定期对管线进行检测维修，从而保证基础设施的可持续发展。

（4）管理水平

污水系统的管理水平可从四方面进行评估，分别为安全管理水平、信息化管理水平、档案管理水平和运行管理规范性。

（5）财务经济

财务经济的考核是针对城市污水系统存在运行成本偏高而运行经费保障不足的问题提出的。解决城市污水系统的资金问题、完善运行费用保障机制，同时通过技术的、管理的手段合理控制城市污水系统成本也是城市污水系统提高运行效能水平的关键性因素之一。

3. 评估指标计算方法与评估标准

城市污水系统效能评估指标体系分为五大类，包括：运行质量、运行效率、可持续性、管理水平和财务经济，同时下设二级指标和三级指标，三级指标计算公式见表 4-5。

由于各个三级指标计算结果量纲有别，数值差别较大，如不对其进行处理，无法得到统一、有意义的综合指标值。因此，为统一标准，要对所有的三级指标进行标准化处理，以消除量纲，将其转化成无量纲、无数量级的标准分，然后再进行分析评价。

城市污水系统效能评估指标计算公式表

表 4-5

一级指标	二级指标	三级指标	指标定义	计算公式	说明
		污水处理厂综合运行负荷率	污水处理厂的运行负荷率以COD负荷率以及氨氮负荷率的综合加权值	污水处理厂综合运行负荷率=氨氮负荷率×权重3 权重1、权重2、权重3分别为0.5、0.3、0.2 运行负荷率 $=\dfrac{\sum_{i=1}^{日历天} A_i}{日历天 \times D} \times 100\%$ COD负荷率 $=\dfrac{\sum_{i=1}^{日历天} (A_i \cdot B_i)}{日历天 \times D \times E} \times 100\%$ 氨氮负荷率 $=\dfrac{\sum_{i=1}^{日历天} (A_i \cdot C_i)}{日历天 \times D \times F} \times 100\%$	A——日处理水量,m³/d; B——日COD进水浓度,mg/L; C——日氨氮进水浓度,mg/L; D——设计日处理水量,m³/d; E——设计日COD进水浓度,mg/L; F——设计日氨氮进水浓度,mg/L
运行质量	运行负荷率	排水管网综合运行负荷率	排水管网降雨积水率与污水冒溢率的综合加权值	排水管网降雨积水率=[一年内排水管网覆盖区域内累计发生的降雨积水点数量]÷[当年排水管网覆盖区域的面积] 污水冒溢率=[一年内排水管网覆盖区域内累计发生的污水冒溢点数量]÷[当年排水管网覆盖区域的面积]	机动车道路上降雨积水深度超过15cm并持续60min以上,面积不小于50m²的连续积水区域为一个降雨积水点。 因下游管线排水不畅致使污水从检查井冒出地面为一个污水冒溢点。 (可根据在线监测仪器的流量、液位值分析排管网的积水率及污水冒溢量,同时与水力模型结合,还可以得出整个污水系统的运行负荷)
		泵站运行负荷率	实际年提升水量占设计年提升总水量的百分比	运行负荷率 $=\dfrac{\sum_{i=1}^{日历天} A_i}{日历天 \times B} \times 100\%$	A——日提升水量,m³/d; B——设计日提升水量,m³/d

续表

一级指标	二级指标	三级指标	指标定义	计算公式	说明
运行达标率		污水处理综合达标率	年污水处理出水水质综合达标天数占全年运行天数的百分比	污水处理综合达标率 $= \dfrac{G}{H} \times 100\%$ $G =$ 权重$1 \times A +$ 权重$2 \times B +$ 权重$3 \times C +$ 权重$4 \times D +$ 权重$5 \times E +$ 权重$6 \times F$ 权重1、权重2、权重3、权重4、权重5及权重6分别为0.2、0.3、0.1、0.2、0.1、0.1	G—水质综合达标天数，d; H—全年运行天数，d; A—BOD达标天数，d; B—COD达标天数，d; C—SS达标天数，d; D—NH_4^+-N达标天数，d; E—TN达标天数，d; F—TP达标天数，d
		泥质综合达标率	泥饼含水率达标率与污泥稳定化处理达标率的综合加权度量	泥质综合达标率 $=$ 泥饼含水率达标率 $\times$ 权重$1 +$ 污泥稳定化处理达标率 $\times$ 权重2 权重1、权重2分别为0.2、0.8 泥饼含水率达标率 $= \dfrac{A}{B} \times 100\%$ 污泥稳定化处理达标率 $= \dfrac{C}{D} \times 100\%$	A—全年泥饼含水率小于80%的天数，d; B—全年处理污泥的天数，d; C—全年经污泥稳定化处理设施处理污泥总量，t; D—全年产生污泥总量，t。 稳定化处理：厌氧消化、好氧发酵、石灰稳定和干化焚烧
运行质量	污染物削减指数	污染物综合削减量指数	年度内处理单位污水削减的污染物综合加权度量	年均污染物综合削减量指数 $=$ 权重$1 \times A +$ 权重$2 \times B +$ 权重$3 \times C +$ 权重$4 \times D +$ 权重$5 \times E +$ 权重$6 \times F$ BOD年均单位污水削减量 $= \left(\sum\limits_{i=1}^{\text{日历天}} ((A1_i - A2_i) \cdot G_i) \right) / \left(\sum\limits_{i=1}^{\text{日历天}} G_i \right)$ COD年均单位污水削减量 $= \left(\sum\limits_{i=1}^{\text{日历天}} ((B1_i - B2_i) \cdot G_i) \right) / \left(\sum\limits_{i=1}^{\text{日历天}} G_i \right)$ SS年均单位污水削减量 $= \left(\sum\limits_{i=1}^{\text{日历天}} ((C1_i - C2_i) \cdot G_i) \right) / \left(\sum\limits_{i=1}^{\text{日历天}} G_i \right)$ NH_4^+-N年均单位污水削减量 $= \left(\sum\limits_{i=1}^{\text{日历天}} ((D1_i - D2_i) \cdot G_i) \right) / \left(\sum\limits_{i=1}^{\text{日历天}} G_i \right)$ TN年均单位污水削减量 $= \left(\sum\limits_{i=1}^{\text{日历天}} ((E1_i - E2_i) \cdot G_i) \right) / \left(\sum\limits_{i=1}^{\text{日历天}} G_i \right)$ TP年均单位污水削减量 $= \left(\sum\limits_{i=1}^{\text{日历天}} ((F1_i - F2_i) \cdot G_i) \right) / \left(\sum\limits_{i=1}^{\text{日历天}} G_i \right)$ 权重1、权重2、权重3、权重4、权重5及权重6分别为0.2、0.3、0.1、0.2、0.1、0.1	A—BOD年均单位污水削减量指数; B—COD年均单位污水削减量指数; C—SS年均单位污水削减量指数; D—NH_4^+-N年均单位污水削减量指数; E—TN年均单位污水削减量指数; F—TP年均单位污水削减量指数; $A1$—日BOD进水浓度，mg/L; $A2$—日BOD出水浓度，mg/L; $B1$—日COD进水浓度，mg/L; $B2$—日COD出水浓度，mg/L; $C1$—日SS进水浓度，mg/L; $C2$—日SS出水浓度，mg/L; $D1$—日NH_4^+-N进水浓度，mg/L; $D2$—日NH_4^+-N出水浓度，mg/L; $E1$—日TN进水浓度，mg/L; $E2$—日TN出水浓度，mg/L; $F1$—日TP进水浓度，mg/L; $F2$—日TP出水浓度，mg/L; G—进水水量，m³/d

续表

一级指标	二级指标	三级指标	指标定义	计算公式	说明
运行质量	污染物削减指数	污染物综合削减率指数	各污染物年均削减量的加权综合度	年均污染物综合削减率指数 = 权重 $1\times A$ + 权重 $2\times B$ + 权重 $3\times C$ + 权重 $4\times D$ + 权重 $5\times E$ + 权重 $6\times F$ BOD年均单位污水削减率 = $\left(\sum\limits_{i=1}^{\text{日历天}}((A1_i-A2_i)\cdot G_i)\right)/\left(\sum\limits_{i=1}^{\text{日历天}}(G_i\cdot A1_i)\right)\times100\%$ COD年均单位污水削减率 = $\left(\sum\limits_{i=1}^{\text{日历天}}((B1_i-B2_i)\cdot G_i)\right)/\left(\sum\limits_{i=1}^{\text{日历天}}(G_i\cdot B1_i)\right)\times100\%$ SS年均单位污水削减率 = $\left(\sum\limits_{i=1}^{\text{日历天}}((C1_i-C2_i)\cdot G_i)\right)/\left(\sum\limits_{i=1}^{\text{日历天}}(G_i\cdot C1_i)\right)\times100\%$ NH_4^+-N年均单位污水削减率 = $\left(\sum\limits_{i=1}^{\text{日历天}}((D1_i-D2_i)\cdot G_i)\right)/\left(\sum\limits_{i=1}^{\text{日历天}}(G_i\cdot D1_i)\right)\times100\%$ TN年均单位污水削减率 = $\left(\sum\limits_{i=1}^{\text{日历天}}((E1_i-E2_i)\cdot G_i)\right)/\left(\sum\limits_{i=1}^{\text{日历天}}(G_i\cdot E1_i)\right)\times100\%$ TP年均单位污水削减率 = $\left(\sum\limits_{i=1}^{\text{日历天}}((F1_i-F2_i)\cdot G_i)\right)/\left(\sum\limits_{i=1}^{\text{日历天}}(G_i\cdot F1_i)\right)\times100\%$ 权重1、权重2、权重3、权重4、权重5及权重6分别为0.2、0.3、0.1、0.2、0.1、0.1	A—BOD年均单位污水削减率指数; B—COD年均单位污水削减率指数; C—SS年均单位污水削减率指数; D—NH_4^+-N年均单位污水削减率指数; E—TN年均单位污水削减率指数; F—TP年均单位污水削减率指数; $A1$—日BOD进水浓度, mg/L; $A2$—日BOD出水浓度, mg/L; $B1$—日COD进水浓度, mg/L; $B2$—日COD出水浓度, mg/L; $C1$—日SS进水浓度, mg/L; $C2$—日SS出水浓度, mg/L; $D1$—日NH_4^+进水浓度, mg/L; $D2$—日NH_4^+出水浓度, mg/L; $E1$—日TN进水浓度, mg/L; $E2$—日TN出水浓度, mg/L; $F1$—日TP进水浓度, mg/L; $F2$—日TP出水浓度, mg/L; G—进水水量, m³/d
运行效率	运行能耗指数	单位水量电耗	年平均处理单位污水所需电量	单位水量电耗 = $\left(\sum\limits_{i=1}^{\text{日历天}}A_i\right)/\left(\sum\limits_{i=1}^{\text{日历天}}B_i\right)$	A—日总用电量, kWh/d; B—日处理水量, m³/d
		单位耗氧污染物削减电耗	年平均削减单位耗氧污染物所需电耗	单位耗氧污染物削减电耗 = $\dfrac{\sum\limits_{i=1}^{\text{日历天}}A_i}{\sum\limits_{i=1}^{\text{日历天}}((B1_i-B2_i)\cdot E_i+4.57\times((C1_i-C2_i)\cdot E_i))}\times10^3$	A—日总用电量, kWh/d; $B1$—进水BOD浓度, mg/L; $B2$—出水BOD浓度, mg/L; $C1$—进水TKN浓度, mg/L; $C2$—出水NH_4^+-N浓度, mg/L; E—日处理水量, m³/d 如无进水TKN数据, 用TN(首选)或NH_4^+-N数据替代, 在分析中请注明

续表

一级指标	二级指标	三级指标	指标定义	计算公式	说明
运行能耗指数		泵站输运电耗	一年内所有提升泵站平均提升单位水量的实际耗电量	泵站输运电耗＝[一年内所有提升泵站的总耗电量]÷[当年所有提升泵站的总提升水量]	包括污水泵站，雨水泵站和合流泵站
		单位干污泥脱水药耗	年污泥脱水絮凝剂总量与年污泥总干量的比值	单位干污泥脱水药耗＝$\left(\sum\limits_{i=1}^{日历天} A_i\right)/B$ $B = \sum\limits_{i}^{日历天}(C_i \cdot (1-D_i))$	A—污泥脱水絮凝剂总量，kg; B—年污泥总干量，t; C—日湿污泥产量，t/d; D—污泥含水率，%
运行效率	运行药耗指数	化学除磷药耗	在考虑生物除磷的情况下，通过化学法，年平均去除单位总磷的药耗	化学除磷药耗＝$\dfrac{\sum\limits_{i=1}^{日历天} A_i}{\sum\limits_{i=1}^{日历天}\left((B1_i - B2_i) - 2.5\%(C1_i - C2_i)\right) \cdot D_i} \times 10^3$	A—日化学除磷药耗，molFe^{3+}; $B1$—进水 TP 浓度，mg/L; $B2$—出水 TP 浓度，mg/L; $C1$—进水 BOD 浓度，mg/L; $C2$—出水 BOD 浓度，mg/L; D—处理水量，m³/d 药剂硫酸铝，氯化铝，聚合氯化铝，硫酸亚铁，氯化硫酸铁，氯化铁，聚合氯化铁铝用量以同当量的 Fe^{3+} 计
		生物脱氮碳源投加量	年平均去除单位 NO$_3$-N 的碳源投加药耗	生物脱氮碳源投加量＝$\left(\sum\limits_{i=1}^{日历天} A_i\right)/B$ $B = \sum\limits_{i=1}^{日历天}\left(C1_i - 5\%(D1_i - D2_i) - C2_i - \dfrac{D1_i - D2_i}{5}\right) \cdot E_i \times 10^3$	A—日生物脱氮药耗，kgCH$_3$OH; B—年去除 NO$_3$-N 总量，kg; $C1$—进水 TN 浓度，mg/L; $C2$—出水 TN 浓度，mg/L; $D1$—进水 BOD 浓度，mg/L; $D2$—出水 BOD 浓度，mg/L; E—日处理水量，m³/d 药剂用量以同当量的 CH$_3$OH 计

续表

一级指标	二级指标	三级指标	指标定义	计算公式	说明
		在线监测率（点/100km）	排水管网中平均每百公里排水管线安装在线监测设备的点数	在线监测率（点/100km）＝[排水管网中安装的在线监测设备总点数]÷[当年排水管网的管线总长度]	在线监测项目包括流量、液位等，在同一处监测多个项目的按一个点计
运行效率	运营维护率	管网养护率	一年内排水管网中实际养护的管线累计长度占当年应养护的管线累计长度的百分比	管网养护率＝[一年内实际养护的管累计长度]÷[当年应养护的管累计长度]×100	养护包括清淤疏通和附属构筑物小规模整修等。应养护项目包括即时性养护和预防性养护，即时性养护指人工巡查或在线监测发现异常发现异常分配养护计划分配养护计划当年应当完成养护的排水管线
		巡查周期	对排水管网有效巡查一遍的（年）平均时间	巡查周期＝365÷[当年对管网有效巡查的遍数]×100	按规定巡查内容并有完整书面记录的为有效巡查。巡查内容包括排水设施的损坏、缺失、占压、扰动，以及必要时对打开井盖观察水力坡降是否异常等
可持续性	设施设备完好率	污水处理厂主要设备完好率（%）	所有污水处理厂主要设备完好率的加权平均。污水处理厂设备完好率指污水处理厂年度内污水处理厂主要设备的完好台时数占总台时数的百分比	污水处理厂主要设备完好率（%）＝[主要设备总完好台时数/主要设备总日历时数]×100% 由各厂根据本厂情况列出主要设备清单	主要设备应包括实现污水处理和污泥处理功能必不可少的工艺设备、动力设备、检测设备、控制设备和运输设备等，不包括办公及生活设备，由考核部门认定
		污水处理厂主要设施完好率（%）	所有污水处理厂主要设施完好率的加权平均。污水处理厂主要设施完好率指污水处理厂年度内污水处理厂主要设施（构筑物）的总完好日历座天数占总日历座天数的百分比	污水处理厂主要设施完好率（%）＝[主要构筑物总完好座天数/主要构筑物总日历座天数]×100% 由各厂根据本厂情况列出主要设施清单	主要构筑物应包括实现污水处理和污泥处理功能必不可少的所有构筑物，由考核部门认定

续表

一级指标	二级指标	三级指标	指标定义	计算公式	说明
可持续性	设施设备完好率	排水管网设施完好率(%)	排水管网中无结构隐患的排水管线总长度占管线总长度的百分比	排水管网设施完好率(%)=[排水管网中无结构隐患的排水管线长度]÷[当年排水管网的管线总长度]×100%	无结构隐患指根据管网检测进行结构状况评估的修复指数（范围0~100）小于50的排水管线。没有完整的管网普查资料时，按未列入下一年维修计划的管线长度计算
		泵站完好率(%)	排水管网所有提升泵站中可正常运行的提升能力占总设计提升能力的百分比	泵站完好率(%)=[所有升泵站中可正常运行的提升水量]÷[所有提升泵站的总设计提升水量]×100%	可正常运行的提升指能力指泵站机组及其附属设备可随时投入运行的实际总提升水量
	人员配置指数	人员配置水平	人员效率和关键岗位人员配置水平。其中人员效率是指单位设计规模配置的人员数量	所有污水处理厂人员总数/所有污水处理厂的总设计规模（人/万 m³） 满足关键岗位人员配置要求的专业数/7	
		关键岗位持证上岗率	关键岗位人员获得权威政府部门颁发的资格证书的百分比	关键岗位持证上岗率（%）=[持证人数/关键岗位总人数]×100%	以省级及以上政府相关机构认定的权威部门颁发的职业资格证书为准
		年人均培训时间	一年内排水管网人员人均培训时间	年人均培训时间=所有污水处理厂人员培训总时间/所有污水处理厂关键岗位总人数	
	管线维护水平	管线检测率(%)	一年内排水管网中实际检测的管线长度占当年应检测的管线长度的百分比	管线检测率（%）=[一年内实际检测的管线长度]÷[当年应检测的管线长度]×100%	应检测指按照普查周期或检测计划分配在当年应完成检测的管线。检测内容以结构性缺陷为主，包括腐蚀、变形、破裂、错口、脱节、渗漏、侵入等
		管线维修率(%)	一年内排水管网中实际维修的管线长度占当年应维修的管线长度的百分比	管线维修率（%）=[一年内实际维修的管线长度]÷[当年应维修的管线长度]×100%	维修包括局部缺陷修复和整段管道翻新，以及附属构筑物规模性整修。应急性维修包括应急处置维修、预防性维修。应急性维修指按照维修计划分配在当年应完成修复或翻新的排水管线

续表

一级指标	二级指标	三级指标	指标定义	计算公式	说明
可持续性	管线维护水平	平均管龄	城镇排水管网中以管线长度为权重的加权平均管龄	平均管龄 $= \sum_{i=1}^{n} L_i A_i / \sum_{i=1}^{n} L_i$	式中 n——排水管网的管线总条数; L_i——第 i 条管线的长度; A_i——第 i 条管线的管龄
管理水平	安全管理水平	污水处理厂安全管理	污水处理厂实际配置的安全管理项目占应配置安全管理项目的百分比	安全组织架构; 安全管理制度与标识; 安全保障方案; 安全培训计划及实施; 应急预案; 应急综合演练（每年至少一次）	以有/无计; 发生一人以上的死亡事故则此项不得分
		排水管网安全管理	排水管网实际配置的安全管理项目占应配置安全管理项目的百分比	安全组织架构; 安全管理制度与标识; 安全保障方案; 安全培训计划及实施; 应急预案; 应急综合演练（每年至少一次）	以有/无计; 发生一人以上的死亡事故则此项不得分
		泵站安全管理	泵站实际配置的安全管理项目占应配置安全管理项目的百分比	安全组织架构; 安全管理制度与标识; 安全保障方案; 安全培训计划及实施; 应急预案; 应急综合演练（每年至少一次）	以有/无计; 发生一人以上的死亡事故则此项不得分
	信息化管理水平	污水处理厂信息化	污水处理厂实际配置的信息化管理项目占应配置信息化管理项目与应配置信息化管理项目（详见计算公式）的百分比	污水处理厂远程监控率（%）; 污水处理厂信息化平台	实现远程监控的污水处理厂占总数的百分比; 以有/无计

续表

一级指标	二级指标	三级指标	指标定义	计算公式	说明
管理水平	信息化管理水平	排水管网信息化	排水管网实际配置的信息化管理项目与应配置信息化管理项目的信息化管理水平与水平（详见计算公式）的百分比	竣工图纸电子化率（%）；管网数字化率（%）；管网信息化平台	所有竣工图中实现电子化的管线所占的长度百分比；排水管网中已实现数字化的管线所占的长度百分比；以有/无计
		泵站信息化	泵站实际配置的信息化管理项目与应配置的信息化管理项目与水平（详见计算公式）的百分比	泵站远程监控率（%）；泵站调度平台	实现远程监控的泵站占总泵站数的百分比；以有/无计
	档案管理水平	污水处理厂档案管理	污水处理厂实际配置的档案管理项目占应配置档案管理项目的百分比	档案管理制度；污水处理厂设备建档管理；维护检修改造记录建档管理；更新改造记录建档管理；应急抢险记录建档管理	以有/无计
		排水管网档案管理	排水管网实际配置的档案管理项目占应配置档案管理项目的百分比	档案管理制度；管线设施建档管理；巡查养护记录建档管理；检测维修记录建档管理；更新改造记录建档管理；应急抢险记录建档管理	以有/无计

续表

一级指标	二级指标	三级指标	指标定义	计算公式	说明
管理水平	档案管理水平	泵站档案管理	泵站实际配置的档案管理项目占应配置档案管理项目的百分比	档案管理制度；泵站设备建档管理；检查维修记录建档管理；更新改造记录建档管理；应急抢险记录建档管理	以有/无计
	运行管理规范性	污水处理厂运行管理规范性	污水处理厂实际配置的运行规范性项目占应配置运行规范性项目的百分比	质量管理体系认证；环境管理体系认证；职业健康安全管理体系认证；运行数据管理规范性；运行数据上报及时性	以有/无计
		排水管网运行管理规范性	污水处理厂实际配置管理运行项目占应配置管理运行项目的百分比	质量管理体系认证；环境管理体系认证；职业健康安全管理体系认证；运行数据管理规范性；运行数据上报及时性	以有/无计
		泵站运行管理规范性	污水处理厂实际配置的管理运行项目占应配置管理运行项目的百分比	质量管理体系认证；环境管理体系认证；职业健康安全管理体系认证；运行数据管理规范性；运行数据上报及时性	以有/无计

续表

一级指标	二级指标	三级指标	指标定义	计算公式	说明
财务经济	运营费完整率	污水处理厂运营费完整率（%）	一年内实际获得的污水处理厂运营费占当年需要的污水处理厂运营费的百分比	污水处理厂运营费完整率（%）＝[一年内实际获得的污水处理厂运营费]÷[当年需要的污水处理厂运营费]×100%	需要的污水处理厂运营费指完全成本及利润组成的经济，第三方审计认可的当年污水处理费；事业化管理单位不计利润和税费
		管网运营费完整率（%）	一年内实际获得的管网运营费占当年需要的管网运营费的百分比	管网运营费完整率（%）＝[一年内实际获得的管网运营费]÷[当年需要的管网运营费]×100%	需要的管网运营费由完全成本及利润组成的经济，第三方审计认可的当年管网运营费；事业化管理单位不计利润和税费
		泵站运营费完整率（%）	一年内实际获得的泵站运营费占当年需要的泵站运营费的百分比	泵站运营费完整率（%）＝[一年内实际获得的泵站运营费]÷[当年需要的泵站运营费]×100%	需要的泵站运营费由完全成本及利润组成的经济，第三方审计认可的当年泵站运营费；事业化管理单位不计利润和税费
	运行维护成本	污水处理厂运行维护成本（元/m）	一年内平均单位水量实际投入的污水处理厂运行费	污水处理厂运行维护成本（%）＝[污水处理厂运行费]÷[当年所有污水处理厂的总处理水量]×100%	污水处理厂运行费包括运行电耗、药剂费、设备维修费、合流管线的养护费、折旧及财务费用等，即维护管理单位实际得到的污水处理厂总经费
		排水管网运行维护成本（元/m）	一年内平均单位长度管线实际投入的管网维护费	排水管网运行维护成本（元/m）＝[一年内实际投入排水管网的管网维护费]÷[当年排水管线总长度]×100%	管网维护包括管网维修费、折旧及财务费用等，即维护管理单位实际得到的管网总经费
		泵站运行维护成本（元/m³）	一年内平均输运单位水量实际投入的泵站运行费	泵站运行维护成本（元/m³）＝[一年内实际投入的泵站运行费]÷[当年所有提升泵站的总提升水量]×100%	泵站运行费包括雨水、污水、合流泵站的输电耗、设备维护费、运行管理费、折旧及财务费用等，即维护管理单位实际得到的泵站总经费

本研究采用的标准化方法是最值法，计算公式如下：

$$y = \frac{x - MinValue}{MaxValue - MinValue}$$

(4-1)

其中，x、y 分别为转换前、后的三级指标值，$MaxValue$、$MinValue$ 分别为所有运行方案或者筛选后运行方案的同一二三级指标计算值的最大值和最小值，此标准值在 0~1 之间。

为了使效能评估结果更为直观，这里采用用户习惯的百分制区间作为各评估等级标准，即考核等级分为 90 分以上为优秀、80~89 分为良好、70~79 分为较好、60~69 分为一般，小于 60 分为较差。

4.5　智慧排水平台的建设

4.5.1　智慧排水平台的大数据中台建设

中台是与前台和后台相对应的一个概念，特指整合内部资源、以灵活支持应用的一种模式。中台的内涵要超过一般意义上的平台，可以动态灵活地响应用户需求，从而快速地实现应用以及迭代。

大数据平台或者基于大数据发展的数据中台，是智慧水务应用的一种新模式。通过基础平台，智慧排水可以进一步挖掘数据中的隐藏信息和运行模式，从而与运行人员的专业经验结合，更加精准和有效地调控排水系统。数据中台包含大数据平台、大数据中心、标准体系和多个应用系统（图 4-31）。智慧水务的应用系统包括常见的排水管网 GIS 系统、

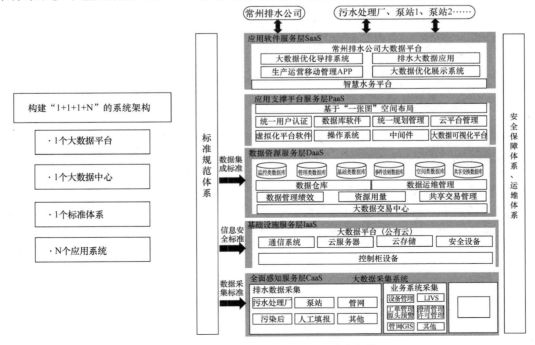

图 4-31　智慧水务平台的大数据中台架构

防汛管理平台系统、泵站管理系统、设备管理系统、排水许可审核系统、源头管理系统，以及实验室 LIMS 系统等。这些系统的运行都是基于大数据平台、大数据中心和标准体系来扩展和运行的。

4.5.2　智慧排水平台的基础设施建设

GIS 数据库是智慧排水平台的基础设施。常用的是 ArcGIS 平台，也有一些开源软件平台如 QGIS、openGIS 等可用作研究。通过 GIS 平台，可以开发各种功能的 APP 软件，支持业务活动的开展。为了规范城市排水管网的 GIS 数据库建设标准，江苏省编制和发布了《江苏省城镇排水设施地理信息系统建设指南》。

在构建 GIS 数据库时，首先根据排水管网的原始测绘数据，按照管网信息系统建模要求，对数据进行加工优化，建立了存储排水管网信息的数据库。数据库更新优化的目的是建立满足管网建模要求的数据库，也就是保证管网空间拓扑完整性、一致性，管网属性完整性、一致性。数据库更新优化的内容主要有数据格式转换、去除重复点、去除重复管道、修改管道反向、补充缺失管道、补充节点井深属性、补充管道上下游管底高程属性、管道逆坡检查与修正。

在 GIS 数据库建设方面，可以把握四个原则：数据准确、功能完善、可用易用、不断迭代。"数据准确"的含义就是要保证 GIS 数据的质量，依靠"用脚丈量管道"的务实作风，信息数据类型完整并且可以动态更新。"功能完善"的含义是要能够进行 GIS 数据和逻辑的错误判断，能对剖面图、横截面图进行可视化分析，自动上报 GIS 运行过程的错误，能开展管网缺陷的全生命周期的管理，以及完成管网资料档案的电子化与管理等。"可用易用"是指 GIS 数据库需要有良好的人机交互界面，算法、算力配置比较妥当，运行速度快，数据信息和分析结果准确无误，和业务紧密结合、量身定制等。"不断迭代"是指需要不断地更新相关应用，这是 IT 技术的本质特征决定的。随着 IT 技术的升级，相关的系统也需要进行升级。随着升级过程，对于使用者的要求也需要提高，业务流程也需要在运行过程中间不断进行改进和优化。

在智慧排水系统中，除了 GIS 基础数据之外，在线实时数据的获取也非常重要。这就是感知与协同的基础设施建设。为了完整运行系统，需要监测各个泵站、污水系统及污水处理厂的提升水量、水质、运行水位、河道水位、降雨量等运行参数，这样才能在 GIS 数据库的基础上开展数据分析，并且进行优化运行算法，从而提升泵站、管网、污水处理厂的联动运行效率。

感知的范围涉及排水户、管网、泵站、通沟污泥、污水处理厂和水环境等。感知的对象包括管网工况、污水处理厂预警、管道养护、排口分析等，感知的目的就是要消除信息孤岛，因为只有在感知信息完善的基础上才能够开展协同与优化运行。

4.5.3　智慧排水平台的设置调度控制模块

智慧排水平台的关键功能是对中途泵站进行优化调度。一般管理平台都会建设一个独立的控制界面，包含集水井、水泵布局，各个泵站水泵控制液位、实时运行状态等。为了发挥控制功能，一般还能够设置泵站、液位的运行参数，以及浏览泵站及液位的历史运行数据等。

泵站设施管理系统需要实现以下的功能：实现泵站管理无人化，远程运行监视管理、数据分析与展示、门禁人员出入管理等。充分利用视频分析功能，可以进行远程的关键设备的诊断与识别；充分利用泵站的历史数据，可以结合开展设备全生命周期的运行管理。

泵站设施的智能调度包括 6 个步骤，即现场调研、初步分析、管网建模、策略设计、模拟评估和现场实施（图 4-32）。

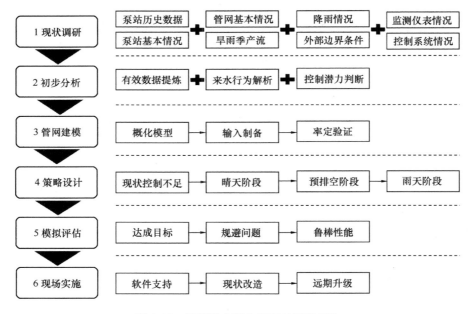

图 4-32　智慧排水平台的泵站调度模块

第一步是现场调研。需要充分掌握泵站、管网、降雨和检测设备的情况。比如，泵站的历史数据和基本情况，管网基本情况、旱季和雨季的产流量；降雨的情况、服务分区和外部边界条件等。此外，还要了解监测仪表状态、控制系统功能等。

第二步是初步分析。主要是调研数据进行筛选和解析。在这个阶段，需要根据调研的数据诊断工艺、提炼运行模式、分析来水特征，并且评估是否具有调度优化的潜力。

第三步是管网建模。主要是建立泵站和排水管网的运行模型。在这个过程中需要基于GIS 数据库的基础数据。首先要进行管网和泵站模型的概化，然后试用观测数据来进行参数预定，接着输入泵站和管网的有关运行数据进行模拟，最后建立系统模型后进行模拟优化分析。

第四步是策略设计。首先要评估当前现状，发现控制的不足之处。这个过程也就称为工艺分析。根据泵站运行的典型情景，可以分三种类型涉及控制策略：晴天、过渡阶段、雨天。这三个阶段，可以与后续的现场实施密切关联。

　　第五步是模拟评估。首先需要根据目标和经验，建立待分析和优化的情景。然后构建目标函数（比如溢流率最低、成本最低等）、构建约束条件（比如液位范围、流量范围等，以及必须规避的状态）。在上述目标函数和约束条件基础上，可以采用最优化算法得到优化的结果。需要采用稳定性比较好的优化算法，结合算力配置，来提高整个模型模拟过程的鲁棒性。模型评估的结果就是最优的运行策略，也可以可视化得到各个不同策略的调度效果。

　　第六步是现场实施。在现场实施阶段，包含设备支持、软件支持、现场设备实体改造、远期系统升级等。在现场实施过程中，需要充分发挥个人经验知识与系统测试数据、模型评估结果之间的融合作用。

第5章　城镇污水收集与处理系统
提质增效技术应用案例

5.1　排水管网提质增效技术应用案例

5.1.1　存在问题

改革开放以来，随着我国城市化进程加快，城市人口比例从 1978 年的不足 20％增长到 2018 年的 60％，城市人口达到 8 亿人。自 20 世纪 90 年代开始，我国政府大力推动城市污水治理基础设施的建设，污染治理投资逐年增加。到 2016 年，我国城市在污水处理工程建设的总投资达到 1485.5 亿元，占 GDP 的比例维持在 1.1％～1.8％，我国城市平均污水处理率达到 90％，与欧美国家污水处理率相近，东南沿海城市污水集中处理率可在 94％以上，达到世界领先水平。我国城市建成区管网密度从 1981 年的 3.17km/km² 提高到 2016 年的 10.61km/km²，城市排水管网架构基本形成。

"十三五"以来，江苏省累计新增污水处理能力约 316 万 m³/d，城镇污水处理能力累计达 1766 万 m³/d，新建污水管网约 1.1 万 km，设区市和太湖流域县级城市建成区黑臭水体基本消除，污染减排的社会和环境效益不断显现。但是，仍有不少地区还存在建设规划不成体系、施工质量比较粗糙、河湖水体黑臭、城镇污水处理厂进水浓度偏低等问题。问题主要分为以下几个类型：

1. 雨天黑臭问题

"逢雨必黑"的主要原因是我国城市排水管网不健全，部分区域雨污混接严重。我国城市排水管网建设滞后城市发展 20 余年，率先发展的中心城区在城市排水主干管网未普及的情况下，为了解决这些区域的污水排放，采取雨污水混接等临时性措施，将污水接入了城市的雨水管网，暂时满足了污水的排放需求。由于在较长时间内没有实施改造，临时措施变成了永久措施，时至今日，仍有大量污水直接排入雨水管道，雨污混接的问题仍然比较普遍。

根据我国南方部分城市的调查结果，排入雨水管网的污水下雨时发生溢流污染，排放 COD 高达 1100mg/L，导致河道雨天黑臭。图 5-1 是我国东部 23 个城市的分流制排水系统雨污混接情况调查结果。可见，非法排入雨水管道污水量占服务范围总污水量的平均比例约 26.2％，最高达到 70％。

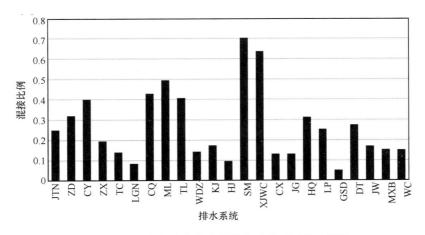

图 5-1　我国东部城市分流制排水系统雨污混接情况

2. 城镇污水处理厂进水浓度低

我国大概有 10.9 万 km 的合流制管网，部分城市的中心城区为合流制系统。我国城市规模较大，污水处理厂通常位于郊区，所以合流制系统输送距离较远、晴天流速较慢，

一定程度上成为颗粒态污染物的蓄存箱，导致末端污水处理厂进水浓度偏低。根据统计分析，超过 70% 的污水处理厂进水 COD 浓度低于 300mg/L，超过 30% 的污水处理厂进水 COD 浓度低于 200mg/L（图 5-2）。

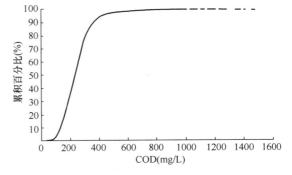

图 5-2　我国污水处理厂进水 COD 浓度累积百分比

3. 体制机制存在的问题

排水行业存在的体制机制问题主要包括建养分离、雨污分管、市区分管、厂网分管和规建管养非一体。

（1）建养分离

管网的建设和养护都是为了更好地发挥其应有的作用。排水管网属于地下设施，管理维护存在一定难度，且多头建设和管理易造成现状掌握不清的情况，使一些已建设管网处于无人管理的状态，甚至出现一些建设单位也无法说清管线建设位置、是否并网、管径尺寸、是否存在断头或封堵的情况。这些都给后续的养护带来一定的难题，使得建成的管网无法发挥应有的作用。

（2）雨污分管

雨水、污水、市政管网养护属于不同单位，但是雨水和污水关联性很强，人为地将其分开，这就导致两者无法建立清晰的联系，易造成雨污混接的现象，污染河道，且造成污水处理厂进水浓度低。

（3）市区分管

市区分管边界不清晰，主干管与支干管的互相关联被人为分离割裂，这导致管网的管理过程中管理单位相互推诿，无法协同管理。

（4）厂网分管

厂站多头管理，责任单位和权利单位不统一，存在互相推诿，无法实现高效调度。

（5）规建管养非一体

无法完善问题的预见性和超前性等，管网的设计、施工、运行养护等问题无法反馈到规划，无法从顶层设计阶段规避后续可能出现的诸多问题。

4. 设计存在的问题

在设计前期存在勘察不到位、套规范甚至存在造假现象，尤其是地质条件差的地区，就可能存在设计没有因地制宜等问题。设计过程中只设计截流管道，管材设计不严谨，没有考虑地下水、河水、自来水等外水进入的问题，同时对管网中的输水管径设计能力不足、预测不科学。施工工艺不合理，如频繁使用拖拉管，就会对外水的治理造成困难。在泵站的设计过程中未考虑运维、抢修特别是大中修，目前一些已改进，仍有很多城市未考虑。污水处理厂的工艺设计不合理、不科学，没有根据水质、排放标准合理设计工艺，就难以实现高效的达标排水。

5. 建设存在的问题

在建设过程中，塑料管材普遍使用，管材检测不规范，第三方造假，材料的验收不规范；施工过程中重任务，轻过程，导致标高、窨井、管道基础、回填质量等存在问题；同时在验收时闭水试验、工程隐蔽性实验、回填质量验收等存在问题，验收不规范。这就是在建设过程中未按基本建设程序走，同时管控机构、部门不到位，需按甲方主体责任、质监行政监督、监理质量保障进行严格履职。

6. 养护存在的问题

目前城市排水管网重建设轻管理的情况还普遍存在，在排水管网养护方面的投入相对较少，造成养护手段单一，已有管网的维护管理力度不够，没有采用必要的检测手段，没有形成科学、系统、周期性的机制，造成管网存在较多缺陷，例如日常清淤多以人工为主，增加工人劳动强度，同时也容易发生安全事故；管道发生堵塞，堵塞位置及情况不清，疏通手段有限；管道破损维护不及时，维修方法单一。随着我国下水道普及率及城市化进程的提高，管道老化和破损的现象也会越来越多，为了避免管道损坏给人们带来的各种损失和不便，需要有计划地对管道进行养护，定期检查和维修。其中最重要的是加强新技术的推广和应用，改变原有的排水管网的管理和养护理念，让养护维修和管理手段逐步向机械化过渡，不断采用新工艺和新技术，有效提高排水管网的工作效率，创造更大的社会、环境和经济效益，这也是整个排水行业发展的必然趋势。

5.1.2　苏州排水系统提质增效案例

1. 苏州市排水现状

2018 年苏州共有污水处理厂 93 座，已建成污水管网 1.18 万 km，处理能力为 374 万 m^3/d，率先全面执行一级 A 排放标准，农村地区生活污水治理率达 80%。但仍存在厂网布局不尽合理，进水浓度偏低等问题。为了建立覆盖全面、标准科学、运行规范、监管有力的城乡生活污水治理体系，苏州市印发《关于高质量推进城乡生活污水治理三年行动计划的实施意见》（苏委办发〔2018〕77 号）和《苏州市城乡生活污水处理提质增效行动实施方案》（苏市水务〔2019〕311 号），围绕"设施全覆盖、污水全收集、尾水全提标、监管全方位"目标，把握"五加快两提高"工作重点，加快工作方案编制、治理设施建设、污水处理厂提标改造、生活污水接纳和管网检查修复，提高信息化管理水平和运行监管水平。

苏州市在过去的三年里共建设（扩建、迁建）污水处理厂 26 座，治理完成超过 3300 个村庄的生活污水，对近 200 个村庄的生活污水治理设施进行改造，建成 3600km 污水管网，11 个污泥处置设施和 150 个独立场站污水设施，显著提升城市的污水收集能力。同时苏州市还完成 1700 多个小区雨污分流改造，1900 多个阳台和车库污水收集，10700 多个重点行业生活污水接纳系统建设，超 5700 个非雨出流及直排口整治，11 个污水零直排区的建设，和超 2.7 万 km 雨污水管网的检查并修复问题管网 4.8 万余处，提高城市的污水接纳能力。

2020 年苏州市处理污水量约 11.50 亿 m^3，总处理能力达到 384 万 t/d 以上；平均进水 COD 浓度上升 10% 以上，超过 296mg/L，出水标准达苏州市"准Ⅳ类"要求。不仅提高了全市的乡镇污水收集率，还解决了污水处理厂进水浓度偏低的问题，提高了苏州市水环境质量，实现全市基本消除城乡黑臭水体，使"国省考断面"优Ⅲ比例达到 92%，水功能区达标率 100%。

2. 目前存在的问题

历经近 30 年的多轮治理，苏州市建成了较为完备的污水收集体系，建立了较为完善的运维管理机制，生活污水得到有效治理，水环境改善明显，但污水治理工作依然存在如下薄弱环节。

（1）排水管网不配套

污水应该通过专用排水管网收集，排至污水处理厂进行规范处置，达标之后排放。但在城市化进程过程中，老城区、老镇区、公路及城中村等地区的规划相对较早，与不断更新的规划的不匹配，导致在上述这些地区极易出现管网"空白区域"，污水只能就近排至城市内河，造成城市内河水体的污染。

（2）雨污分流还不彻底

由于历史原因，城区部分居民自建房、住宅小区内部依然存在着雨污混接、乱接等现象，导致雨污分流不彻底，老城镇的部分道路为合流制排水系统。雨污分流不彻底造成部分雨水经污水管网被输送到污水处理厂，增加了污水处理设施运营成本，降低了污水处理厂的运行效率。雨天，部分污水又随雨水管网流入河道，对水体造成污染。

（3）排水管网质量有待提升

在施工、养护及管理过程中，对一些地区的管网巡查及养护工作不到位，导致管网老化，渗漏情况时有发生，污水外溢、外水入渗难以杜绝。

（4）污水接纳有待规范

在管理过程中，对小型、散乱行业的污水管控力度不到位，污水直排现场屡禁不止。部分企业、单位内部的管网不属于市政管网养护范畴，导致该部分管网疏于管理，造成管网问题频发。对于工业废水纳污的标准、规范，存在"一刀切"、不够详尽等问题，工业废水接纳工作有待提升。

（5）环境压力依旧存在

经过多年努力，苏州在 2015 年基本消灭城市黑臭河道，2020 年基本消灭城乡黑臭河道，城区河道水质常年位置在Ⅲ-Ⅳ类。但达标后，对于黑臭河道长期监管工作不够到位，导致部分河道仍返黑返臭，考核断面仍有季节性不达标。

（6）处理能力不足

在治理过程中发现，污水工程处理规模与实际污水量不匹配的问题比较突出。一方面，部分工程因污水收集管网建设不完善，建设过程中污水排放率和污水收集率设计参数设置不合理，造成处理工程建成后处理水量小于设计规模，一些地区规划建设污水处理设施时，盲目贪大求全，造成"大马拉小车"现象。另一方面，规划设计中没有充分考虑旅游流动人口及农村养殖、乡镇企业排水等，造成设计处理规模偏小及设计进水水质的偏差，引起处理效果差。

此外，合流制排水体系造成的雨污未分流，排水管网的不配套建设，设计水量和实际水量不匹配，污水管渗漏等原因，造成部分污水处理厂进水 COD 浓度偏低，不利于污水处理厂的生化处理，出水不达标现象时有发生。

3. 提质增效目标

为响应《城镇污水处理提质增效三年行动方案（2019—2021 年）》（建城〔2019〕52 号）污水管网全覆盖、全收集、全处理的相关要求，苏州市相继印发了《关于高质量推进城乡生活污水治理三年行动计划的实施意见》（苏委办发〔2018〕77 号）和《苏州市城乡生活污水处理提质增效行动实施方案》（苏市水务〔2019〕311 号），专门成立了"苏州市高质量推进城乡生活污水治理工作领导小组"，遵循"网、厂、湿一根轴""水、气、泥一盘棋""源头控制、过程管理、末端治理一条线""市县镇村一张网"的四条总思路，设定了"设施全覆盖""污水全收集""尾水全提标""监管全方位"的四个总目标，高位推进各项相关工作，并取得了积极的成果。

4. 提质增效措施

苏州市各级主管部门认真制订提质增效措施，细化增效任务，明确增效时限，落实责任，不断推进提质增效攻坚任务的进行。

（1）消灭管网空白区

苏州市提出"公共管网政府建，内部管网共同建"的倡议，积极地推进管网空白区的雨污分流改进工作。对于城中村、城郊接合部、老小区、交通干线等成片管网空白区，优先采用配套建设市政污水管道，将污水收集后就近接入市政污水管网集中处理的方案，费用由财政出资，政府兜底，解决成片管网空白问题。对于机关、学校、医院、浴室、美容美发、洗车点、餐饮（宾馆）、农贸市场、垃圾中转站及集中居住区，遵循"十个必接"原则，对上述地区的排水进行强制管控，有条件的接入主管网，没条件的建造支管网，提倡"行业监管、业主自治、行业自治"的指导思想，积极消灭各种管网空白区。

（2）消灭污水直排点

2018 年以来，苏州大力开展建筑小区污水零直排工作，取得显著成效。改造项目按照"能分则分、难分必截""应纳尽纳、全面收集"的原则，包括住宅楼前后阳台雨污水管进行分流改造，小区内所有雨污管网进行清理疏通，小区化粪池的清污和修复，小区周边进行隔油改造，拆除沿河违建，淘汰低小散企业、落后产能等。积极倡导入户改造，严格控制沿河挂管。对于积极配合相关工作的个体、居民、单位由政府出资建设，对于抵触阻挠的坚持"谁污染、谁治理"的原则，由个人出资建设管网。直排点整治前后河道氨氮水质变化见表 5-1，河道氨氮水质明显降低。

直排点整治前后河道氨氮水质变化情况表　　　　表 5-1

时段	日期	皋桥/上游	西城桥/下游
整治前	2018 年 1 月	2.12	2.82
	2018 年 2 月	1.01	1.64
	2018 年 3 月	0.975	0.961
	2018 年 4 月	1.71	1.53
整治后	2019 年 1 月	0.671	0.922
	2019 年 2 月	0.71	0.532
	2019 年 3 月	0.231	0.297
	2019 年 4 月	0.717	0.77
	2019 年 5 月	0.471	0.783
	2019 年 6 月	0.641	0.756

（3）开展管网检查修复

为推进污水管网雨污互通问题点的修复进程，使污水处理厂进水水量及浓度能够进一步达标，苏州市各个排水处积极开展管网检查修复工作，每年采用管道内窥镜、CCTV 等设备和人工相结合的调查方式，组织专门力量，依托养护单位，对污水管道进行网格化调查，对沿河排污口进行溯源排查、整改。对污水泵站进水浓度偏低的受水范围、河道水环境差的片区优先修复，及时开展 1～2 级缺陷管道修复，对损坏管段占检测管段比例大于 40% 时，原则上所有检测管段均进行修复。重点检查管壁破裂、接口脱节错位、管壁腐蚀等问题，积极推进雨污混流及非雨水出流消灭工作，同步开展"倒虹管专项排查修复"工作。同时遵循"入院检查，联合执法、落实整改"的思路，加强内部管网的检查，打通排管管网检查工作的最后一公里。

在近三年中完成了污水管道修复 136km，总投入 1.3 亿元。根据水质监测数据，主要指标基本稳定在Ⅲ-Ⅳ类，部分河道水质优于Ⅲ类水质标准，区域河道水质和感官质量明显提升。非开挖修复试点区内，平江河氨氮指标检测值下降 72%，整治平江历史片区 56 个雨水排放口，实现无非雨出流。入管水量减少 40%，氨氮浓度增加 99%。

（4）提高管网建设质量

为进一步提高管网的建设质量，苏州市税务局印发了《苏州市排水管道建设与检查修复技术规定（试行）》的通知，高标准实施排水管网工程建设。对于管材的选择提出了"三个禁止，一个不推荐"，禁止使用 PVC-U 双壁波纹管，禁止采用建筑用排水管材代替市政埋地排水管材，禁止沿河挂管采用 PVC-U 管材，不推荐污水管道使用 HDPE 双壁波纹管。对于新建的区域，必须严格执行雨污分流制。对于现有的合流制排水系统，具备条件的逐年实现雨污分流，不具备条件的结合海绵、控制径流、截留、合流、分散式处理。严把工程材料和施工质量关，落实建设单"五方"主体责任，建立质量终身责任追究制度和诚信体系。

（5）推行低水位运行

苏州市大力推行"两增一降"的管网运行模式，增加污水处理量、增加污水浓度和降低污水管网水位，在国内同类城市率先开创低水位运行模式。通过组建运控中心，实现泵站、污水处理厂集中一体调度，污水主管网安装窨井液位计，对污水泵站的液位实时监控，管道水位和泵站水位达标率列入对运营调度单位的绩效考核，资金拨付按质论价等手段实时对水位变化情况进行跟踪，并分析总结问题产生原因、改善对策。

（6）推进排水管网养护进小区

排水管网养护进小区是苏州市大力推动的民生工程，这项重点工程将通过专业化、精细化、系统化的管养手段，真正解决排水管理"最后一公里"难题，切实维护苏州市水污染治理成效。对于小区的管网的氧化，由排水行政主管部门、镇人民政府通过招标、委托等方式确定运维单位，制订翔实的施工及考核方案，相关资金纳入政府财政预算专项经费。这种"不受现状约束、不怕增加财政负担"的工作模式带来的是财政实际增支不多，实际养护效果显著。

（7）规范污水接纳

苏州市印发相关通知，明确各行业主管部门对"333"行动的职能分工，积极推进"十个必接"工作；出台《城镇污水厂接纳处理工业废水管理暂行办法》，加强规范工业废水管控；强化对五小行业和小三乱的整治工作，提出"行业主管部门牵头，业主自行整改"的思路，严格规范污水的接纳。

（8）严格执法、加强宣传

为防止各类水事违法案件发生，苏州市环保、城管、水务、卫生等行业部门监督联合管理，多措并举强化水行政执法工作。严格实行"网格化"管理，个人包片、包区域、包任务，加强巡查频次，使水行政执法常态化。

同时做好宣传教育工作，利用世界水日、中国水周、全国法制宣传日等重大纪念活动日，向居民群众全方位宣传各项法律法规，提高群众法律意识及水域保护意识。

（9）探索尾水治理

近年来，苏州全面开展污水处理厂尾水湿地建设并取得一系列成效。利用污水处理厂周边闲置用地、高速走廊、河道岸线、末端支河、道路绿地、湿地公园等有限土地资源，建设尾水生态净化湿地系统。昆山先行先试，已建成 4 座污水处理厂尾水湿地，面积 43 万 m^2，尾水净化规模 12.7 万 m^3/d，太仓、吴中区等地尾水生态湿地积极推进。此外，对全市 97 座污水处理厂全部按照"苏州特别排放限值"进行提标改造，进一步削减污染物排放，到 2020 年年底全市建成尾水生态净化系统的规模达 130 万 m^3/d 以上，不低于全市污水处理厂总规模的三分之一。

（10）提升污泥处置能力

随着排水系统提质增效工作的进行，污水处理的规模也日益扩大，污泥处置的问题也日益凸显。苏州市不断补齐短板，通过合理布点、集中建设、统一监管、GPS 全轨迹等手段不断提高污泥处置能力。截至 2019 年年底，全市建成污泥处理处置单位 20 家，污泥处置能力约 3840t/d。新增 4 个污泥处置设施，2 个通沟污泥，确保污泥安全处理处置。

（11）农村生活污水治理

农村生活污水治理是苏州城乡发展一体化的重要抓手，也是落实供给侧结构性改革"补短板"任务的重要内容。2015 年起，苏州市全面启动农村生活污水治理行动计划，到 2020 年，全市农村地区生活污水治理率超过 90%。农村治污，"接管"先行。苏州市还明确"接管优先"原则，发挥城镇污水处理厂的规模效应和辐射效应，优先治理重点村、特色村和污染量集中的区域，优先将农村生活污水接管至城镇污水处理系统集中处理。

对一些地理位置偏远的村庄，采用家庭分散式水资源净化系统，让村民的生活污水"足不出户"就能自动完成净化，用于田间灌溉。此外，还通过信息化手段，使污水处理厂和配套管网的主要泵站，具备进、出水水量、水质（主要指标）和液位在线监测等基本功能，落实农村污水治理长效管理。为实现污水处理设施信息化全覆盖，苏州市级财政对各市、区信息化平台建设给予 4600 万元的专项补助。

5. 管理体制与工作机制

苏州市各职能部门牵头，组建具备专业管理能力的团队，形成多方联动系统化管理机制与工作机制，构建管理平台，规范运维机制，做到管之有效，使得提质增效成果得以保障。

（1）建立健全工作网络

为进一步补齐城乡生活污水治理短板，加快全市城乡生活污水处理设施建设，完善污水收集管网，提升处理能力，减少污染物排放，高水平推进城乡生活污水治理工作，2018 年，成立苏州市高质量推进城乡生活污水治理工作领导小组，条块结合、分工负责、高位推进。2020 年，成立苏州城乡生活污水处理提质增效精准攻坚"333"行动工作专班，开展以"三消除""三整治""三提升"为主要内容的城镇污水处理提质增效精准攻坚行动。

（2）借力河长制推进污水治理

苏州市以全面推行河长制、湖长制为抓手，逐河逐湖设立党政河长、湖长，24643条河湖共落实5106名市、县、镇、村四级河湖长，实现"有人管"；建立河长、湖长牵头，河道主官为"纽带"的"交办、督办、会办、查办"工作机制和跨省界"联合河长制"，实现"合力管"；编制实施一河（湖）一策、一事一办清单，实现"管得住"；坚持目标导向，打造生态美丽河湖，实现"管得好"。

为全力打好水污染防治攻坚战，苏州市开展"散乱污企业"专项整治和"黑臭水体"专项整治工作，2019年苏州市各级河（湖）长年度巡河湖超过40万人次，召开工作部署会、督办会、座谈会4万多次，完成各级"一事一办"工作任务清单2.5万份，共淘汰低端低效产能企业（作坊）6055家，治理5.35万家；整治黑臭水体932条，全市水功能区水质达标率达100％；国省考断面水质优Ⅲ比例90％，无劣Ⅴ类断面；42条主要通江支流水质年度均值达到Ⅲ类。

（3）条块分工落实任务责任

在"333"行动中，明确指出需要责任分工，市打好污染防治攻坚战指挥部，各区人民政府是实施城镇污水处理提质增效精准攻坚"333"行动的第一责任主体。水务、发改、生态环境、住建、城管、教育、商务、交通、工信、文广旅、卫生健康、行政审批、市场监督部门分别落实职责与分工，监督、指导相关条线治污工作。

（4）加大投入强化要素保障

苏州市区两级财政加大资金支持和保障力度，建立政府引导、市场推动、社会参与的投融资机制，积极拓展资金渠道。统筹安排相关省级专项资金，支持和推进全市城镇污水处理提质增效工作。按照补偿污水处理和污泥处理处置设施正常运营成本并合理盈利的原则，合理制定污水处理费标准，建立并实行污水处理费动态调整机制，提高自备水用户污水处理费征缴率。结合工程建设项目审批制度改革，开通绿色通道，加快审批流程。

苏州市有关部门应及时、足额拨付城镇污水处理设施运营服务费，统筹缴入国库的污水处理费与地方财政补贴资金的使用，通过政府购买服务方式向提供服务单位支付服务费，充分保障管网等收集设施运行维护资金足额到位。

苏州市排水主管部门同财政、物价等根据环保部门每年向社会公布的上一年度企业环保信用评价结果，明确执行差别化收费政策的企业具体名单、污水处理费加收标准及执行起止时间；差别化收费政策执行期限为一年，下一年度企业环保信用评价结果达到"黄色"等级以上后，停止执行差别水价。加收的污水处理费由征收单位全部缴入同级财政，不得挪作他用。

（5）加强技术指导督查

苏州市按照省级出台的相关技术导则和工作指南，推动"333"行动开展。加强相关专业技术团队支撑，鼓励通过政府购买服务等方式，在管网排查、修复、养护、信息化等方面引入专业化服务。组织开展专题培训，提升设计、施工、建设、监理和运行、管理等方面从业人员的业务能力。

苏州市建立"月报告、季通报、年考核"的工作推进机制，及时调度进展、通报情况，强化指导、严格考核，将城镇污水处理提质增效工作相关指标纳入高质量发展考核指标体系，建立完善奖惩激励约束机制，考核结果作为各地政府和相关部门工作绩效评估的重要内容。加强工作监督评估，组织专家组定期对各地"333"行动成效进行指导评估，对工作不力、进展缓慢的地区和单位，实施约谈通报，加强督查督办。

苏州市借助各类媒体平台，畅通宣传渠道，加强法律法规和政策信息解读增强环保自律意识和治污责任意识，积极引导各类企事业单位、社会团体、民间组织、志愿者队伍共同参与，营造全社会关心、支持、参与的浓厚氛围。充分发挥党员模范和机关企事业单位的带动作用，从我做起，从身边做起，形成正面的导向激励机制。鼓励城镇生活污水处理厂向公众开放。加强信息公开，鼓励公众监督举报向水体、雨水口排污和私搭、乱接违法行为。积极开展城市节水工作，形成节约每一滴水的绿色生活方式和社会氛围，实现源头减排、节水减污。

6. 提质增效取得成果

2018~2020 年，全市完成污水处理厂建设（扩建、迁建）26 座；完成超过 3300 个村庄生活污水治理；对近 200 个村庄的生活污水治理设施进行改造；建成 3600 余公里污水管网，11 个污泥处置设施，150 个独立场站污水设施，全市的污水收集能力显著提升。

同时，全市完成 1700 余个小区雨污分流改造；对 1900 余个阳台和车库污水进行收集；8000 余个生活污水执行"十个必接"；10700 余个重点行业生活污水接纳系统建设完成；整治非雨出流及直排口超 5700 个；建成 11 个污水零直排区；检查雨污水管网超 2.7 万 km 并修复问题管网 4.8 万余处，全市的污水接纳能力持续提升。

苏州全市污水处理厂遵循"一厂一策"指导原则；全面要求开展污水处理厂"一厂一案"评估，全面排查污水接纳和管网质量；全面开展排水达标区划分和建设。2020 年市中心城区污水处理厂进水 COD_{Cr} 大于 300mg/L，BOD_5 大于 100 mg/L，污水处理厂平均进水浓度显著提升。

2020 年度，苏州全市处理污水量约 11.50 亿 t，较 2019 年度增长约 4.5%。新增污水处理能力 83 万 t/d，处理能力达到 384 万 t/d 以上。污水处理厂平均进水 COD 浓度在 2020 年始终保持在 296mg/L 以上，COD 浓度同比上升 10% 以上；苏州市污水处理厂出水标准达苏州市"准Ⅳ类"要求。

截至 2020 年年底，全市完成 932 条城乡黑臭水体全整治工作，提前半年实现全市基本消除城乡黑臭水体目标。全市"国省考"断面优Ⅲ的比例达到 92%，100% 实现水功能区达标。持续推进高质量城乡生活污水治理和水岸同治攻坚行动，42 条通长江河道水质均值达到Ⅲ类以上，全市水环境质量显著提升。

7. 案例总结

苏州市城镇污水处理提质增效工作取得优异成果的原因，一方面归因于苏州政府高度重视城镇污水处理提质增效工作，专门成立工作领导小组，不断细化各部门的责任，强化各部门间的协同工作，同时不断增加或增设相关资金，保证充治污资金的充足。另一方面归因于工作做得细致，遵循严谨的思路，采用可靠的技术，进行"地毯式"的工作做法，对每一个片区、每一条路、甚至每一户人家都做了尽可能完善的控源截污工作。

5.1.3　常州排水系统提质增效案例

自 2015 年起，全国范围内关于黑臭水体整治、小区雨污分流改造等工程投入大量资金等信息屡见报端。相比之下，常州市早在 2006 年就开始实施水环境治理工程，在 2008 年起就将新建小区阳台污废水纳入居住小区排水管理工作，在 2010 年基本实现了老旧小区雨污分流改造，相关投资效益已发挥 10 年有余，目前已进入常态化保持阶段。

近两年来，常州市排水处积极推进长效资金项目——管道结构化检测。对城市道路下的排水管道进行检查和缺陷紧急修复，避免缺陷扩大。在延长了管道寿命的同时，通过定期观察，避免发生因管道结构失效导致的路面塌陷事件，尽全力管控风险隐患。

另外，常州与北京、上海一样，成为全国屈指可数的实现通沟污泥无害化处置的城市之一。在长效资金的有力支持下，每天超过 15t 的管道污泥在五星通沟污泥处理站得到无害化处理处置，有效维护了城市卫生环境，又解除了管网养护的后顾之忧。

常州市在新建、改扩建污水管道工程实施过程中，重点抓好专项规划、详规设计与审核、施工图设计与审核、建设过程管理、接驳工程管理等环节，由排水管理处牵头或参与组织协调建设单位、设计单位、施工单位和属地政府部门等各司其职、通力合作，实现规划、设计与实际需求有效衔接。

1. 机制体制

早在 20 世纪 90 年代，常州市排水管理处与常州市排水公司开始实行"两块牌子，一套班子"的管理体制，着手摸索并形成了规建管养一体化、厂站网一体化一整套高效管理的体制机制。

排水处主要负责污水处理厂、泵站、雨污水管网、污水截流、污泥处置、中水利用等工程建设，以及厂、站、网的运行、监管和维护。污水处理厂、泵站、管网责权一致，管理范围清晰，协调联动有助于发挥出排水设施的最大效益。

管理方面，除排水许可管理、源头管理、污泥焚烧管理等，还包括特许经营监管及排水监测管理。排水监测管理即排水管理处的城市排水监测站对排水户实行 24h 全天候采样监测及水质监测。2016 年，排水监测站被选为国家环境标准样品协作测定实验室，成为国内排水行业唯一的一家实验室。

2. 科学规划

科学规划、设计精准，建立体现专业优势的规划管理机制。1996 年编制了《污水处理规划》，这是常州市首部污水处理专项规划。进入 21 世纪，常州排水在规划中提出了"分流为主，截流为辅"的排水体制，更贴近实际。在管网规划系统性、污水转输系统安全性及未来发展需求上，注重已建管网系统缺陷弥补，实施过程中以新带老，并定期评估城市总体规划变化及上轮排水规划与实际运行情况的符合性。

图 5-3 为常州江边污水处理厂厂站网一体化示意图。2003 年常州规划江边污水处理厂时考虑厂厂、站站、网网之间互联互通和系统冗余度，王家塘泵站和惠家塘泵站进行站站调度，江边污水处理厂和城北厂进行厂厂调度，龙江路和长江路进行网网调度，厂站网互联互通，结合城市建设和排水设施建设逐步建成，发挥厂站网一体化优势，保证排水系统正常安全运行。

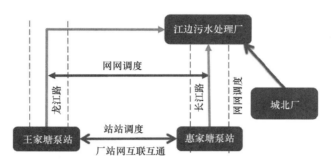

图 5-3　常州江边污水处理厂厂站网一体化示意图

3. 合理设计

常州排水通过建设"邻利型""双仓型"泵站，"按需建设"和"一级强化"的污水处理厂，进行污水截流系统及污水系统的调度，以及将泵站提升能力与污水处理厂处理能力进行匹配，合理设计市区排水系统。

例如采用封闭式构造，完善恶臭、噪声处理方式。同时基于"海绵城市"理念进行景观优化，实现泵站设施"灰色"到"绿色"的转变，设计风格与周围小区保持一致，达到泵站功能与景观优化的双提升，建设"邻利型"泵站。

4. 质量把控

常州市排水管理处对管材选用、窨井、施工方案选择进行审核，做好技术标准确定、预处理设施核查、功能性试验、CCTV 检测、验收及移交管理等环节的管理，并在施工过程中同步做好质量问题的整改，不合格的管道不移交使用。针对第三方主体建设的管网，常州市排水管理处提前介入管道规划的合理性评估，质监部门将市排水处出具的污水管道验收意见作为整体工程验收的前置条件，管理相关方（业主、排水管理部门、质监等）统筹协调，环环相扣，形成工作合力；不合格管道不出具验收合格证书，业主方不支付工程款，未移交的管道不允许企业接管，督促倒逼第三方建设主体努力保障管网建设的工程质量。

5. 小区"三统一"管控

从 2014 年 4 月起，常州市排水处为切实加强排水设施管理，规范新建住宅小区排水设施的建设、养护，破解城市住宅小区建设"重地面，轻地下"的难题，对新建小区排水设施推行"统一设计、统一建设和统一管理"的"三统一"建设管理模式，解决居民小区管道"质量差""失养""失管"难题。

一是明确养管范围。通过现场走访，图纸核对，对养护范围进行了全面细致的核对。

更新小区编号清单，将签订管道养护管理合同时，楼栋标明的建筑施工编号一一对应到小区交付后的正式公安编号，明确小区养护管理范围。

二是制订详细计划。按照上半年和下半年分别养护两遍要求，分片分队分派养护任务，保障每个片区的小区排水管网畅通。

三是高要求作业养护。对作业时间和作业位置提出严格要求，养护后检查每个井盖，将松动的井盖进行处理，并及时清理路面，将对小区居民日常生活的影响降到最低。

截至2020年，亨达未来城等41个项目"三统一"建设全部完成。市排水管理处采取三项措施，加强专业化长效养护管理，确保小区排水设施通畅，避免堵塞、冒溢等问题。

6. 小区阳台污水管控

常州是实行雨污分流制的城市，采取雨污分流优先、源头接管优先、错乱接整治优先的原则，能分流则分流，不能分流的采取合流制截污作为补充。由于居民生活习惯和历史原因，阳台污染是十分普遍的现象。

为从源头上防止新建住宅小区阳台污水入河，2008年常州市出台《关于新建居住建筑设置阳台污水收集系统的通知》（常环控〔2008〕4号），规定阳台南侧要设计污水收集系统，污水立管必须进入室外污水管道系统，不能进入雨水系统。

2013年常州建设局、房产局、规划局和国土局共同出台的《关于加强市区商品房交付使用管理的通知》（常建〔2013〕56号），以及2017年1月1日开始实施的《常州市商品房交付使用管理办法》明确了商品房交付使用的基本条件：雨水、污水实行分流，按规划要求分别纳入城市雨水（或自然水体）、污水排放系统，并经排水管理部门验收合格。由常州市排水管理处验收把关，杜绝阳台、露台污水通过雨水管直接流入自然水体污染环境。

常州市2016年已完成包括华苑一村、金胜花园、金湖花园等93个老小区雨污分流改造，生活污水集中收集输送至污水处理厂达标处理后排放，雨水则通过雨水管道就近排放至河流。另外，对小区住宅阳台进行立管改造，实现阳台洗衣废水集中收集处理，杜绝洗衣废水入河，有效降低河道水体富营养的风险。目前，市区阳台污水以实现99%的接管。

7. 源头企业管控

为规范企业事业单位和其他生产经营者的排污行为，控制污染物排放，常州市采用"双轨式"管理方式、"六不接"控制原则、环评期和建设期接入管理等方式对源头企业污染进行管控。

"双轨式"管理方式是指通过合同监管和许可监管双轨制进行申请许可证的排水户日常监管的模式。合同监管首先制订检查计划，通过不定期抽查和定期检测监管排水户的预处理设施、雨污分流情况和水质情况，对于不合格、不达标的进行整改。许可监管则是通过执法人员和水质检测机构进行现场检查，判断排水户的行为是否需要立案或整改。

与此同时，常州采用"六不接"原则（图5-4），明确工业园区工业废水，含重金属或高浓度、难降解污染物废水不应接入市政污水管网。

工业废水接管后，常州市采用环评期和建设期管理以及现场检查的方式进行管理。环

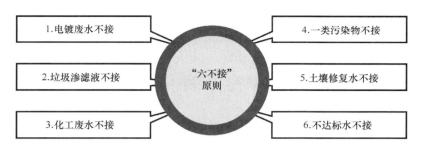

图 5-4　常州"六不接"原则

评期间，常州市排水处首先通过前期调查对排水户的生产性质、规模、生产工艺流程、主要原辅材料、产污环节等进行了解，再通过水质、水量、特征因子、浓度、生物毒性、可生化性、预处理设施评估和污水处理厂接纳容量等初步诊断排水户排水的可行性，最后需要经过监督管理科、设施管理科、城市排水监测站、分管处长、处长进行内部审核。杜绝有毒有害物质的接入，严禁"六不接"中的废水接入。建设期间，常州市政府建立跟踪制度，加强对接管过程的监管和技术服务。对办理意向书企业安排专人跟踪服务，定期进行电话回访、现场服务等。现场检查过程中，制订检查流程，采集执法信息，规范执法，将违法案件移交相关部门进行处理。

8. 初期雨水径流污染治理

随着城市的不断开发，不透水地面增多，径流时间短，降雨冲刷将地面污染物带入受纳水体。雨水径流汇集城市活动的累积污染，若未经过任何控制削减措施直接进入水体，最终会对受纳水体带来负面的环境影响。

目前，常州市初期雨水径流污染控制方面因地制宜，采用初期雨水截流调蓄工程、多级精密过滤的 CSO 快速处理装置、悬浮快速过滤技术和截流＋调蓄＋快速处理等方式，实现初期雨水的快速高效处理。

（1）丽华初雨截流调蓄改造工程

2016 年常州市城乡建设局实施丽华初雨截流调蓄改造工程，对茶山桥北侧龙游河内两个主要排放口服务区域的初期雨水进行收集调蓄与处理。

该工程的主要建设内容为对厂区外龙游河上 2 个主要的雨水排放口新建截流管，截流片区内的初期雨水均流至厂区，将原丽华厂进水泵房改造为雨天提升泵站，用以将截流的初期雨水提升至生反池和二沉池。待晴天下游管网和污水处理厂有富余能力时，调蓄的初期雨水通过放空管进入丽华泵站并最终进入戚墅堰污水处理厂处理。而改造后的初雨截流系统和丽华泵站的进水系统通过闸门联通，还可以对未来丽华片区的合流制溢流管进行调蓄。同时为了实现上述功能，还做了相关改造：在雨水提升泵站后增加了一根 $DN1200$ 的输水管（该输水管也作为放空管），拆除了生反池的曝气并增加了配套调蓄池所需的淤积冲洗设备，将原鼓风机房改造成配电间等。

丽华初雨工程投入运行后，一方面缓解了雨天龙游河的污染、改善了河道水质、减轻了丽华泵站及下游雕庄泵站和戚墅堰污水处理厂在雨天的运行压力；另一方面充分发挥了原丽华污水处理厂闲置设施的功能，使其在新形势下具备了新的功效：既可以对截流的分流制区域的初期雨水进行调蓄，也可以接纳雨天上游新增的雨污合流水。

（2）常州东西十字河改造工程

城市雨污混合溢流污水内含有大量未经处理的城市污水，是我国水体的主要污染来源之一。合流溢流污水主要由生活污水、商业污水、工业废水和马路地表雨水径流共同组成，内含大量粪浆物质和卫生用纸、轮胎粉末、塑料袋、烟蒂、树叶等各种漂浮物质和悬浮物质。这些物质进入受纳水体之后，对饮用水安全造成严重威胁和直接经济损失。

常州东西十字河 2018 年以前，受到周边沈家村等地的居民生活污水通过雨水管道直排入河的污染，水体发黑发臭，是典型的黑臭河道。虽进行了多次整治，但因为仍有部分管道雨污合流，污水直排的问题没有从根本上解决，导致整治效果一直不理想。

为此，常州市排水管理处以管线迁移为突破口，以控源截污为着力点，以生态补水为抓手，以生态修复为保障，全面提升区域水环境质量。河道综合整治工程于 2016 年 11 月开工，2017 年 12 月完工，工程内容包括控源截污、生态补水和生态修复等重点工程。

1）控源截污：在对区域排口进行充分溯源调查的基础上，按照"大分流、小截流"的原则，沿轨道交通 2 号线站点敷设 $D1000 \sim D1200$ 截污管道，因地制宜利用周边三堡街污水泵站既有用地建设截污泵站（2000m^3/d）一座，较好地解决了新建截流泵站与周边居民之间的矛盾，实现对沈家村合流制生活污水的截流，同时在截流泵站设计中优化溢流墙高度等重要参数设置，注重安全性设计，通过自控和远控相结合，构建截流系统远程智能化管理平台，实现了截流系统的高效智能运行，保证防汛和截流的高效统一。2006 年以来，已先后在十字河周边建设 5 个污水截流系统，截污规模达 19400m^3/d，将河周边城中村的污水截流到市政污水管网统一处理排放。

2）生态补水：结合项目区域位置特点，充分利用周边京杭运河优质水质，在充分深入调研各种水环境治理技术的基础上，将超磁分离技术与黑臭河道治理相结合，在三堡街北侧陶家村绿地内建设取水泵房一座（1.5 万 m^3/d），运河水经超磁处理成套设备混凝沉淀后通过新建的 2km 的 $D700$ 压力管道补充至五星公园水体，一方面可加强河道水体的流动，提升河道水动力；另一方面通过补充新鲜的洁净水源，进一步改善河道本体水质，加速河道生态功能的恢复。同时与水利部门构建联动机制，通过十字河南泵站和洪庄河泵站实现十字河与后塘河的有效沟通，增强引排能力，使水系保持良性循环。

3）生态修复：在实施控源截污和生态补水工程的基础上，构建了面积约 6000m^2 的水生植物净化系统示范区，充分利用自然净化与水生植物功能上相辅相成的协同作用来净化水体。通过打造以沉水植物为主的"水下森林净化系统"，创新生态修复治理模式，提升水体透明度，以小范围的生态辐射大水体，在达到景观水体和水质净化功能的基础上，充分体现生态可持续、环境友好的设计理念，实现水环境品质的进一步提升。

通过控源截污工程，实现了十字河周边污染物全收集、全处理，确保从源头上遏制污水入河；经超磁处理后的运河水透明度比原水提高约 10 倍，总磷去除效率也高达 85%，从长期监测数据看，五星公园水体已实现了从黑臭水体到清水的转变，沿河居民满意度达到 91%，五星公园的碧水风貌已成为一大亮点。

9. 提质增效"挤外水"

为实现常州市建成区污水全覆盖、全收集、全处理的城镇污水系统提质增效目标，在该工程实施过程中，市排水管理处重点推进污水系统外水排查、截流系统异常水量调查、老小区雨污水混接排查、管网在线监测，坚决杜绝自来水、河水、地下水、雨水、施工排水等"外水"进入污水管网，全面开展污水系统提质增效"挤外水"工作。

截至 2020 年 11 月，累计巡查污水管网 869km，完成总目标的 95%。共计排查外水入侵问题 314 处，外水总量约每年 595 万 m^3。针对截流系统异常水量，累计调查分析截流系统管线 26.6km，截流井 120 余座，鸭嘴阀 28 个，发现外水入侵问题 36 处。

根据排查情况，市排水管理处有计划、分片区组织实施管网改造与修复，因地制宜采取措施"挤外水"：井体漏水及地下水，采用新型材料堵漏；自来水漏水，与自来水公司建立机制，及时报修；雨水口错接至污水井，采取工程措施将雨水口接入附近雨水井；河水及部分收水口，直接封堵；施工排水，定期监督建设单位完善施工排水设施，确保施工排水有序达标排放。目前，累计完成外水整改 228 处，预估减少外水量每年 498 万 m^3 以上，有效提高了污水系统收集效能。

（1）施工排水

对于施工单位排放至场地外的施工排水，常州市早于 2003 年根据建设部《城市排水许可管理办法》等相关规定并结合常州市实际情况，制定《常州市市区排水许可管理暂行规定》，规定凡直接或间接向城市排水设施排水的单位等均应在实施排水前，提出排水许可申请，领取"排水许可证"。现常州市为改善城市水环境质量，明确制定《城镇污水处理提质增效三年行动方案（2019—2021 年）》（建城〔2019〕52 号），从宣传、实践、奖惩三个方面，主动与建设单位进行排水许可宣传，明确施工排水许可管理工作的重点，实施执法管理，提高建设单位依法排水的意识。截至 2020 年 7 月，排水处工作人员共走访工地 116 处，现场检查多达 250 余次，挤外水水量约 10 万 m^3。

（2）雨水

随着国家对城市防汛排涝和市民对水环境质量要求的提高，对雨水管道养护质量的要求也进一步提高。

常州市排水处创新提出养护工作"五结合"的理念，即：养护作业与设施缺陷发现相结合、与异常水量分析相结合、与设施保护相结合、与管网调查相结合、与 GIS 系统数据完善相结合等。针对纳入城市长效资金的管网巡查、雨水管网养护社会化服务等项目，对制度、标准和管理方法进行调查研究。通过建章立制、出台标准，引导并规范服务提供方保质保量完成任务。在实际工作中，排水处使用车辆 GPS 轨迹分析、车载视频监视和独创的"井内隐蔽巡检牌"等检查考核手段，让管理工作形成闭环。基于上述做法，通过执行奖惩考核办法形成了良好的正向激励机制。

2020 年，江苏省常州市经历了 42d 的超长梅雨期，近十年内位列第一，全市共遭受 7次区域性暴雨的袭击，687.5mm 的平均梅雨量达常年的 2.8 倍。在相似的气象条件下，周边某些城市出现了中心城区立交地道被淹、交通阻断的情况。然而，常州全市主城区内的主干道、立交地道却是一片安然，汛期"海景"在该市城区难觅踪迹。这优异的表现使得"科学养护"这一条文被写入了江苏省住房和城乡建设厅"污水处理提质增效系列指南——管网管理提升篇"，成为全省排水行业有关工作的指导标准。

（3）河水

常州珠江路雨水管底标高 1.2m，污水支管管顶标高 1.0m，支管在雨水主管下方穿过，雨水常管水位 1.6m，大量河水通过支管排到污水井中。为此将珠江路发生河水倒灌的支管封堵起来，"挤外水"水量约 1000m³/d。

5.1.4 无锡某片区污水处理厂水质浓度提升方案

1. 片区排水系统基本概况

（1）基本概况

江苏省无锡市作为一座具有两千多年历史的江南文化名城，是我国改革开放以来经济增长最快和最有前途的城市，也是目前国内重要的现代化产业基地之一，在国内外均享有盛誉。无锡市位于东经 $119°31'\sim120°36'$，北纬 $31°7'\sim32°$ 之间，地处长江三角洲的中部、江苏省南部、沪宁线中段。东邻苏州，距上海市 128km；南濒太湖，与浙江省交界；西接常州，距南京 183km；北临长江，与泰州市所辖靖江市隔江相望。

无锡市某镇位于无锡市滨湖区西北部，东接中心城区，南临太湖，北连惠山区钱桥街道、阳山镇，西接常州市，面积 37.8km²。截至 2018 年，全镇实有人口和流动职工10.8 万人。

2008 年，该镇成立无锡新城建设工业安置区，主要承载太湖新城、蠡湖新城两大新城建设"退城进园"安置企业。多年来，该镇坚持"产业转型升级、城镇功能提升、宜居环境创优"发展路径，全力打造产业高端发展的工业重镇、城乡一体发展的魅力城镇，正以现代产业集聚集群、城乡发展互动融合、人文生态优美宜居的全新姿态，展现无锡西部现代化区域中心的全新形象。目前，全镇现代化居住区已初具规模（规划 6km²，其中新镇区 4km²），高标准建成 230 万 m² 安置小区。规划现代产业园区 21.29km²，建成面积16.8km²。2019 年全国第四次经济普查显示，全镇实体企业总数 2587 家，规模以上工业企业 237 家，上市企业及其生产基地超 10 家。

（2）排水管网服务范围

片区污水管网汇水面积约 55km²，基本覆盖全镇区域。截至 2019 年年底，外围主干管网长度达到 190km，服务人口约 10 万人。

（3）水系河道

本地区属苏南水网地区，河网密布，纵横交汇，典型水乡特色。片区主要水系为直湖港水系和洋溪河水系，其中直湖港水系包括主干河、17 条一级支浜及 27 条二级支浜，直湖港北接京杭大运河，南通太湖，全长 20.13km，其主要功能为航运、渔业、景观和工业用水；洋溪河水系包括主干河、6 条一级支浜及 3 条二级支浜。

（4）气候及降水

无锡市位于长江下游南岸，属北亚热带湿润气候区，四季分明，气候温暖，雨量充沛，日照充足，无霜期长，季风特征明显，常年主导风向为东南风，风向有明显的季节性变化。表 5-2 为无锡市市区降水及水位特征，境内年平均降水量 1000～1200mm，最高年 1713.1mm，最低年降水量 552.9mm。历年平均降水日 140d 左右。汛期为 5～9 月，年降雨量的分布主要集中在汛期，雨量占到年平均雨量的 60％以上。

无锡市市区降水及水位特征   表 5-2

降水（1952～1999 年）			南门水位（1923～1999 年）		
项目	降雨量（mm）	发生时间	项目	水位（m）	发生时间
最大年降雨量	1713.1	1999 年	最高水位	4.88	1991 年 7 月 2 日
最小年降雨量	552.9	1978 年	最低水位	1.92	1994 年 8 月 26 日
最大一日暴雨量	221.2	1990 年 8 月 31 日	多年平均高水位	3.75	1923～1999 年
最大三日暴雨量	295.7	1991 年 7 月 1 日	多年平均低水位	2.52	1923～1999 年
多年平均降雨量	1106.7	1952～1999 年	多年平均水位	3.03	1923～1999 年

（5）水文地质

片区地区位于扬子大陆，基底由距今约 8.5 亿年的晋宁期晚元古代浅变质岩系组成，地壳厚度约 32km。境内的山脉主体，都是有古代泥盆系中下统和上统五通组砂岩、石英砂岩，并夹有粉砂岩、泥岩等岩石构成。境内平原地区，为第四季松散沉积岩覆盖，岩性有砂质粉土、粉质黏土、粉砂等，为湖泊或河流沉积。

该地区土壤类型为太湖平原黄土状物质的黄泥土，土层较厚，耕作层有机质含量在 2％～4％之间，含氮 15％～20％，钾、磷较丰，供肥和保肥性能好，质地适中，耕性酥柔，土壤酸碱度为中性，土质疏松，黏粒含量 20％～30％。

地下水存量并不丰富，水质被地表水所淡化。长江沿岸（江阴堤岸）因为水流和潮汐等，地质土壤分布层次明显，分别为淤泥层、粉土层、砂质黏土层、粉砂层、互层状砂质黏土和黏土层。

2. 市政管网建设和运行及河道现状

（1）污水管网现状

片区现有 190km 污水管网、143km 雨水管网、3 个大型污水提升泵站和 1 个污水处理厂。已开展了污水管网四位一体修复工程，通过排查发现部分管网存在破裂、渗漏、脱节、错位等问题。随着污水管网工程建设力度的加大，该片区很多农村已实现污水管网全覆盖，仍存在少部分农村生活污水管网尚在建设阶段。

（2）河道现状

自 2016 年开展水环境综合整治工作以来，该镇共完成了 41 条河道清淤工程，共计土方约 30 万方；完成新建护岸近 14km，绿化约 11 万 m²；采用水植曝气、生物分解和自然净化等技术，完成了 10 条河道的水生态修复工程；河道综合整治工程总投资达 1.5 亿元。

水质改善方面，从 2 年多来整治工作来看，2017 年，河道整治工程全面开工，大部分河道都处在工程在建阶段（主要是清淤、护岸、绿化工程），检测的 52 条河道（2 条主河道、23 条一级支浜、27 条二级支浜）中，全年平均水质为Ⅲ类水及以上 3 条、Ⅳ类水 22 条、Ⅴ类 7 条，劣Ⅴ类 20 条。2018 年（主要工程结束，基本实施生态修复工程），实测的 51 条河道中（2 条主河道，23 条一级支浜，26 条二级支浜）中，全年平均水质为Ⅲ类水及以上 11 条、Ⅳ类水 31 条、Ⅴ类 3 条，劣Ⅴ类 6 条。较 17 年水质相比Ⅲ类水及以上河道增加了 8 条、Ⅳ类水增加了 10 条、Ⅴ类水减少 5 条、劣Ⅴ类减少了 14 条，水质提升明显。2019 年 6 月最新监测数据显示，具备检测条件的 50 条河道中Ⅱ类水 3 条、Ⅲ类水 23 条、Ⅳ类水 16 条、Ⅴ类 4 条，劣Ⅴ类 4 条。截至 2019 年年底，该镇将全面消除劣Ⅴ类河道，截至 2020 年年底，该镇Ⅲ类水河道比例提升至 70%。

3. 污水处理厂及泵站建设和运行概况

片区有 1 座污水处理厂和 3 座污水提升泵站。

（1）污水处理厂

污水处理厂于 2005 年成立，按照一次规划分期实施的原则进行建设。根据当时的无锡该镇总体规划，远期污水处理厂规划总规模为 $3 \times 10^4 \mathrm{m}^3/\mathrm{d}$，分二期建成，一期工程建设规模为 $1 \times 10^4 \mathrm{m}^3/\mathrm{d}$，于 2006 年 8 月动工建设，2007 年 7 月完成二级污水处理厂及配套管网建设。

污水处理厂平面呈矩形，东西向长约 130m，南北向宽约 140m。处理尾水排放至厂区西侧吕舍浜，再排入直湖港。

一期工程采用具有除磷脱氮功能的 CAST 工艺作为二级污水处理的主体工艺。工艺流程如图 5-5 所示。

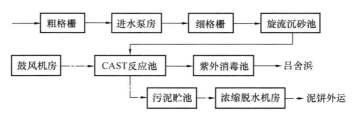

图 5-5　污水处理厂一期工程工艺流程图

2007 年 5 月 29 日太湖蓝藻暴发，造成无锡市区供水大面积瘫痪，影响了无锡市区居民与企业正常生产和生活，给太湖流域周边地区的供水安全敲响了警钟。为改善太湖水质，根据江苏省环保厅颁布的 DB 32 地方标准和无锡市"6699"行动的要求，污水处理厂于 2008 年 6 月开始实施了升级改造工程，由于进水水质的变化和出水指标的提高，根据论证，升级改造工程后现有构筑物处理规模 $0.7 \times 10^4 \mathrm{m}^3/\mathrm{d}$，出水主要指标达到《太湖地区城镇污水处理厂及重点工业行业主要水污染物排放限值》DB 32/1072—2007，其余指标达到城镇污水处理厂污染物排放标准 GB 18918—2002 一级 A 排放标准。升级改造工程污水处理采用强化二级生物脱氮、滤布滤池工艺，出水经次氯酸钠消毒后排入吕舍浜。

污泥脱水采用机械浓缩脱水工艺。升级改造工程工艺流程如图 5-6 所示。

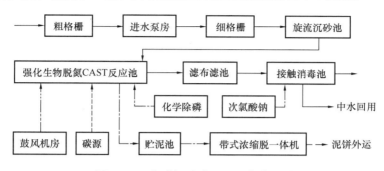

图 5-6　一期升级改造工程工艺流程图

升级改造工程建成后，厂内主要处理建构筑物包括：粗格栅及进水泵房、细格栅及旋流沉砂池、CAST 反应池、滤布滤池、NaClO 消毒及回用水池、鼓风机房、贮泥池、浓缩脱水机房以及变配电所、综合楼等配套设施。

污水处理厂二期工程 2010 年 12 月建成，主体工艺为 MBR 工艺，设计规模 $2.30 \times 10^4 \, m^3/d$，建成后厂内总处理规模 $3.0 \times 10^4 \, m^3/d$，二期污水处理工艺采用膜生物反应器（MBR）工艺，出水采用臭氧消毒工艺，污泥处理采用带式浓缩压滤脱水工艺。二期工程主要处理构筑物包括：粗格栅及进水泵房、细格栅及旋流沉砂池、曝气沉砂池、膜格栅池、MBR 反应池、臭氧接触消毒池、鼓风机房、贮泥池、脱水机房、变配电所等。工程完成后，污水处理厂出水各指标可稳定达到一级 A 排放标准。工艺流程如图 5-7 所示。

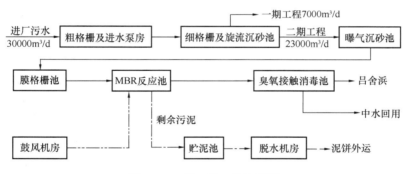

图 5-7　二期工程工艺流程图

2011 年至 2017 年污水处理厂实际进水量为 $1.5 \times 10^4 \sim 1.6 \times 10^4 \, m^3/d$，厂区仅运行二期工程。2018 年，污水处理厂进水水量增加，对一期工程进行整修恢复。为充分利用现状建构筑物，一期整修恢复工程的建设规模为 $0.7 \times 10^4 \, m^3/d$。工艺流程仍沿用一期升级改造工程的工艺流程，同时消毒工艺由紫外消毒改为次氯酸钠消毒，补充余氯，并配套增加化学除磷和碳源补充设施。

污水处理厂污泥脱水系统在 2016 年及 2018 年进行扩建改造。由 1 座贮泥池、2 台 1m 带宽带式脱水机扩建成 2 座贮泥池和 2 台 2m 带宽的带式脱水机，并配置相应的加药装置和污泥螺杆泵、螺旋输送机，设计处理能力由 12.0t/d 提升至 16.0t/d（污泥以 80%

含水率计)。污水处理厂污泥不作消化处理,而直接进行浓缩、脱水,通过浓缩脱水,污泥含水率可以降到80%以下。

2018年江苏省颁布最新《太湖地区城镇污水处理厂及重点工业行业主要水污染物排放限值》DB 32/1072—2018,太湖流域污水处理厂排放标准进一步提高,污水处理厂位于太湖流域一级保护区内,排放标准的执行更为严格。在新的排放限值中出水质标准进一步提高,尤其是氮、磷指标的进一步提标,需要在各期生化处理后设置深度处理单元。新标准中,出水 TN 指标需达到 10mg/L 以下,TP 指标需达到 0.3mg/L 以下,去除率要求更高,而目前污水处理厂现有深度处理设施主要是滤布滤池,仅能从一定程度上过滤截留悬浮物,而对氮磷指标的进一步削减无效果,需考虑增加更为有效的工艺措施。

针对新的排放标准,污水处理厂开始了新的提标改造,提标完成后污水处理厂出水将满足《太湖地区城镇污水处理厂及重点工业行业主要水污染物排放限值》DB 32/1072—2018 一二级保护区的排放限值。本次提标改造工程征用陆藕路南侧、芙蓉北路西侧、直湖港以东用地 15 亩,地块位于现状污水处理厂西南侧。通过提标改造工程的实施可以改善污水排放水质,为河道整治工程提供有力保障,对治理太湖水环境、保障供水安全产生重要的促进作用,并且有助于推进本市经济社会的可持续发展,因此具有良好的生态效益、社会效益和经济效益。

为使污水处理厂出水满足新的排放限值,计划在污水处理厂现状处理系统后增加反硝化滤池+高速气浮,强化系统对 COD 和氮磷污染物的进一步去除,并新建反洗废水池和活性炭应急投加系统,以应对进水突发性的水质冲击,保障出水稳定达标,使出水水质达到江苏省地方标准《太湖地区城镇污水处理厂及重点工业行业主要水污染物排放限值》DB 32/1072—2018 中的一二级保护区内主要水污染物排放限值。提标后污水处理厂工艺流程图如图 5-8 所示。

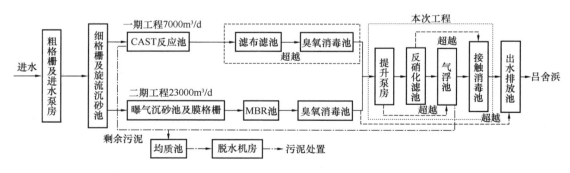

图 5-8　污水处理厂提标后工艺流程图

(2) 污水提升泵站及点源处理设施

片区共有 3 座泵站,分别是位于张舍苑一区的张舍苑泵站,规模为 $1.9 \times 10^4 \text{ m}^3/\text{d}$,服务片区为老镇区;刘间路泵站位于环镇北路与胡安路交叉口,规模为 $0.8 \times 10^4 \text{ m}^3/\text{d}$,服务片区为立人片区;钱胡路泵站位于钱胡路与沪宜路交叉口,规模为 $0.8 \times 10^4 \text{ m}^3/\text{d}$,服务片区为龙延片区。

农村点源处理设施：该镇自 2006 年开展新一轮的水环境整治工作以来，全镇共有 23 个自然村新建或翻建点源处理工程。23 个自然村生活污水点源处理工程分为 2 批、2 种不同技术工艺施工建设。一种是以日本久保田技术为核心的点源处理（共 12 个自然村：中湾、前蔡巷、集贤村、张巷、后蔡巷、周司里、顾家旦、烧窑巷、邵家桥、石漕头、下院、张家）；另一种是以水处理技术 MBR 膜处理工艺为核心的点源处理（共 11 个自然村：长漕河、墩上、乌鹊浜、吕王家旦、油车里、徐家旦、江湾里和西漕顶、后庄、前庄、周官堂、蚂蚁浜）。

4. 提质增效工作进展概况

为响应《省住房城乡建设厅关于贯彻落实〈城镇污水排入排水管网许可管理办法〉的通知》（苏建城〔2015〕612 号）要求，提升太湖流域整体水环境，充分发挥已建治污设施功效，提高城镇污水接纳处理率，减少入河污染，结合区域排水专项规划，开展城镇建成区排水达标区建设规划专项治理，创建排水达标区。

（1）排水达标区建设

排水达标区建设规划目标为"污水管网全覆盖，生活污水有效收集，工业废水规范接纳，排水设施全面养护，污水处理稳定达标，管理制度建立健全"。排水达标区建设以入河排水口、重点污染河段以及排水主管网末端调查为先导，为污水管网完善和控源截污，提供指引；追溯及源地结合路网开展污水主管网布局和结构性功能现状调查，完善污水主管网系统；以相对独立的污水系统和道路、河流等划分排水区，摸底排查，掌握和分析各排水区内雨污分流不彻底、管网私拉乱接等不规范排水行为，以及排水源头不清等问题，制订各排水区内雨污分流改造和排水户接纳计划，全面推进排水区控源截污；加强规划和规范企业废水接纳，落实长效管理，全面提升城镇污水治理水平。

（2）"四位一体"工作进展

2017 年年底，江苏省启动《"两减六治三提升"专项行动方案》即"263"专项行动。为推动"263"专项行动方案落实，无锡市开展了水环境治理专项，其中开展的市政雨污水管道检测"四位一体"工作，即全方位进行排水管网的清掏疏通、测绘标识、排查检测、整改设计，使排查条件更便利，管网资料更完善，暴露问题更全面，设计方案更对症，以促进后期整改更精准，深化排水达标区建设效果。目前"四位一体"的检测排查已全部结束，管网修复工程正在进行中。

市政污水管道的破裂、渗漏、脱节、错位等结构性问题，会直接导致污水渗漏，从而污染地下水，在雨季或地下水位较高的地区会导致地下水、雨水倒灌进入污水管网，稀释管网中的污染物浓度，影响污水处理厂的进水水量和水质，给污水处理厂的运行带来困难。通过本次"四位一体"工作的开展，检查发现该镇管道部分路段存在变形、腐蚀、破裂、错口、渗漏、杂物沉积等问题。

针对本次"四位一体"检查工作发现的问题，该镇对堵塞管道进行了清理；对破损、变形管道进行了修复工作，修复方式为开挖修复，更换的管道均采用实壁 PE 管。

5. 接入工业废水情况

从 2002 年起，滨湖区政府已明确将区属五个镇（河埒、太湖、蠡园等）的工业项目陆续迁入该片区，目前该镇已成为滨湖区工业制造业最集中的镇区。随着工业制造业向该工业园区的积聚，为该镇产业结构的调整和城镇建设提供了较大的发展空间，该园区正日益成为太湖、蠡湖两大新城搬迁企业的首选区、全市农村"三个集中"的实践区、滨湖工业后劲增长的核心区、土地集约和产业集聚的科学发展示范区。至今工业园已发展成为总规划面积 10.3km²，集工业、商贸、物流于一体，以电子、机械、物流为投资重点的无锡市市级重点开发区。

全域"两减"工程启动以来：在减化方面，按照市、区化工企业"四个一批"专项行动整治计划，该镇计划在 2017～2019 年三年内淘汰低端落后化工企业 17 家。截至目前，全镇已完成化工助剂、富安化工、正茂化工等 16 家化工企业的整治工作。太湖防腐的整治工作计划于 2019 年完成。减煤方面，按照该镇燃煤工业窑炉 2017～2019 年三年整治计划，该镇共有燃煤工业窑炉企业 26 家窑炉 36 台。截至目前，已完成 25 家企业 35 台窑炉的整治工作，累计减少用煤（焦炭）7461.12t，折合标煤 5762.48t。

2019 年全国第四次经济普查显示，该镇实体企业总数 2587 家，规模以上工业企业 237 家，上市企业及其生产基地超 10 家。根据滨湖区住房和城乡建设部门的统计数据，2008～2020 年（截至 11 月 2 日）共计发放了 708 家企业的排污许可，污水量总计为 8136m³/d。

工业废水来源广泛，成分复杂，浓度变化较大，对于城镇污水处理厂的生化系统的处理效果、处理能力和处理稳定性有较大的影响。

金属机械加工企业的工业废水特点：机械教工工业在车、磨、削、轧等加工过程中，普遍使用乳化液来冷却、润滑、清洗、防锈，以提高产品的质量，延长加工设备的使用寿命。乳化液除了具有一般含有废水的危害外，由于表面活性剂的作用，机械油高度分散在水中，动植物、水生物更容易吸收，而且表面活性剂不仅对生物有危害，还可使得一些不用水的有毒物质被溶解。为提高乳化液的防锈性，会在其中添加亚硝酸钠，添加的亚硝酸盐很容易转化成致癌的亚硝基胺。

电子企业加工企业：电子废水因各个工厂的工艺的不同而差异较大，但基本都含有铬、镉、铜、镍、锌、铅、汞等重金属离子，氰化物、一些酸性物质和碱性物质，重金属离子都具有毒性长、不可生物降解的特点，能够在生物体内富集，对污水处理厂活性污泥系统毒害极大。

纺织企业：纺织工业废水中一般含有悬浮物、油脂、纤维屑、表面活性剂和各种染料等。如棉纺织废水中常含有棉屑、浆料；毛纺织废水常含有油脂；印染废水中常含有浆料、染料、助剂和多种有机物等，其中含有成分复杂的有毒有害物质和难生物降解的物质。

工业废水如不处理或处理效果差，排入污水处理厂会对污水处理厂的活性污泥系统造成影响，降低活性污泥的活性，甚至导致活性污泥系统崩溃，使污水处理厂出水水质出现波动甚至超标，对污水处理厂的稳定运行危害大。为避免工业废水对污水处理厂的影响，保障污水处理厂稳定达标运行，该镇要求工业企业实行工业废水"零排放"政策，即无限地减少污染物和能源排放直至零的活动，是一种理想的封闭用水系统，是对工业企业用水和排水系统进行优化，最终实现无污染废水外排，在厂内回收处理、循环利用，最终无法利用的废水转化为固体废渣或危废，进行单独特殊处理。为避免因工业企业的偷排漏排影响污水处理厂的运行，该镇已经将亚迪流体、石油化工设备等 80 家企业纳入了新建的在线监管平台，并接入了该镇审批服务综合执法一体化平台，通过在线检测及可视化管理等手段，更好地督促工业企业完成工业废水的厂内处理，实现工业废水"零排放"。

6. 排水系统运行情况评估

（1）污水处理厂历史水质水量分析

为分析污水处理厂进水水质浓度及污染物组成情况，研究团队对该片区的污水处理厂 2019 年的进出水水质情况进行了分析。

污水处理厂 2019 年进出水 COD 变化情况如图 5-9～图 5-13 所示。进水 COD 最高值为 564mg/L，最低值为 21mg/L，均值为 151.7mg/L，其中 COD 浓度主要集中在 0～300mg/L，占比为 96.2%，进水 COD 浓度相对偏低，超过 260mg/L 的概率低至 6% 左右。其中低浓度 COD 主要集中在 2019 年 8 月份，主要原因可能是无锡市在该月份降雨量偏高，大量雨水进入城镇污水管网，稀释了原污水中 COD 浓度。出水 COD 均小于40mg/L，均值在 13.5mg/L，出水浓度主要集中在 0～20mg/L，占比高达 96.7%，能够稳定达到《太湖地区城镇污水处理厂及重点工业行业主要水污染物排放限值》DB 32/1072—2018 中一二级保护区的排放标准。

一般而言，污水中的 BOD_5 越高，表明污水中的原生生活污水所占的比例越高；BOD_5 越低，表明存在地下水或河水渗入，或者雨水混入的问题。污水处理厂 2019 年期间进出水 BOD_5 变化情况如图 5-14～图 5-18 所示。进水 BOD_5 最高值为 198mg/L，最低值为8.54mg/L，均值在 56mg/L 左右，其中 BOD_5 浓度主要集中在 0～100mg/L，占比为

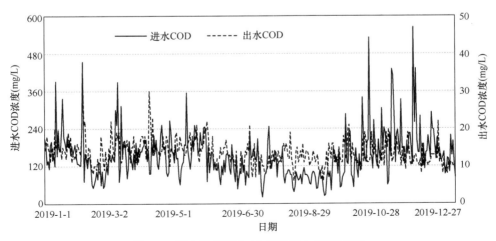

图 5-9　污水处理厂 2019 年进出水 COD 变化

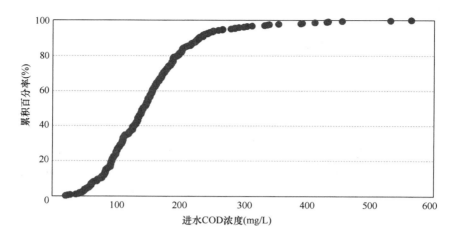

图 5-10　污水处理厂 2019 年进水 COD 累积分布特征

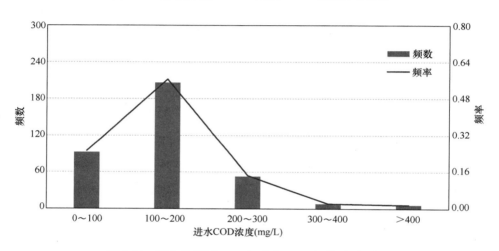

图 5-11　污水处理厂 2019 年进水 COD 频数/频率特征

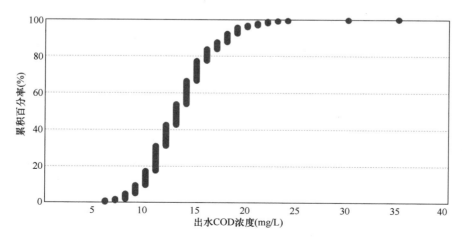

图 5-12　污水处理厂 2019 年出水 COD 累积分布特征

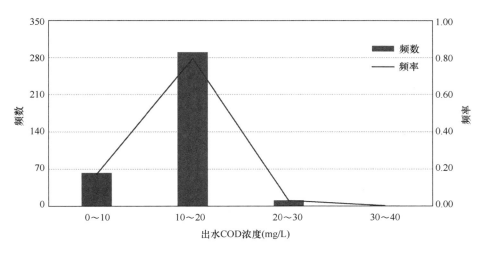

图 5-13 污水处理厂 2019 年出水 COD 频数/频率特征

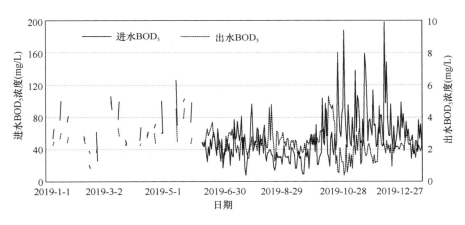

图 5-14 污水处理厂 2019 年进出水 BOD$_5$变化

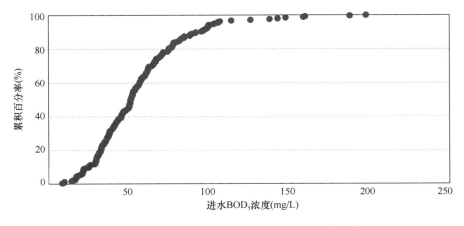

图 5-15 污水处理厂 2019 年进水 BOD$_5$累积分布特征

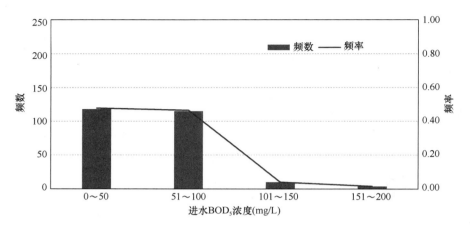

图 5-16 污水处理厂 2019 年进水 BOD₅频数/频率特征

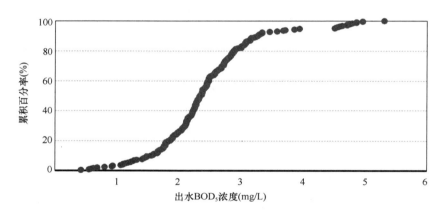

图 5-17 污水处理厂 2019 年出水 BOD₅累积分布特征

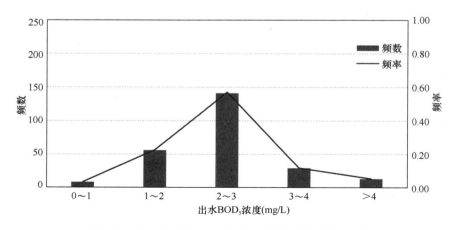

图 5-18 污水处理厂 2019 年出水 BOD₅频数/频率特征

94.3%，超过 100mg/L 的概率低至 6.5% 左右。进水 BOD_5 下半年波动变化规律与进水 COD 变化规律相似。出水 BOD_5 均稳定在 6mg/L 以下，无超标风险。

（2）进出水量变化

污水处理厂 2019 年期间进水量如图 5-19、图 5-20 所示。污水处理厂设计进水量为 30000m³/d，最大进水量为 30832m³/d，最低值为 9752m³/d，均值为 20949m³/d。由于回用水等原因，出水量略低于进水量，在 6564～27455m³/d 之间波动变化，平均出水量约 18621m³/d。进水量全年处于偏低水平，主要原因可能是无锡该镇从 2016 年起，开始实施"水环境综合整治"和"两减六治三提升"，同时为避免工业废水对污水处理厂的影响，保障污水处理厂稳定达标运行，该镇要求工业企业实行工业废水"零排放"政策，使该镇工业企业废水大量减少，从而造成污水处理厂水量偏少，负荷率低于 80% 的概率达到 77%。

图 5-19　污水处理厂 2019 年进出水量变化

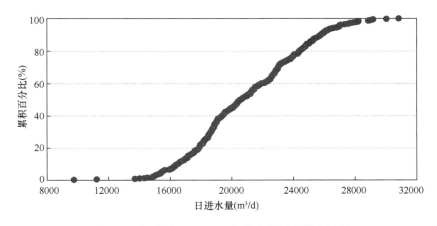

图 5-20　污水处理厂 2019 年进水量累积分布特征

7. 水量平衡法核算进水组成

（1）进水量与降雨量分析

城市排水系统是处理和排除城市污水和雨水的工程设施系统，是城市公用设施的组成部分，通常由排水管道和污水处理厂组成。合流制和分流制是目前普遍采用的排水管道类型，在实行污水、雨水分流制的情况下，污水由排水管道收集，送至污水处理厂后，排入水体或回收利用；雨水径流由排水管道收集后，就近排入水体。但是受多方面因素影响，我国部分城市排水虽然实行了雨污分流，但仍存在雨污管道错接、破损、淤塞等问题，导致雨水、河水、地下水等外水直接或间接地进入管网，造成污水处理厂污水进水量与地区用水量不相符，尤其是降雨天，部分污水处理厂出现进水量明显上升，进水污染物浓度下降等现象，造成污水处理厂进水 COD 或 BOD₅ 浓度偏低，远低于设计值要求，给污水处理厂的运行管理造成较大困难。

污水处理厂位于无锡市滨湖区，地处太湖边，主要水系为直湖港水系和洋溪河水系，其服务片区有 190km 污水管网、143km 雨水管网、3 个大型污水提升泵站。2019 年期间进水 COD 浓度平均值约 151.7mg/L，超过 260mg/L 的概率低至 6%；进水 BOD₅ 均值在 56mg/L 左右，超过 100mg/L 的概率仅为 6.5%，远低于污水处理提质增效对于城镇污水处理厂进水有机物浓度的要求。

为了研究污水处理厂进水 COD、BOD₅ 浓度偏低问题，研究团队进行了降雨量与污水量、水质浓度的相关性分析，并利用水量平衡三角法对该厂进水中的原生污水量（居民小区自来水使用后产生的污水量即为原生污水量）、地下水与河水渗入量、雨水混入量等历史数据进行模拟定量分析。研究所使用的污水量数据来自污水处理厂提供的运行报表（2019 年 1 月～2019 年 12 月）。降雨量数据来自于慧聚气象提供的无锡市日降雨量数据（2019 年 1 月～2019 年 12 月）。

2019 年污水处理厂日进水量与无锡市日降雨量变化曲线如图 5-21 所示。日进水量在 9752～30832m³/d 范围内上下波动，日均值约 20949m³/d，波动较大。无锡市 2019 年晴天 240d，雨天 125d。其中雨天日降雨量在 0.1～110mm 范围变化。通过图 5-21 可以观察到日降雨量有明显的峰值，与污水处理厂进水量峰值具有显著的波动一致性。在日降雨量上升时，污水处理厂进水量也随之上升；相反，在日降雨量下降或无降雨时，污水处理厂

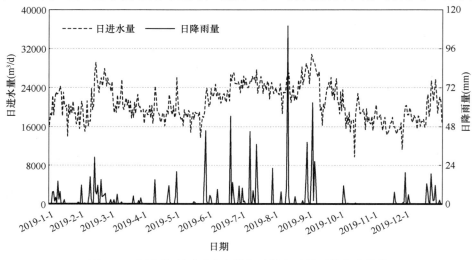

图 5-21　污水处理厂日进水量与无锡市日降雨量变化曲线

进水量也会下降，说明降雨量与污水处理厂进水量呈现一定的正相关性，推测污水处理厂服务片区在降雨时可能有大量雨水混入污水管网。

图 5-22 为污水处理厂进水 COD、BOD_5 浓度与进水量变化情况。由图可看出该厂进水 COD、BOD_5 浓度变化与进水量并没有呈现波动一致性，而是呈现了一定的负相关性，即进水量上升的时候，进水 COD、BOD_5 浓度明显降低，进水量下降的时候，进水 COD、BOD_5 却呈现上升趋势，说明污水处理厂上升的水量是由低浓度外来水导致的。结合上文，从时间维度上来看，该厂进水 COD、BOD_5 波动变化与进水量及降雨量基本保持一致。由此可知，污水处理厂服务片区在雨季时，大量雨水混入污水管网一起流至污水处理厂，提升了该厂进水量，以及稀释了污染物浓度。由 2019 年无锡市降雨量数据可知，2019 年的晴天比例为 65.8%，这意味着污水处理厂一年的进水量中有将近一半时间受降雨影响。其中晴天平均日进水量为 20145m^3/d，雨天平均日进水量为 22512m^3/d，在雨季该厂进水中雨水混入量估算有 2367m^3，占比约 10.5%。

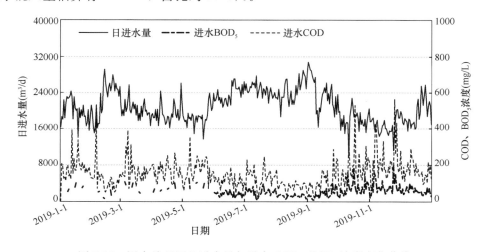

图 5-22　污水处理厂日进水量与进水 COD、BOD_5 浓度变化曲线

此外，通过对无锡市日降雨量、污水处理厂进水量及进水 COD 浓度进行皮尔逊相关性分析，可明确该三者之间参数的相关联系。由表 5-3 可知，无锡市日降雨量与污水处理厂进水量的相关系数为 0.34，呈现一定的正相关性；无锡市日降雨量与污水处理厂进水中 COD 浓度的相关系数为 -0.16，呈现一定的负相关性；污水处理厂进水量与进水中 COD 浓度的相关系数为 -0.47，呈现较强的负相关性。

日降雨量与污水处理厂进水量及 COD 相关性分析　　　　　　　　　　表 5-3

参数	日降雨量	进水量	COD
日降雨量	1	0.34	-0.16
进水量	0.34	1	-0.47
COD	-0.16	-0.47	1

（2）污水处理厂进水组成分析

污水管网中的总水量可分为原生污水量、地下水与河水渗入量以及雨水混入量三个部分，评估方法主要包括同位素示踪法、污染物负荷法和水量平衡法，其中水量平衡法又包括晴天污水量法、夜间最小流量法、三角形法等方法。其中，水量平衡三角形法可有效评估原生污水量、地下水或河水渗入量和雨水混入量，该方法简单易操作，成本较低且评估结果相对准确，使用最多。结合片区现状，考虑评估方法实施的可行性，本文采用水量平衡三角法，核算进水中的原生污水量、地下水与河水渗入量、雨水混入量等各部分所占的比例。

图 5-23 为该厂 2019 年进水中各种水量占比关系曲线图。AE 为该厂日进水量曲线，其与左右两侧纵坐标的交点分别为 A 和 E；B 为一年中晴天所占的比例，D 为 B 向上做垂线与进水量曲线 AE 的交点。ACD 所围成面积代表河水及地下水渗入量；CDE 所围成面积代表雨水混入量；直线 AC 与坐标轴所围成的区域面积代表原生污水量。

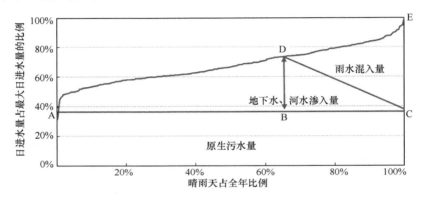

图 5-23 该厂 2019 年进水中各种水量占比关系

通过面积积分计算结果见表 5-4。原生污水量占总污水量的 61.3%，地下水或河水渗入量的占比为 28.9%，雨水混入量的占比为 9.8%。

此外，通过自来水用量也可进行原生污水量占比的计算校核，计算公式如下：

$$Q = D \cdot i \cdot \eta \tag{5-1}$$

式中　Q——原生污水量，m³/d；

　　　D——自来水用量，m³/d；

　　　i——产污系数，取 0.85；

　　　η——收集率，取 0.90。

2019 年该地区日均自来水量为 1.79×10^4 m³，按照公式（5-1）计算可知，2019 年该厂原生污水量约为 1.37×10^4 m³/d，低于该厂 2019 年日平均污水量（2.09×10^4 m³/d），说明该厂进水除了原生污水量，还有其他外来水的进入，比如地下水或河水渗入以及雨水混入等。此外，该厂 2019 年原生污水量占实际污水量 65.2%，与水量平衡三角法得出的结果基本一致，因此应用水量平衡三角法对于该厂进水组成的分析具有一定的合理性。

该厂进水中河水或地下水渗入及雨水混入等现象较为严重，其中河水或地下水渗入问题更为突出，这也很好说明了该厂在晴天无降雨时进水有机物浓度偏低的问题。

进水中地下水及河水、雨水以及原生污水量对比　　　　　　　　　　表 5-4

进水组成	原生污水量	地下水及河水渗入量	雨水混入量	合计
占比（％）	61.3	28.9	9.8	100

8. 晴/雨天居民及市政管网水质采样分析

当前，太湖流域城镇污水处理厂普遍存在进水浓度偏低问题。通过水量平衡三角法核算 2019 年的进水数据可知，该厂进水中实际原生污水量仅占到 60％ 左右，地下水及河水渗入或雨水混入现象较严重，造成进水 COD、BOD_5 浓度超过 260mg/L、100mg/L 的概率仅有 6％ 和 6.5％ 左右。为进一步分析片区主要居民小区及市政管网水质情况，探究管网受地下水或河水渗入及雨水混入的影响，研究团队分别在晴/雨天（24h 降雨量约为 20mm，中雨）开展了片区主干道沿线管网、泵站及居民小区现场污水井的采样工作（图 5-24、图 5-25），测试分析管网中污水浓度变化（表 5-5），评估管网渗漏情况。

图 5-24　晴天管网采样

图 5-25　雨天管网采样

污水处理厂服务片区主要居民小区污水水质统计   表 5-5

序号	小区名称	COD（mg/L）			BOD₅（mg/L）		
		晴天	降雨天	下降百分比（%）	晴天	降雨天	下降百分比（%）
1	香槟花园小区收集井	259	15	94.2	152	8.96	94.1
	香槟花园小区汇入管网	373	165	55.8	166	82	50.6
2	中海收集井	373	180	51.7	170	110	35.3
	中海汇入管网	129	147	−14.0	44	104	−136.4
3	花汇苑二期收集井	540	31	94.3	170	12.2	92.8
	花汇苑汇入管网	186	27	85.5	115	18.1	84.3
4	富安花园 A 区收集井	370	422	−14.1	137	170	−24.1
	富安花园 B 区收集井	363	70	80.7	151	35.9	76.2
	富安花园汇入管网	243	118	51.4	112	71.4	36.3
5	马鞍苑二区收集井	301	70	76.7	145	64.9	55.2
	马鞍苑二区汇入管网	298	60	79.9	147	48.9	66.7
6	富润三区汇入管网	46	89	−93.5	30	64.9	−116.3
7	张舍苑（1）收集井	195	96	50.8	57	53.9	5.4
	张舍苑（1）汇入管网	148	105	29.1	88	40.9	53.5
	张舍苑（2）收集井	317	35	89.0	146	16.9	88.4
	张舍苑（2）汇入管网	132	29	78.0	43	18.6	56.7

由图 5-26～图 5-28 可知，污水处理厂服务片区内居民小区收集井在晴天的生活污水 COD 浓度在 55～540mg/L 之间，均值在 308mg/L 左右，从小区收集井汇入市政管网后，COD 浓度范围在 46～373mg/L 之间，均值约 194mg/L。除了香槟花园小区 COD 浓度出现了上升，其他小区外排水 COD 浓度均出现了不同程度的下降，其中以中海、花汇苑和张舍苑小区最为严重，COD 浓度下降在 58% 以上，香槟花园、花汇苑等小区内部收集井

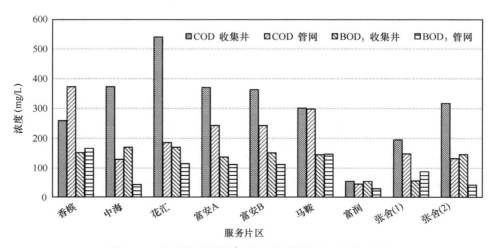

图 5-26 污水处理厂服务片区晴天居民小区污水水质

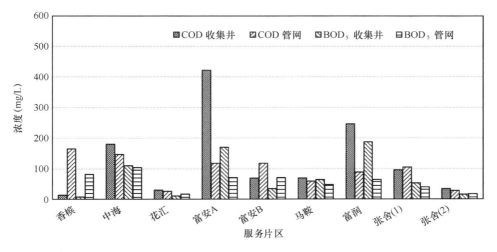

图 5-27　污水处理厂服务片区雨天居民小区污水水质

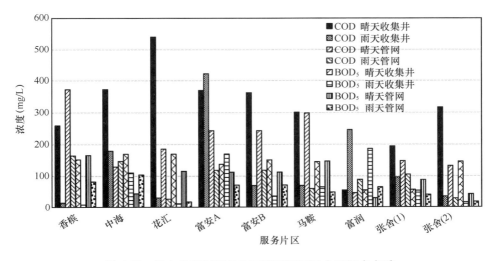

图 5-28　污水处理厂服务片区晴雨天居民小区污水水质

的 COD 及 BOD 平均下降幅度分别为 65.4％和 52.9％，而由于主干道汇入了其他来水，因此包括各个小区及小区汇入主干管（即表 5-5 中所有采样点）的污水浓度平均下降幅度有所减少，COD 及 BOD_5 分别下降了 49.7％和 32.4％。结合上文内容以及该地区此时均无降雨天气，污水中 COD 浓度下降的原因可能是该厂服务片区内居民小区临近直湖港和洋溪河，而且建造时期较早，部分管网出现破损或老化，地下水或河水完全有可能沿着破损裂缝处渗透进入污水管网，从而导致污水中相关污染物浓度被大量稀释。因此对服务片区内管网进行采样分析，主干管网采样点分布如图 5-29 所示。与晴天相比，降雨后（24h降雨量约为 20mm）居民小区收集井内 COD 浓度至少下降一半以上，其中香槟花园小区、花汇苑小区下降百分比已超过 90％，远超一般污水管网的雨水渗入比例（20％），说明居民小区内部可能存在较严重的雨污管网混接、错接现象，使得过量的雨水汇入污水管中，导致污水被稀释。

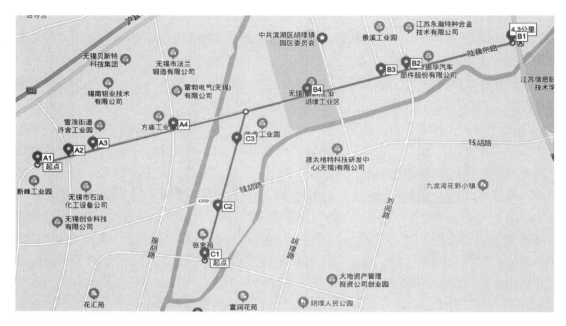

图 5-29　污水处理厂服务片区主干管网采样点分布示意图

城市污水管网是污水处理厂收集污水的专门管网，该镇现有 190km 污水管网和一座该厂，其中直接进入该厂的污水管网有陆藕路（A 线、B 线）与芙蓉北路管网（C 线），其他污水管路基本上作为支干管汇入陆藕路或芙蓉北路主干管网。表 5-6 为污水处理厂服务片区主干管网中污水水质情况。由表可知，A、B、C 线主干管网中 COD 浓度基本低于 260mg/L，最小浓度低至 16mg/L，均值在 111mg/L 左右，BOD_5 浓度在 1.24～151mg/L 之间波动变化，均值约 43mg/L，均低于该厂 2019 年平均进水 COD 和 BOD_5 浓度（COD 为 151.7mg/L，BOD_5 为 56mg/L），由此可见该镇主干管网内污水污染物浓度整体偏低。

污水处理厂服务片区主干管网污水水质情况统计　　　　　　　　　　表 5-6

序号	主干管网名称	COD（mg/L）	BOD_5（mg/L）
A1	陆藕路西堰路交叉口	16	1.24
A2	陆藕路胡阳路交叉口	86	4.74
A3	陆藕路孟村路交叉口	258	119
A4	陆藕路振胡路交叉口	24	6.74
B1	陆藕路东	147	41.2
B2	陆藕路刘间路交叉口	47	16.3
B3	陆藕路刘塘路交叉口	88	28.9
B4	陆藕路张舍路交叉口	266	151
C1	芙蓉北路与环镇北路交叉口	134	57.1
C2	芙蓉北路主管（张舍苑 2 区）	132	42.6
C3	芙蓉北路与龙柏路交叉口	23	4.74

绝大部分工业企业分布在该厂的东、西以及东北方向，排出的废水通过支干管网汇入

陆藕路主干管网内，最终流向该厂。结合工业企业排水水质分析可知，重点监管企业出水 COD 平均浓度约 161.5mg/L、出水 BOD_5 浓度均值约 59.6mg/L，高于陆藕路主干管网 A/B 线内 COD 和 BOD_5 浓度均值 31.3%、27.9%；根据水量平衡三角法可知，地下水与河水渗入量占比为 28.9%，说明工业企业废水在主干管网流通过程中，发生了地下水或河水的渗入，稀释了污染物浓度。

C1 和 C2 线管网内的污水主要来自该镇居民小区。C1 和 C2 位置的 COD 浓度在 133mg/L 左右，而居民小区产生的生活污水汇入支干管网时 COD 浓度约 194mg/L，COD 浓度下降了 31%，稀释了污水 COD，主干管网污水在进入 C3 位置时，COD 浓度下降至 23mg/L，表明管网内发生了外来水的流入。与 A、B 线 COD 浓度下降程度相比，C 线更为严重，主要原因是 C 线处于直湖港和洋溪河周围，地下水或河水资源十分丰富，在污水管破损或雨污混接的情况下，可能存在河水倒灌至污水管网中的现象，造成污水浓度下降。

一般来说污水管网管底标高设计为沿程降低，以便污水在管网中通过自流汇入污水处理厂，但实际上受管道多种因素影响会存在堵塞、反坡等情况，污水在流经这些管段时自流受阻，造成污水管道内残留大量污水，影响污水收集效率导致部分污水渗漏进入地下。污水处理厂服务片区内污水管网污水井水位距离井口高度在晴雨天的变化情况如图 5-30 和表 5-7 所示。污水井水位距离井口高度不一，最低水位距离井口高达 3.9m，底部基本没有污水，而最高水位距离井口低至 0.2m，几乎要漫溢出污水管网至地表。可以明显观察到不同天气收集井之间的水位距离井口的高度差异很大。晴天居民小区排水井水位距离井口的高度范围在 1.75～3.02m，均值为 2.47m，而雨天高度范围却在 0.2～1.75m 之间，均值低至 1.06m，说明在雨季居民小区内大量雨水通过错接、混接管网流入排水井，对原生污水中 COD、BOD_5 进行了稀释。此外，在降雨天气污水管网内水位的上升，尤其是安置小区收集井及其汇入的支干管网水位上升最为严重，如花汇苑、富安花园、马鞍苑，距离井口高度低至 0.2～0.4m，而商品房小区管网水位距井口高度维持在 1m 以上，前后污水管网存在明显管位差，说明部分污水管网内出现堵塞或淤塞情况，导致上游的部分污水无法通过重力自流至下游，在这种情况下，污水在管道内流速减缓，不仅造成雨季污水管网水位上升，形成管位差，而且平缓流过的污水中大颗粒物质在污水管网内会发生沉积形成硬质结垢，加剧局部管网淤塞。

该厂服务片区管网液面距离井口高度统计　　　　　　　　表 5-7

序号	管网污水井名称	水位距离井口高度（m）	
		晴天	雨天
1	香槟花园小区总排口	1.75	1.75
2	香槟花园小区汇入管网	2.25	1.5
3	中海总排口	2.60	1.5
4	中海汇入管网	2.52	1.2
5	花汇苑二期总排口	2.05	0.4

序号	管网污水井名称	水位距离井口高度（m）	
		晴天	雨天
6	花汇苑汇入管网	2.14	0.4
7	富安花园 A 区总排口	3.00	0.9
8	富安花园 B 区总排口	2.00	0.9
9	富安花园汇入管网	2.30	0.2
10	马鞍苑二区总排口	2.53	0.4
11	马鞍苑二区汇入管网	2.51	0.4
12	富润三区总排口	3.00	1.2
13	富润三区汇入管网	3.02	0.9
14	张舍苑（1）总排口	2.82	1.6
15	张舍苑（1）汇入管网	2.74	1.5
16	张舍苑（2）总排口	2.93	1.7
17	张舍苑（2）汇入管网	1.80	1.6
18	陆藕路西堰路交叉口	1.93	—
19	陆藕路胡阳路交叉口	1.78	—
20	陆藕路孟村路交叉口	2.30	—
21	陆藕路振胡路交叉口	1.92	—
22	陆藕路张舍路交叉口	2.83	—
23	陆藕路刘塘路交叉口	1.85	—
24	陆藕路刘闾路交叉口	3.78	—
25	陆藕路东	1.74	—
26	龙柏路与芙蓉路交叉口	3.07	—
27	芙蓉路主管（张舍苑）	1.80	—
28	环镇北路与芙蓉路交叉口	3.90	—

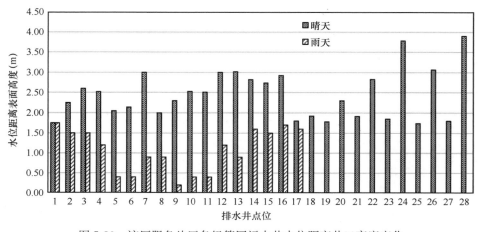

图 5-30 该厂服务片区各级管网污水井水位距离井口高度变化

9. 污水浓度降低贡献率核算

污水中存在大量的微生物，因此污水在管道的输送过程中，由于微生物的呼吸作用，有机污染物会有所降解。本文采用通用 S-P 降解模型来估算 COD 在管道中的降解，以此来分析晴/雨天居民小区管网和市政主干管的渗漏，以及管道沿程降解分别所占的比例，有利于分析不同条件下污水浓度降低的主要影响因素，为后续的改进措施提供技术支持。

S-P 模型公式为：

$$C = C_0 \exp\left(-K \frac{x}{86400u}\right) \tag{5-2}$$

式中　C——计算断面 COD 浓度，mg/L；

$\quad\quad C_0$——COD 初始浓度，为 301mg/L（A 点）；

$\quad\quad K$——COD 降解系数，d^{-1}；

$\quad\quad x$——输送距离，m；

$\quad\quad u$——污水输送平均流速，m/s。

以马鞍苑二期排水口（A 点，晴天 COD 为 301mg/L，雨天 COD 为 170mg/L）——张舍苑汇入芙蓉北路主管（B 点，COD 为 148mg/L，雨天 COD 为 105mg/L）为例分析，综合考虑地区因素，COD 降解系数 K 取 $0.2d^{-1}$，污水输送平均流速 u 取 0.2m/s，A 点与 B 点的距离为 3300m，理论降解量为 11.3mg/L，但实际降解量为 153mg/L，实际降解量远大于管道中的理论降解量，由此可知，地下水及河水入渗对原生污水浓度的影响较大。通过计算可知，在晴天无降雨情况下，A 点污水输送至 B 点的过程中，污水中的微生物在管网中对于 COD 的降解所占总损失量的 7.4%；而降雨后原生污水 COD 的降低量显著增加，且由于流速和溶解氧的增加（以平均流速 u 取 0.4m/s、COD 降解系数 K 取 $0.3d^{-1}$ 计），COD 的降解量为 8.4mg/L，占总损失量的 12.9%。

唐建国等研究表明，我国各地实测居民小区出口的污水浓度为 350~500mg/L。同地区滨湖区万科魅力之城一期小区污水排口 COD 平均浓度为 325.1mg/L（调研表明小区管网仍有部分渗漏），常州怀德苑污水排口 COD 浓度为 477.9mg/L（管网相对良好）。结合该镇居民小区排口的实测数据，本报告以居民小区原生生活污水 COD 浓度为 350mg/L 作为基准，则晴天采样 A 点位 COD 损失率达到 57.7%，其中居民小区管网、管道沿程降解、市政管网损失（包括管网渗漏和工业废水的稀释作用）的贡献率分别为 14%、3.2% 和 40.5%；雨天采样 A 点位 COD 损失率达到 70%，其中居民小区管网、管道沿程降解、市政管网损失（包括管网渗漏和工业废水的稀释作用）的贡献率分别为 51.4%、2.4% 和 16.2%。此外，降雨情况下，小区污水排口普遍存在浓度低的现象，推测居民小区可能存在雨、污管道混接的现象，是后续管网检测排查及修复的重点。

因此基于本报告所采用的研究方法，晴天污水浓度低的主要因素是市政管网渗漏和工业废水的稀释作用，而雨天的主要因素则是居民小区管网的雨水汇入。

10. 工业企业排水调研

该镇近些年的工业化进程大幅加快，虽然大幅促进了经济增长，但工业生产所带来的环境污染问题日益突出。该镇为了解决环境问题和水资源短缺问题，从 2016 年起，开始实施"水环境综合整治"和"两减六治三提升"。同时工业企业积极采取工业废水零排放和近零排放的解决措施来减少排污总量，实现废水减量化、资源化和无害化，在一定程度上缓解了水资源的污染现状，保护当地环境不受到污染，也有效保证了该厂的稳定运行。

为了了解污水处理厂服务片区内工业企业排放的废水水质及其特点，研究团队对该片区内重点监管企业废水排放口进行取样监测并分析，具体结果如表 5-8 和图 5-31 所示。重点监管企业出水 COD 浓度在 8~1170mg/L 范围之间波动，变化幅度较大，均值约161.5mg/L 左右。出水 BOD_5 浓度范围在 2.5~358mg/L 之间，均值为 59.6mg/L；出水 BOD_5/COD 在 0.12~0.88 之间，其值超过 0.3 的企业有 29 家，占比高达 76%。从可生化程度可知，该厂服务片区内大部分工业企业外排的污水属于可生化性尚可的污水，但是绝大部分工业企业外排废水中的 COD 及 BOD_5 却非常低。在调研的 38 家大型企业排放的废水水质中发现，89% 的废水 COD 浓度低于 260mg/L，且 BOD_5 低于 100mg/L，甚至接近一半的废水 COD 低于 100mg/L，1/3 的废水 BOD_5 浓度低于 20mg/L。这部分工业废水会稀释管网中的污水，是污水处理厂进水浓度低的原因之一。

污水处理有限公司服务片区重点企业废水水质情况统计　　　　　　　　表 5-8

序号	企业名称	COD (mg/L)	BOD_5 (mg/L)	BOD_5/COD	是否有预处理设施
1	无锡某有限公司（陆藕路）	361	163	0.45	否
2	无锡某机械有限公司	32	13.1	0.41	否
3	无锡市某锻造有限公司	25	5.1	0.20	是
4	无锡某装备有限公司	31	11.4	0.37	否
5	无锡某装备有限公司	310	120	0.39	否
6	无锡某钢管有限公司	8	2.5	0.31	是
7	无锡某股份有限公司	19	10.9	0.57	否
8	无锡某铝业有限公司	164	62.3	0.38	是
9	无锡某模具分公司	18	3.2	0.18	否
10	无锡某机械有限公司	389	149	0.38	否
11	无锡某公司（翔鸽路）	260	35.5	0.14	否
12	无锡某轴承有限公司	85	28	0.33	是
13	无锡某有限公司（杜鹃路）	94	52.3	0.56	是
14	无锡某铸造有限公司	55	12.9	0.23	否
15	无锡某股份有限公司	30	4	0.13	否
16	无锡市某设备有限公司	121	36.3	0.30	否
17	无锡市某设备有限公司	1170	358	0.31	否
18	无锡某有限公司	180	35.8	0.20	否
19	无锡市某换热器有限公司	29	6.9	0.24	是
20	无锡某织造有限公司	413	140	0.34	否

续表

序号	企业名称	COD (mg/L)	BOD₅ (mg/L)	BOD₅/COD	是否有预处理设施
21	无锡某电机技术有限公司	72	28.8	0.40	否
22	无锡某金属有限公司	10	3.48	0.35	否
23	无锡某控制有限公司	29	14.3	0.49	是
24	无锡某包装有限公司	74	33.2	0.45	否
25	某铝业有限公司	82	33.3	0.41	否
26	某电子无锡有限公司	178	89.2	0.50	否
27	无锡市某附件有限公司	187	74.7	0.40	否
28	江苏某合金有限公司	202	81.2	0.40	是
29	无锡某股份有限公司	254	125	0.49	否
30	无锡某股份有限公司	214	94.2	0.44	否
31	无锡某工业园	163	50.2	0.31	否
32	无锡市某铸业有限公司	186	58.2	0.31	否
33	无锡市某钢厂	170	73.7	0.43	否
34	江苏某轴承股份有限公司	62	22.8	0.37	是
35	无锡某机械专件有限公司	110	29.6	0.27	否
36	无锡市某铸造厂	204	179	0.88	否
37	无锡市某纺织有限公司	105	12.5	0.12	否
38	江苏某膜科技有限公司	42	12.7	0.30	是
	平均值	161.5	59.6	0.36	否

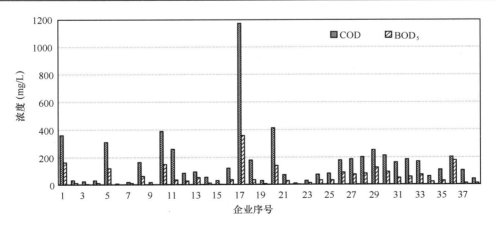

图 5-31　污水处理厂服务片区重点企业废水水质情况统计

　　该厂位于太湖一级保护区，工业废水实行零排放政策（作为危废单独处置），工业废水不进入排水系统。调研中发现，部分规模以上企业设有预处理设施，而厂区的生活污水也经过了预处理，污染物浓度显著降低，排放至污水管网中后稀释了原生生活污水，与进水浓度提升的政策背道而驰，是需要整改的方向之一。此外，在无预处理设施的工业企业中，仍有相当部分废水浓度严重偏低，偏离生活污水水质范围，其厂区可能存在雨水、地下水或河水等"外水"入渗的现象，稀释了厂区生活污水，导致排放的废水浓度偏低。

11. 小区控源截污调研

控源截污工程需持续不断地推进、完善。制订巡查计划，进行整个片区的控源截污排查。对于发现的污水直排排水口，必须新建污水管道将发现的直排污水截到城镇污水系统中。对于保留的沿河排水户和近期暂时保留的城中村要用"绣花"的功夫解决好屋顶雨水与室内污水的分流，甚至一户一方案。尽可能地将所有污水截流至城镇污水处理系统，拆除沟渠截流的坝和堰，实现"清污分流"。结合城市综合整治，给路边餐饮店、大排档、马路洗车店、垃圾桶等排污源建设污水收纳口，杜绝这些废水直接排入道路雨水收集口，这既是雨污混接源头改造的重点，又是实现污水全收集的关键。

研究团队对主要居民小区进行了现场考察，发现仍存在一些"散乱排"的现象。

在一些老旧小区，仍有部分住户将洗衣污水泼洒在道路上，流入雨水管网中，不仅会增加河水的有机负荷，影响河流水质，而且使得这部分污水没有收集到污水处理厂中，属于"应收未收"范围。在后续污水处理的提质增效工作中，应细化到每家每户，尽可能地将所有生活污水全部接入污水管网中，减少直至杜绝污水入河情况的发生。

此外，调研发现，在连续七天无降雨的情况下，居民小区的雨水篦充满着污水。研究团队随机进行了花汇苑两个雨水篦中污水的水质检测，COD 浓度分别为 540mg/L 和 380mg/L，"污水"的属性确凿无疑。通过现场调研，发现雨水篦中的污水主要由洗衣、厨余污水构成，个别雨水井中可能还有厕所污水的成分。

雨天居民小区内部污水管中汇入了大量雨水，导致污水被稀释，COD 等水质指标严重偏低；而晴天雨水篦中确存在大量的污水，由此可知，小区的截污工程尚需坚持不懈地进行下去，尤其是雨污混接部分，需要对小区管网的混接进行重点排查，发现后立即整改，将污水收集至污水处理厂，做到"应收尽收"。

12. 结论与建议

（1）结论

该厂进水有机物浓度偏低，无法满足"污水处理厂进水 COD_{Cr} 浓度大于 260mg/L 或 BOD_5 浓度大于 100mg/L"的要求，其原因主要包括以下几个方面。

工业排水影响。片区工业企业众多，规模以上企业的工业废水虽执行零排放政策，但仍有相当量的厂区生活污水经过了自建污水处理站的预处理，排入市政管网中的废水浓度较低，在调研的 38 家大型企业排放的废水水质中发现，90% 的废水 COD 浓度低于 260mg/L，28% 的废水 COD 浓度低于 100mg/L。这部分工业废水会稀释管网中的污水，是污水处理厂进水浓度低的原因之一。

雨水稀释。通过晴/雨天主要居民小区排口的水质分析发现，在降雨天居民小区的污水管网中混入了大量的雨水，导致原生生活污水被稀释。相比晴天采样水质，雨天居民小区内部污水收集井的 COD 及 BOD_5 的平均下降幅度分别达到 65.4% 和 52.9%，导致雨天污水管网水位的提高及水质浓度的降低。

地下水或河水汇入。管网"四位一体"检测排查中发现，片区雨水及污水管存在大量破损的现象，易导致地下水渗入污水管网中。此外，片区存在部分雨水排口低于河道水位的现象，为河水倒灌至雨水管网中提供了可能。在晴天进行的居民区排水口测试发现，香槟花园、张舍苑、马鞍苑、富润花苑等小区的污水浓度较低，平均值仅为200mg/L左右，显著低于同地区一般居民小区污水排口的水质浓度，存在地下水或河水汇入的现象，是导致该厂进水有机物浓度达不到要求的重要原因。

通过皮尔逊相关性分析，无锡市日降雨量与该厂进水量呈现一定的正相关性，与进水COD浓度呈现一定的负相关性，进水量与进水中COD浓度呈现较强的负相关性。应用水量平衡三角法分析可知，该厂进水中实际原生污水量仅占61.3%，地下水或河水渗入量和雨水混入量分别占比28.9%和9.8%，表明该厂进水中地下水或河水渗入以及雨水混入的现象较明显，稀释了原生生活污水，导致该厂进水有机物浓度降低。

以典型居民小区排口污水输送至主干管特定位置的过程为例进行分析，晴天COD损失率达到57.7%，其中居民小区管网、管道沿程降解、市政管网损失（包括管网渗漏和工业废水的稀释作用）的贡献率分别为14%、3.2%和40.5%；雨天COD损失率达到70%，上述三部分的贡献率分别为51.4%、2.4%和16.2%。因此基于本报告所采用的研究方法，晴天污水浓度低的主要因素是市政管网渗漏和工业废水的稀释作用，而雨天的主要因素则是居民小区管网的雨水汇入。

（2）建议

完善排水管理体制机制。建议参照毗邻城市及国外的管理经验，实行"厂站网一体、规建管养一体"的管理机制。实现规划的统领作用，将科学规划、合理设计、规范施工、高效养护形成不可分割的有机整体，实现闭环管理，最终实现高质量的管网管理。

重点关注当前迫切需要解决的问题：工业企业排水浓度低和居民小区雨天污水浓度低。大量工业企业排放的低浓度废水对管网中的污水产生了稀释作用，因此建议实行三管分设整改，即生活污水、雨水、工业废水排口（若有）分别单独设置。生活污水不经过预处理直接排放至市政管网中，建议加装流量计和COD在线检测仪，通过厂区人口等信息核算生活污水水质水量；雨水入河，定期进行水质采样分析，防止污水混入；工业废水直接作为危废处理的企业，可不设置工业废水排口，而通过浓缩蒸发工艺产生的零排放水（无污染物）建议优先进行厂区回用，也可通过工业废水排口排放至河道中，但不可进入市政管网。另外，调研中发现居民小区雨天污水浓度的平均下降幅度在60%以上，导致污水浓度的稀释以及管网水位的升高，因此需重点排查小区内部管网的雨污混接问题，并进行有效整改，确保"源头"生活污水的高浓度排放。

持续推进和完善截污工程。片区部分居民小区仍存在洗衣废水道路流等"散乱排"的现象，且晴天雨水篦充满污水，存在一定的雨污混接问题。因此，排水系统的截污工程仍需坚持不懈地进行下去，尤其是老旧居民小区的雨污混接方面，需重点排查，发现后立即整改，将污水收集至污水处理厂，做到"应收尽收"，提高污水收集的数量。此外，还应尽可能地将河水、地下水、雨水等"外水"清出污水系统，避免外水对于原生生活污水的稀释，提高污水收集的质量。

细化管网渗漏的检测排查和有效修复。在管网渗漏的检测排查中，建议进行特定管段的堵塞及抽空后，采用 CCTV 图像检测或潜望镜检测技术，结合水质浓度的沿程测试分析，更有利于确定管网的渗漏与否。此外，后续的管网检测应重点关注居民小区内部及与市政主干管结合的部分，排查是否有雨污混接或管网渗漏问题，为下一步的管网修复奠定基础。管网修复应选择耐腐蚀的管材，重点关注置换管道与原管道的连接，确保无渗漏。

加强已建管网修复的验收工作。建议将密闭性检测或达到一定的水质浓度（如小区排口污水浓度达到 350mg/L）作为管网修复工程的验收标准之一，确保修复工程行之有效。修复工程完工后，若水质浓度达不到标准，则要进一步分析检测排查和修复工程的质量问题，明确责任主体，有利于提高工程质量，真正实现污水浓度的提高。

加强新建管网的质量监管。建议新建管网优先采用球墨铸铁管和实壁 PE 管等管材，鼓励使用混凝土现浇或成品检查井，逐步改造淘汰现有的砖砌检查井。加强检查井、管道接口、管道基础、沟槽开挖与回填、严密性检查等关键节点的施工管控，推行采用 CCTV、气密性、闭水、水质浓度检测等技术，强化新建管网工程的验收。此外，为解决小区自建管网良莠不齐的现象，保证新建住宅小区室外排水工程质量，落实长效管理机制，可借鉴常州等地区先进的管理模式，新建小区的排水工程由开发企业委托排水管理部门实行"统一设计、统一建设、统一管理"的"三统一模式"。居民小区开发企业与排水管理部门签订委托设计、建设和管理的协议，明确双方的权利和义务，以解决居民小区管道"质量差、管理养护缺失"等难题。

提高污水处理厂的水量负荷，尽量降低管网水位。目前污水处理厂的平均水量负荷为 70％，尚有一定的余量，建议适当提高水量负荷，尽量降低管网的水位。管网的低水位运行有利于居民小区及污水支管内的污水快速通畅地流入主干管中，及时将污水输送至污水处理厂，减少污水在管网中的停留时间，降低污染物降解和沉积导致的浓度降低。低水位运行有助于减少污水逆流的现象，降低雨天污水外溢的风险。此外，低水位运行有利于管网的日常养护排查，发现存在破损、堵塞等问题时及时采取检修措施，降低管网发生严重损坏的概率，减少对于污水浓度的影响。2020 年 11 月份该厂进行了低水位运行的生产性试验（泵房水位在 4m 以下），在此期间进水 COD 平均浓度为 265.3mg/L，BOD_5 平均浓度为 95.2mg/L，相比上个月（2020 年 10 月份进水 COD 平均浓度为 169.5mg/L，BOD_5 平均浓度为 59.5mg/L）的增长幅度为 50％左右，相比去年同期（2019 年 11 月份进水 COD 平均浓度为 228mg/L，BOD_5 平均浓度为 81.6mg/L）的增长幅度为 16％左右。初步生产性试验成果显著，建议实行低水位运行常态化管理。

改造雨水排口位置，防止河水倒灌。雨水排口位于河道水面以下，为河水倒灌至管网中提供了可能。解决倒灌最有效的办法就是将排水口设置在河道汛期水位之上，使排水口常年暴露出来，采用雨水强排方式。建议新建雨水排口遵循这一原则，并有计划地逐步改造淹没在水下的雨水排口。若无法进行改造或改造难度较大，淹没型雨水口必须重视上游的雨污分流工作，也可在排口设置盖板或闸门，晴天保持关闭状态，降雨时打开，使雨水入河，将河水倒灌至排水管网中的可能性降到最低。

完善工业企业排水的监管。持续完善工业废水大数据监管平台的建设，增加监管企业的数量，尤其是出水中含有重金属等有毒有害物质的企业；逐步增加 COD、流量等指标的在线检测，实现对于工业废水更为全面的管控。此外，建议未来对于废水可生化性好、碳氮比高的新建企业，如制糖、酒类等企业，经过专家评审论证，不必实行零排放，可作为廉价碳源优先接入污水处理厂，有利于污水处理厂进水浓度的提高和水质组成的改善。

建立排水 GIS 系统。建议逐步建立片区排水 GIS 系统，系统化梳理排水管道的管径、标高、位置、材质、厂站规模、污水液位、设备配置等基本属性，解决排水系统数据缺失、不完整、不准确等问题，并将排水设施养护、检测、维修整治等管理信息整合到数据库中，及时根据属性数据和管理数据的变化更新数据库，实现动态数据库管理，从而全面地反映实际情况，为管网修复提供决策信息。

持之以恒，久久为功。排水系统整改是一项浩大的工程，需要通盘考虑，持之以恒。只有通过地毯式、绣花式的排查及检修工作，投入大量的人力、物力、财力，才能切实有效地解决管网错接、混接及破损问题，从而有效提高污水浓度，达到"333"行动方案中对于城镇污水处理厂进水浓度的要求。这项工作并非一朝一夕，需要坚定信心，制订详细的计划，并坚持不懈地进行下去。

13. 实施方案

在对该厂服务片区管网运行与工业废水接管现状进行了充分的调研分析后，总结了进水有机物浓度低的主要原因，并提出了针对性的建议。若不实施相关措施，该厂进水浓度可能一直维持在目前的水平，甚至有可能会有所下降（随着管网建设年限的增加，破损的概率会提高）。因此只有切实落实相关措施，尽最大限度解决目前存在的问题，才有可能实现进水浓度的提升，从而满足相关政策文件的要求。

结合现状及项目实施后对于污水浓度提升的有效程度，制订了以下近期及远期目标与实施方案。在实施过程中可依据本实施方案执行，也可根据实际情况，经环保、住建等多部门协商，制订其他行之有效的实施方案，最终实现该厂进水浓度提升的近期及远期目标。

（1）近期实施目标

近期的实施对象为重点居民小区的雨污混接改造及工业企业排水整治，涉及资金筹措及土建施工，需要一定周期，且由于目前该厂进水浓度与要求的目标值相差较大，参照《江苏省城镇生活污水处理提质增效三年行动实施方案（2019—2021 年）》中的相关规定及要求，制定如下近期实施目标：到 2021 年年底，该厂进水 BOD_5 浓度达到 80mg/L 以上。

（2）近期实施方案

重点工业企业的排水整治。完成首批 38 家（表 5-8）重点工业企业的排水整治（具体名单也可由环保、住建等部门结合企业用水量、排水水质等信息进行制订），包括以下内容：

1）厂区雨污管网的排查和修复，无渗漏和雨污混接，以第三方 CCTV 管道检测或密闭性检测报告为依据；

2）企业排水实行三管分设整改，即生活污水、雨水、工业废水排口（若有）分别单独设置。生活污水不经过预处理直接排放至市政管网中，建议加装流量计和 COD 在线检测仪，通过厂区人口等信息核算生活污水水质水量；雨水入河，定期进行水质采样分析，防止污水混入；工业废水直接作为危废处理的企业，可不设置工业废水排口，而通过浓缩蒸发工艺产生的零排放水（无污染物）建议优先进行厂区回用，也可通过工业废水排口排放至河道中，但不可进入市政管网。

重点居民小区管网的排查及修复。完成首批 6 个重点小区（香槟花园、花汇苑、马鞍苑、张舍苑、富安花园、富润花园）内部管网的排查及修复，包括以下内容：

1）污水管道无破损及渗漏，晴天小区排口 COD 平均浓度在 350mg/L 以上；

2）无雨污管道混接，雨天（24h 降雨量在 25mm 以下）小区排口 COD 平均浓度在 280mg/L 以上。

提高污水处理量，实行管网的低水位运行。在 2020 年 11 月份进行的低水位运行生产性试验成果显著，进水 COD 及 BOD_5 均有显著提高，建议实行低水位运行常态化管理，晴天无雨情况下，确保泵房水位在 4m 以下。

（3）远期实施目标

到 2025 年年底，该厂进水平均 BOD_5 浓度不低于 100mg/L 或 COD_{Cr} 浓度不低于 260mg/L。分两阶段实施：

第一阶段：到 2023 年年底，该厂进水平均 BOD_5 浓度不低于 90mg/L 或 COD_{Cr} 浓度不低于 235mg/L；

第二阶段：到 2025 年年底，该厂进水平均 BOD_5 浓度不低于 100mg/L 或 COD_{Cr} 浓度不低于 260mg/L。

（4）远期实施方案

工业企业的排水整治。第一阶段完成该镇所有规模以上企业的排水整治，第二阶段完成该镇所有实体企业的排水整治，包括以下内容：

1）厂区雨污管网的排查和修复，无渗漏和雨污混接，以第三方 CCTV 管道检测或密闭性检测报告为依据；

2）企业排水实行三管分设整改，即生活污水、雨水、工业废水排口（若有）分别单独设置。生活污水不经过预处理直接排放至市政管网中，建议加装流量计和 COD 在线检测仪，通过厂区人口等信息核算生活污水水质水量；雨水入河，定期进行水质采样分析，防止污水混入；工业废水直接作为危废处理的企业，可不设置工业废水排口，而通过浓缩蒸发工艺产生的零排放水（无污染物）建议优先进行厂区回用，也可通过工业废水排口排放至河道中，但不可进入市政管网。

居民小区管网的排查及修复。根据上述近期实施目标达成的情况，远期第一阶段完成涉及该镇 60%～70% 户籍人口的小区内部管网的排查及修复，第二阶段完成该镇所有居民小区内部管网的排查及修复。包括以下内容：

1）污水管道无破损及渗漏，晴天小区排口 COD 平均浓度在 350mg/L 以上；

2）无雨污管道混接，雨天（24h 降雨量在 25mm 以下）小区排口 COD 平均浓度在

280mg/L 以上。

市政管网的排查及修复。第一阶段完成胡埭路、环镇北路、芙蓉路、陆藕路和人民东路 5 条污水主干管的排查及修复，第二阶段完成该镇所有市政污水管网的排查及修复。包括以下内容：

1）管道无破损及渗漏，以第三方 CCTV 管道检测或密闭性检测报告为依据；

2）无雨污管道混接，以第三方 CCTV 管道检测及晴天雨水管积水情况调研报告为依据。

5.1.5　宜兴管网排查检测案例

"十一五"期间开展了为期两年的宜兴市部分排水管网 QV、CCTV 专项检测，检测范围涉及宜兴市宜城和湖㲼两个区共 82 条道路。该平台基于宜兴市排水管网的 GIS 平台而建立，可以记录管道建设施工时的基础数据和基建信息，减少了基建纸质资料的存储，方便查询各管道的基础数据，并记录了管道运行及缺陷状况信息，为制订管道养护、修复计划和方案提供技术依据。

对宜兴市共计 16.86km 管道进行视频检测，得到 436 段污水管道的有效视频，其中缺陷数为 133 段，出现缺陷的管道数量为 108 段，占宜兴市检测总管道的 24.78%，328段管道未发生缺陷，说明宜兴市整体管道条件较好。在进行量化分析后，发现 12 处为管道严重缺陷、42 处为一般性缺陷、79 处为轻微缺陷，按照其所在位置和管道重要程度，进行了管道缺陷的量化计算，处于紧急、中等、轻微状况的管道数分别为 14 段、31 段、63 段，有 328 段管道未发生缺陷。

另外，在宜兴市原有的管网 GIS 平台上增加了管道缺陷数据库模块，按照管道检测记录流程（见表 5-9），将宜兴市已检测的 436 段管道记录结果进行了网络化处理，并根据管道缺陷量化值将管道的健康状况用不同颜色进行标记，实现管网自动化分级和可视化管理。

缺陷提取记录表 表 5-9

视频编号		缺陷分析及判断标准			缺陷分级
缺陷类型	□A. 地下水入渗	□滴漏			□轻微
		□水流			□一般
		□喷溅			□严重
	□B. 接□损坏/脱节/错接	$a_1 = s/m$ 接□损坏/脱节/错接距离 s；排水管道的壁厚 m	s/m	<50%	□轻微
				[50%，100%)	□一般
				≥100%	□严重
	□C. 变形/坍塌	$a_2 = \dfrac{\theta}{360} \times 100\%$ 断裂/坍塌部分的圆弧所在管道圆周对应的角度 θ	$\dfrac{\theta}{360}$	<10%	□轻微
				[30%，50%)	□一般
				≥50%	□严重
	□D. 腐蚀/破损	$a_3 = C_i/C$ 缺陷长度 C_i；缺陷处管道周长为 C	C_i/C	<10%	□轻微
				[10%，30%)	□一般
				≥30%	□严重
	□E. 障碍物/沉积物	$a_4 = F_i/F$ 障碍物/沉积物所占面积 F_i；障碍物/沉积物缺陷处管道剖面面积 F	F_i/F	<10%	□轻微
				[10%，50%)	□一般
				≥50%	□严重

根据上述方法对宜兴部分排水管道进行了检测，区域分布见表5-10。

检测管道分布情况   表5-10

地区	道路（段）	有效管段（段）	有效管长（m）
宜城区	62	315	12650
湖㳇区	20	121	4210

其中宜城区为旧城区，处于宜兴市市中心，平均管龄较长，管道系统复杂，湖㳇为新兴旅游区，该区2008年之后才开始修建排水管网系统，管道系统大致成树状。检测区域的管道有59%的管龄分布在3年以上，剩余的41%均为近两年建成。大部分管道的管径在DN500以下，占到总量的83%，这些管道有些是支端末管，有些则是前期设计时未考虑未来增容量而建的小管径管道。通过进一步调查检测管道的基建资料发现，宜兴市排水管道管材种类较多，大致可以分为钢筋混凝土管、铸铁管和塑料管，但是没有国内早期常见的混凝土管，一方面说明宜兴市的管材条件较好，另一方面也反映了宜兴市排水管道发展时间较短。

检测人员对管道缺陷进行了初步的统计和汇总，在436段污水管道的有效视频中，出现缺陷数为133段，出现缺陷的管道数为108段，占宜兴市检测总管道的24.78%，缺陷数量多于缺陷管道数量，说明部分管道不止一处缺陷状况，具体缺陷种类及缺陷程度见表5-11。

宜兴市宜城区已检测管道发生各类缺陷统计（处）   表5-11

缺陷程度	地下水入渗	接口损坏/脱节/错接	变形/坍塌	障碍物/沉积物	腐蚀/破损	合计
轻微	33	14	14	12	6	79
一般	16	11	6	5	4	42
严重	7	2	1	1	1	12
总计	56	27	21	18	11	—

根据初步的统计表格，可知有12处位置发生了管道严重缺陷、42处位置发生了一般性管道缺陷、79处轻微缺陷。其中，地下水入渗导致的缺陷最多。根据管道状况评估模型，计算出管道评价指数y，从而确定出现缺陷的管道重要程度并计算出管道缺陷量化值Q，计算结果分布情况见表5-12。

宜兴市部分管道缺陷量化值Q 表5-12

Q	$Q=0$	$0<Q\leqslant0.5$	$0.5<Q\leqslant1$	$Q>1$
管道数量（段）	328	63	31	14

综上所述，有14段缺陷管道需要立即进行维修处理，有31段缺陷管道应在3个月内进行维修处理，有63段缺陷管道短时间内可不采取措施，但应在一年内再次对管道进行检测，维修级别分布如图5-32所示。

根据管道的健康状况，针对下面5类缺陷，提出了5种养护方案，见表5-13。

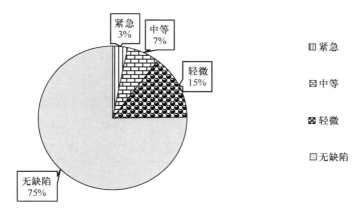

图 5-32　宜兴市检测区域缺陷管道维修级别分布

管道缺陷养护方案　　　　　　　　　　　　　　　　　表 5-13

缺陷程度	地下水入渗	接口问题	变形坍塌	破损腐蚀	障碍物沉积物
轻微	速干水泥或速干胶水修复	原位套管或开挖修复	原位套管修复或开挖修复	热熔塑料或速干水泥修复	上游积水冲洗或开挖修复
一般	热熔塑料或速干水泥修复	原位套管修复或开挖修复	原位套管修复或开挖修复	原位套管修复或开挖修复	高压冲洗或开挖修复
严重	管道更换或套管原位修复	原位套管或开挖修复	原位套管修复或开挖修复	原位套管修复或开挖修复	高压冲洗或开挖修复

5.1.6　扬州排水系统提质增效案例

1. 扬州市排水现状

扬州市城区现状排水体制为合流制、截流制和分流制并存。目前老城区采用的是截流式合流制，对沿河敷设的截流管道设置了相应数量的溢流口。新建城区按雨污分流体制建设，老城区周边形成合流制的排水区域已建设了污水截流干管，在有条件的区域结合旧城改造实施了雨污分流，城郊接合部及远离城区的乡镇仍采用合流制。

扬州市内（除江都区）污水管网已实现全覆盖，部分管网已延伸至周边乡镇及工业园区，市区内（除江都区）污水管道长度达到 890km。

为打好污染防治攻坚战，改善扬州城市建成区内水环境质量，加快补齐城镇污水收集和处理设施短板，提升城镇污水收集处理效能，扬州市政府印发《进一步加强市区污水处理设施建设与管理的实施意见》和《扬州市区污水处理设施"四统一"实施方案》，扎实推进城区污水处理设施统一规划、统一建设、统一监管、统一养护工作。并根据《江苏省城镇污水处理提质增效精准攻坚"333"行动方案》和《扬州市城镇生活污水处理提质增效三年行动实施方案（2019—2021 年)》，围绕"三消除""三整治""三提升"，开展城镇污水处理提质增效"333"攻坚行动，并制订了《扬州市城镇污水处理提质增效"333"攻坚行动实施方案》。

扬州市区（除江都区）现有污水处理厂 3 座，包括已建成的汤汪污水处理厂和六圩污水处理厂两座，扩建汤汪污水处理厂三期工程已建成投产，污水处理现状总规模为 46 万 m^3/d，年污水处理量为 15534.56 万 m^3。这两座污水处理厂出水执行国家一级 A 排放标准，生产运行稳定，实现出水稳定达标排放。2020 年两座污水处理厂共处理污水 1.32 亿 m^3，COD 消减量 2.9 万 t、NH_3-N 消减量 510t。汤汪、六圩两座污水处理厂的稳定运行为扬州市的水污染治理、水环境改善和社会经济可持续发展提供了有力保障。在建北山污水处理厂一期工程 8 万 m^3/d，于 2022 年建成投产，届时扬州市污水处理总规模将达 54 万 m^3/d。

2. 目前排水系统存在的问题

扬州市较为完善的污水收集和处理系统为城市的正常运行发挥了巨大的作用，但在实施"四统一"工作和城镇污水处理提质增效工作前，存在以下问题：

（1）存在污水收集空白区

由于前期污水管网规划建设不合理、管理权责分属不明等原因，导致部分区域成为污水管网收集管理盲区，即"空白区"。"空白区"内污水无法流入市政管网后进入污水处理厂得到统一处理，极易造成空白区内的环境污染问题。

（2）管道运行质量有待提升

污水管网建设主体多、管理主体多、养护管理不到位等因素，给管网的运行管理造成不便。现状管网存在管道错口、塌陷、杂物阻塞、上下游管网不匹配等多种问题，雨污水流通不畅，亟须进行全面清淤修复和系统优化。同时，由于区域内的污水倒虹管建设年代不一、建设及养护标准缺失等多种问题，使得部分污水倒虹管堵塞严重、难以疏通。

（3）雨污混流

扬州市内部分小区、道路、企事业单位、工业企业存在雨污混接、乱接等现象，污水流入雨水管后进入河道，将对水体造成污染，而雨水流入污水管后作为外水进入污水处理厂，降低了污水浓度和处理效率，增加了污水处理厂的处理负担。

（4）六小行业排水问题

沿街、沿河为主的农贸市场、小餐饮、夜排档、理发店、洗浴、洗车场、洗衣店、小诊所等"小散乱"排水户和建设工地等存在私搭乱接、不规范排水等问题，如餐饮店排水或油污水未经隔油池等预处理设施，直接排放，易造成下游排水设施的堵塞。甚至有部分小排水户直接通过雨水算子、雨水支管排入雨水管道并直排环境水体。"小散乱"存在点多分散的特点，管理、改造难度大，需加大整治和管理力度。

（5）黑臭水体问题

由于雨污合流、污水下河等问题，部分河道存在黑臭现象，不符合环境保护要求。沿河截污管道建设前期现场调研勘察工作不到位、设计不合理，对于下游污水主干管网的接纳能力也未充分论证。建成的沿河截流井将原先相互独立的雨污管道相通，易造成晴天污水满溢下河、雨天漫溢的严重问题。此外，截流井智能化程度低，运行维护不到位，晴天雨水满溢入河、雨天排放阀门未及时开启等现象反而增加了污水管网的雨天负荷，造成恶性循环。

（6）外水渗漏问题

由于污水管道老化和雨污水管道混接等原因，污水管网内存在大量缺陷点，临近的河水、自来水、地下水可通过缺陷点进入管网内，造成管网内外水过多导致污水井液位提升，增加污水漫溢风险，挤占污水收集容量，降低污水收集效率和污水处理厂内污水处理能力。此外随着土壤内的外水进入管道，可能产生沙土流失，造成路面坍塌。另外，由于之前管网管理主体多，且未能系统地解决污水处理问题，在小区和河道出口等地设置较多的雨污联通井及溢流井，造成雨污串接、河水大量涌入的现象。

3. 提质增效目标

为打好污染防治攻坚战，改善扬州城市建成区内水环境质量，加快补齐城镇污水收集和处理设施短板，提升城镇污水收集处理效能，扬州市政府印发《进一步加强市区污水处理设施建设与管理的实施意见》《扬州市区污水处理设施"四统一"实施方案》《扬州市城镇污水处理提质增效"333"攻坚行动实施方案》《扬州市城镇生活污水处理提质增效三年行动实施方案（2019—2021年）》《扬州市城市河道水环境质量监督管理机制（试行）》等文件。排水系统改善的总体目标为：

深化排水处理设施建设和管理体制改革，加大建管养资金投入，有效解决雨污分管、管网混流、错接乱排等问题，全面构建"源头管控到位、厂网衔接配套、管网养护精细、污水处理优质"的城镇污水收集与处理新格局。

到2021年年底，扬州城市建成区水体主要水质指标基本达到或优于Ⅴ类标准；县级以上城市建成区基本消除黑臭水体，基本消除污水直排口，基本消除污水收集管网覆盖空白区，全面完成"三消除"任务，30%以上面积建成"污水处理提质增效达标区"。完成雨污水管网排查检测，完善扬州市排水管网地理信息系统（GIS）并实现动态更新，建成区排水管网密度与路网密度基本匹配或较2018年提高10%以上。城市污水处理厂进水浓度得到有效提升，进水生化需氧量（BOD）进水浓度达到100mg/L以上，进水化学需氧量（COD）达到260mg/L以上，建制镇污水处理设施实现全覆盖全运行。

到2022年年底，彻底消除市区已整治黑臭水体返黑返臭现象。

到2023年年底，基本构建排水管网的"四统一"体系。

到2025年年底，县级以上城市建成区重要水体水质明显提升，达到水清岸绿目标。县级以上城市建成区60%以上面积建成"污水提质增效达标区"，基本实现污水管网全覆盖、全收集、全处理，实现"污水不入河、外水不进管、进厂高浓度、减排高效能"，全面构建城镇污水收集处理新格局。

4. 提质增效措施

（1）实施"三消除"，着力解决薄弱环节和突出问题

1）消除城市黑臭水体

对照国家《城市黑臭水体整治工作指南》，全面摸清城市建成区黑臭水体底数，严格按照"控源截污、内源治理、疏浚活水、生态修复、长效管理"的技术路线，大力推进整治工作。

扬州市对已整治完成的黑臭水体开展"回头看"工作，每月进行一次水质检测，并将结果纳入年终高质量考核指标。夯实"河长制"基础，强化黑臭水体长效管理，落实河道管护标准、管护资金、管护队伍、管护责任和管护考核。河道管理部门强化河道巡查和管养，做好水面岸坡清理保洁，加强活水保障，实现水体"长治久清"。

2）消除污水直排口

全面开展河道排口及截流井的排查整治工作，主要目标是杜绝晴天污水下河。由于污水直排对水体有较为严重的影响，因此整治工作源头治理为主、末端截污为辅，以治标与治本相结合的方式开展，首先开展城市建成区沿河尤其是已整治黑臭水体、景观水系等河道排口、暗涵内排口、沿河截流干管等排查提升整治工作，进行截污兜底，分步实施，标本兼治。之后按区域溯源排查—找准问题—系统整改的工作思路进行治本，从源头控制污水下河。

按不同性质污水直排口和溯源情况，需针对性治理。对分流制污水直排口进行封堵，将污水接入城镇污水收集管网；对分流制混接排口，在查明混接源头基础上实施清污分流改造；对合流制溢流排口，按标准分流改造，确因客观条件无法实施分流改造的，按截流式合流制排水要求，完善截流设施、截污调蓄设施和污水处理设施，对雨天截流雨污混合水予以处理，有效管控雨天合流制溢流污染。

在对大流量排口进行智能化截流提升改造中，同时配合达标区建设工作实现沿河溢流口优化修复。沿河截污管网优化开挖维修的方案主要采用新建检查井及 HDPE 实壁排水管道或球墨铸铁排水管道，非开挖段管道维修的方案采用点状原位固化法、CIPP 紫外光固化法等。

在官河、竹西河、冷却河控源截污工程中，采用了槽堰结合式全自动下开式堰门，可通过雨量计、刀闸阀、远程操控系统等，有效拦截污水河水，确保截污效果。

在进行溯源排查中，需查清小区、道路雨污混接错接漏接、河水地下水入渗等情况，形成管网排查和检测评估报告，并以河道为单位建立排口电子档案，标明排口具体类别、位置等信息，实现排口动态管控，为实施管网改造和修复提供技术支撑。

3）消除污水管网空白区

根据城市排水和污水处理专项规划，实施城市污水管网排查，全面摸排污水管网空白区域，以城中村、老旧城区和城乡接合部等薄弱区域为重点，结合片区城市建设改造规划和近远期实施计划，科学制订排水管网建设方案，实施配套污水管网建设，消除空白区。

加快雨污水管网建设，建设改造北山污水处理厂配套管网、推动三厂互联互通工程，即六圩污水处理厂—汤汪污水处理厂、汤汪污水处理厂—北山污水处理厂、六圩污水处理厂—北山污水处理厂污水管道连通工程；对周边存在敏感水体的区域实施配套污水管网建设；结合城中村改造项目，实施污水管网建设，优先就近接入市政污水管网，对列入拆迁计划但暂不具备接管条件的，采用原位或就近增设污水收集处理设施的方式。

（2）开展"三整治"，着力强化源头污染管控

1）整治工业企业排水

对废水进入市政污水管网的工业企业进行全面排查、评估，经评估认定污染物不能被城市污水处理厂有效处理或可能影响城市污水处理厂出水水质达标的，限期退出；经评估可继续接入市政污水管网的，工业企业应当依法取得排污许可。向社会公示排污许可内容、污水接入市政管网的位置、排水方式、主要排放污染物类型等信息，接受公众、污水处理厂运行维护单位和相关部门监督。

按照先急后缓、先易后难的原则，开展工业园区（集聚区）和工业企业内部管网雨污分流改造，重点消除污水直排和雨污混接等问题。工业企业的排查内容主要包括：

① 查看企业环境影响评价及批复文件、污水处理设施设计方案和排水许可等。

② 查看企业污水处理设施的进水水质、进水水量及来源构成、运行负荷、处理工艺、运行参数、实际运行效果等，重点针对含重金属或高浓度、难生物降解污染物的废水，开展特征污染物的处理效果评估。

③ 核查污水处理设施管理制度及日常运行工作台账、监测工作台账建立情况，以及自动在线监控设备与环保部门监控系统联网情况。核查污水处理设施稳定运行情况，是否存在出水水质超标、水量超负荷运行或因水量少而导致未正常运行等情况；查看污水集中处理设施在线监测和企业手工监测等数据，核查污水集中处理设施稳定达标运行情况，是否针对出水水质异常采取风险防范措施。

④ 查看企业污水集中处理设施污泥属性和处置去向，核查污泥安全处置情况。

⑤ 绘制企业厂区生产废水、生活污水和雨水排放平面图，表明接管和排放位置。截至 2021 年 12 月，扬州市已完成针对 50 家高污染行业、高用水量的工业企业的排查。

2）整治"小散乱"排水

以沿街、沿河为重点，开展城市农贸市场、小餐饮、夜排档、宾馆沐浴（宾馆、洗浴、足浴、美容美发）、洗车场、洗衣店、社区医院（诊所）等"小散乱"排水户和建筑工地排水专项整治，对是否污水直排、是否排入污水管网、有无设置截污预处理设施、有无办理排水许可、现有污水管网布设等情况，建立问题清单和任务清单，逐一登记造册，实施整治销号制度。要求农贸市场设置排水明沟（格栅盖板）收集场内所有污水，污水经格栅过滤、沉淀池沉淀后接入市政污水管网。要求餐饮场所厨房所有排水经格栅、残渣过滤、隔油池（大小应与污水排放量相匹配）后排入污水管网，油烟管道不得接入污水管网，沿河设置的油烟机不得滴漏。要求小餐饮和夜市排档集中区域因地制宜设置餐饮污水公共倾倒排放口，同步做好隔油预处理和餐厨废弃物收运处理工作。要求洗车场所设置排水明沟（格栅盖板）收集场内所有洗涤污水，经隔油池和沉淀池二级分隔沉淀后排入市政污水管网。要求宾馆沐浴（宾馆、洗浴、足浴、美容美发）所排污水应经室外毛发聚集井（器）后，再接入市政污水管网。要求社区医院（诊所）所排污水经医疗消毒和医疗废水处理后排入市政污水管网。要求施工工地按施工规范要求设置沉淀池，生活污水接入市政污水管网，泥浆水按照建设要求用槽罐车运走后妥善处理，不得排入市政排水管网，井点降水或基坑排水经沉淀后排入市政雨水管网或就近排入河道。

强化排水许可管理，对按要求完成整治的排水户发放城镇污水排入排水管网许可证，纳入排水许可管理范围，加强日常监督管理和宣传教育。结合市场整顿和经营许可、卫生许可管理，加大对雨污水管网私搭乱接和餐厨垃圾泔水排入雨水管网、露天洗车、马路洗车等污水乱排直排行为的联合执法力度，严禁向雨水收集井倾倒污水和垃圾，探索将违法排水行为纳入信用管理体系的方法和路径。大力拆除沿河湖违法建筑，严控侵占河道蓝线行为，从源头控制污染物进入水体。

3）整治阳台和单位庭院排水

按照《城市排水与污水处理条例》和《城市污水排入排水管网许可管理办法》要求，加强污水接入管理。建立健全生活污水应接尽接制度，严禁雨污错接混接，严禁生活污水直排。

对小区雨污水管道采用"五位一体"的排查方法，即测绘、调查、检测、评估、设计五项工作于一体，在查清排水管网的基本情况后，查明污水直排、雨污混接等问题和小区管道的结构性和功能性缺陷，形成整改清单并同步完成方案设计。老旧小区改造工作与污水处理提质增效"333"攻坚行动相结合，优先选择"污水处理提质增效达标区"范围内小区进行改造，所有改造的老旧小区应全部实行雨污分流改造，强化源头污染管控，使雨水、污水"各行其道"，污水不进雨水管道，不让污水流入河道。对阳台污水、地下车库污水等管道采取雨污分流改造或截流措施，实现污水纳管处理。小区雨污水管网在接入市政主管网前，设立专用雨污水检查井，用于监测水质水量。在整治达标后，绘制雨污水管网布局走向图，并上墙公示。

加强居住小区和单位庭院排水设施运维管理，排水设施纳入物业管理范围或委托第三方专业单位管养，物业管理企业协助做好建筑装修管理监督，对违规接管单位及时提醒，并报主管部门纠正查处，排水监督管理情况与物业服务企业信用信息挂钩。

（3）推进"三提升"，着力提升污水收集处理水平

1）提升城镇污水处理综合能力

综合考虑城市发展需求、水环境质量改善要求等因素，开展城市生活污水处理设施能力评估，优化城市生活污水处理厂布局，按照适度超前的原则提升污水处理能力，建成汤汪污水处理厂三期工程（8 万 m³/d）和北山污水处理厂一期工程（8 万 m³/d），主城区污水处理能力达到 54 万 m³/d，保障污水有效收集处理。主城区六圩污水处理厂、江都区天雨清源污水处理厂、宝应县仙荷污水处理厂、高邮市海潮污水处理厂、湖西污水处理厂和仪征市实康污水处理厂制订"一厂一策"系统整治方案，实现进水浓度生化需氧量（BOD）进水浓度达到 100mg/L 以上，或化学需氧量（COD）达到 260mg/L 以上的目标。

建立完善"统一规划、统一建设、统一运行、统一监管"的乡镇污水处理"四统一"体制机制，加快乡镇污水收集管网建设，绘制完成乡镇污水管网分布现状图和排水户纳管情况一览表，根据"一图一表"，制订污水管网建设和修复改造计划，并纳入年度重点任务。加大再生水利用设施建设，完成汤汪污水处理厂再生水利用工程（5.2 万 m³/d），将北山污水处理厂再生水（8 万 m³/d）用于槐泗河生态补水，到 2021 年年底，再生水利用率达到 25% 以上，同步推动城市绿化、道路清扫、车辆冲洗、建筑施工等优先使用再生

水，节约水资源。

2）提升新建污水管网质量管控水平

坚持质量第一，严把管材质量关，高标准实施排水管网工程建设，规范招标投标管理，提高工程勘察设计质量，严把工程材料和施工质量关，工程质量监督部门加强污水管网管材及施工质量监管，按照质量终身责任追究要求，落实建设、勘察、设计、施工、监理五方主体责任。对新、改、扩建项目，管径 600mm 及以下的污水管网，采用球墨铸铁管或实壁 PE 管材，管径 600mm 以上的要求采用球墨铸铁管或承插式橡胶圈接口钢筋混凝土管，鼓励使用混凝土现浇或成品检查井，逐步改造淘汰现有的砖砌检查井。

严把工程质量关，房屋建筑室外雨污水等配套设施工程应遵循与主体工程同步设计、同步施工、同步验收的原则，并严格执行施工图审查、施工、监理合同网上备案、工程质量安全监督和竣工验收备案等程序。加强施工管控，管网管养单位全程参与管道基础、沟槽回填、管道与检查井碰接等关键节点监管；工程竣工后，建设单位应及时实施排水管网复测，采用闭路电视检测、声呐检测、电子潜望镜检测等管道检测技术，采集影像资料，纸质档案及时归档，电子数据及时录入地下管网 GIS 信息系统，组织管网工程验收，接收管养单位参与验收。加强排水管网养护、检测与修复市场管理，探索建立排水管网检测与修复企业名录。

（4）提升污水管网检测修复和养护管理水平

1）污水管网疏通检测

扬州市按照设施权属及运行维护职责分工，依托专业市政管道养护单位，全面开展市政管道和小区内雨污水管道的疏通排查检测工作。地下排水管道采用射水疏通、绞车疏通、推杆疏通、转杆疏通、水力疏通等方式清除管道淤积，采用 CCTV 检测机器人和杆式潜望镜快速视屏检测系统进行管道检测。对排查中发现的混错接点、渗漏点、破损等点实行建档销号管理制度，确保排查过程中的发现的缺陷能得到处置。在对市政管道的缺陷点及混错接点的修复工作中，依照修复系数标准，对 3~4 级的缺陷点进行优先修复，综合提升现有管道运行质态。

2）倒虹管专项整治

开展倒虹管专项整治工作，对扬州城区内各倒虹管进行排查检测，评估管道状况，根据实际问题确定修复方案，打通污水瓶颈，挤出外水，防止倒虹管中的污水流入河流造成污染。

3）管网管理信息化建设

收集整理汇总污水管网有关技术资料，建立完善市政排水管网地理信息系统（GIS），实施动态更新，实现管网管理信息化、账册化，逐步建立城市市政排水管网定期排查检测制度，形成以 5~10 年为一个排查周期的长效机制。

4）"挤外水"专项工作

"挤外水"专项工作主要目的是挤出污水管网内的外水，降低晴天污水管网内运行液位、降低雨天污水满溢风险、提升污水进厂浓度。

该工作内容首先为锁定外水渗入区域结合管网排查和泵站运行情况，重点关注区域管网液位高、区域泵站运行流量曲线无峰谷变化的受水区域，确定疑似存在有大量外水流入的区域。而后为估算外水渗入量，在泵站及相应管段内内安装流量计、液位计、水质仪表等，通过对水质、流量、液位数据，结合本泵站和上下游泵站运行情况、区域内居民小区人口、个体工商户、企业的用水量等基础数据进行比对、分析，估算外水渗入量，并通过晴雨天的水量变化初步判断雨水大致流入情况。之后，定位外水渗入点，依托前期管网摸排情况、缺陷点档案和地理信息系统（GIS），辅以污水管网及河道水力模型缩小区域内外水排查范围，对存在疑似外水入侵的路段管网及检查井进行污水取样分析，逐步锁定疑似外水入侵点，通过管道闭水的方法进行核验。在修复外水入侵点后，可通过水质浓度变化比较修复前后效果。

（5）制订"333"攻坚行动实施四阶段步骤

第一阶段：动员部署，明确任务。建立健全组织领导机构，明确条块分工与职责，细化目标任务、时间安排和考核验收等要求。及时召开部署动员会，层层发动、部署推进"333"攻坚行动。各地实施意见报市提质增效办审核。

第二阶段：排查问题，试点推进。完成污水处理提质增效排水分区划定，以排水分区为单元，摸清本底现状，建立问题清单，形成任务清单、项目清单和责任清单，制订工作计划，按期实施。选择一批项目作为试点，先行先试、抓出成效，市区将瘦西湖水系周边排口溯源治理作为先导示范工程先行实施，同步探索工业园区（企业）、居住小区、单位庭院、"小散乱"排水户整治实施途径和推进机制。

第三阶段：总结经验，全面推进。总结试点经验，分析问题，进一步优化方案，完善举措。按照区、街道、社区分层级推进"污水处理提质增效达标区"建设，加快各项行动落实推进，加快建成"污水处理提质增效达标城市"。

第四阶段：巩固成果，长效管理。全面完成各项任务考核验收，同步配套完善长效管理政策机制。通过组织"回头看"、效果评估、社会公众监督等方式，督促长效机制的建立，真正实现常抓不懈、巩固成效。

5. 管理体制与工作机制

（1）四统一管理体制及工作机制

1）市政排水管网集中建设

统一编制年度计划。市住房和城乡建设局根据专项规划，在每年的城建计划中编制年度排水管网（含泵站）建设计划，由市政府统一下达建设任务。

集中组织建设。市区排水管网（含泵站）由市城控集团下属市政管网公司（以下简称"市政管网公司"）负责组织建设，建设资金由原渠道解决，市财政负责统筹，设立专用账户监管。随路建设的排水管由建设单位统一办理设计和前期手续，市城控集团下属市政管网公司按照《排水规划》、现行规范和标准要求严格组织实施，并履行主体责任。

2）新建小区排水管网统一建设

建设模式。为从源头上加强排水设施建设管理，市区新建住宅小区室外排水设施（新建居住用地、商住混合用地项目规划红线范围内建筑主体外的雨污水管道及其附属检查井、化粪池、隔油池等）由建设单位委托市政管网公司统一建设，相关条款由市自然资源与规划部门在土地出让条件中明确。

实施内容。新建住宅小区建设单位与市政管网公司签订委托建设协议，室外排水设施按有关规定和标准建设，接受排水主管部门、工程质监部门、监理单位的监管，并组织项目竣工验收和结算审计工作，建设单位按合同支付排水管网项目建设养护资金。签订委托建设协议后，市政管网公司履行报建、组织专项验收、申请污水排入排水管网许可等工作，并负责小区雨污水管网的后期养护，建设单位不再对项目的排水设施承担责任。

3）市政排水管网统一管养

在市区市政污水管网统一管养基础上，实行雨污水管网由市政管网公司统一管养的模式，费用由市财政统筹，原渠道解决。

新建管网。市区新建雨污水管网经排水专项验收及竣工验收合格后，及时签订移交协议，交由市政管网公司进行养护。

既有管网。市区既有雨水管网按照"先评估、后整改、再接养"的程序，用两年时间形成市区统一管养体制。2021 年已完成检测的雨水管网不再检测，只需提供检测评估报告。2022 年 3 月底前建成的雨水管网，由原建设主体委托第三方进行检测，出具评估报告。既有管网评估结果分为小修保养和大中型维修改造两大类。评估为小修保养类雨水管网直接办理移交手续，由市政管网公司接管养护，2022 年年底前完成整改；评估为大中型维修改造类的雨水管网，由原主体于 2023 年年底前完成整改，并移交市政管网公司养护。整改费用均由原管养渠道解决。

既有溢流口。市区两级所属城市建成区河道的雨污水溢流口（含控制闸）全部移交市政管网公司管养。由市政管网公司组织技术力量按"晴天管道不存水"的标准进行分类，需要改造的由其直接进行技改。相关改造和养护费用由原渠道解决。

管养考核。市政管网公司按照行业标准负责市区雨污水管网的养护工作，并主动接受市区两级住房和城乡建设局的行业监管。市住房和城乡建设局会同市财政局组织对管网养护工作进行定期检查，实行半年和年度考核，考核结果作为核拨运行养护经费的依据。

4）排水管网工程实施闭环管理

方案专项审查。建设单位应委托专业单位对市政道路雨污水管网、新建住宅小区室外排水工程进行方案设计，市住房和城乡建设局下属给水排水管理处组织对排水工程方案进行技术审查和评估，并出具审查意见，作为施工图审查和工程监管、验收的依据。

施工过程监管。建设单位应将排水设施建设工程申报质监、安检手续。施工单位应当严格按图、按标准施工，不得擅自修改设计，并全程留有工程施工影像资料备查。监理单位应当加强排水管网工程施工质量现场监理，重点对材料质量、检查井坐标、管道高程，以及附属构筑物和接口质量、管道基础和回填质量、雨污水混接错接等情况进行严格把关。

管材抽样检测。排水管网建设过程中，由市给水排水管理处委托的第三方对使用的管材进行随机抽样检测，不符合质量标准的管材立即退场，已经使用的立即返工整改。不合格管材供应商将被列入"负面清单"，由市场管理局进行处罚，其产品不得再次进入扬州市场销售。

排水管网工程专项验收。排水管网工程完工后，由市给水排水管理处定点委托的第三方单位进行排水管网工程专项验收，出具排水管网工程专项验收报告书，专项验收不合格不得组织竣工验收。

竣工验收移交。项目竣工验收合格后，由建设单位提交管道、检查井及重要节点部位的CCTV影像资料及管道检测评估报告，与市政管网公司签订移交养护协议，交由市政管网公司进行管养。同时，建设单位应将排水管网测绘资料及时移交给市地下管网管理处录入GIS系统。市政管网公司负责施工的项目，免于移交养护，由其自然接养。

（2）提质增效管理体制及工作机制

组织领导方面，市级成立城镇生活污水处理设施提质增效领导小组，各有关单位分管负责同志为成员，统筹协调全市污水处理提质增效及精准攻坚"333"行动。扬州市内其他区域同步建立相应组织领导机构，实行任务网格化包干、工作区块化管理，扎实推进"333"行动。

职责分工方面，扬州市确定了城镇污水处理提质增效精准攻坚"333"行动的第一责任主体，排水主管部门牵头组织协调、指导推进和考核监督"333"行动，负责市政雨污水管网、污水处理厂和市政污泥处理处置等规划设计、建设整治、养护管理和验收监督工作，参与工业企业废水进入市政管网前预处理达标的监督管理。

要素保障方面，扬州市财政加大资金支持和保障力度，建立政府引导、市场推动、社会参与的投融资机制。积极拓展资金渠道，争取上级补助资金，统筹安排相关市级专项资金，支持和推进全市城镇污水处理提质增效工作。按照补偿污水处理和污泥处理处置设施正常运营成本并合理盈利的原则，制定污水处理费标准，建立并实行污水处理费动态调整机制，加强污水处理设施建设用地保障。

实施管理方面，按照突出重点、急用先行的原则，扬州市先选择了一批项目和区域进行试点，在总结经验基础上，逐步全面推进。科学制订年度实施计划，建立清单化管理、项目化实施、节点化推进的机制，提高项目实施的精准性和有效性。结合城市老旧小区改造，协同推进项目建设，发挥综合效益，同时加强施工组织管理，减少扰民，管控社会风险。

严格考核评估。扬州市建立了"月报告、季通报、年考核"的工作推进机制，定期调度工作进展，通报推进情况，强化业务指导，严格督查考核，并将考核结果按照省有关要求纳入高质量发展相关指标体系。按照省级研究制订"污水处理提质增效达标区"标准和"333"行动工作考核办法，细化扬州市内有关考核细则。加强工作监督评估，市级委托第三方技术单位定期对各地"333"行动成效进行指导评估，组织开展专题培训，提升各地设计、施工、建设、监理和运行、管理等方面从业人员的业务能力。

引导公众参与。扬州市借助各类媒体平台，畅通宣传渠道，加强法律法规和政策解读，增强按规排污排水法律意识和治污责任意识，积极引导各类企事业单位、社会团体、民间组织、志愿者队伍共同参与，营造全社会关心、支持、参与的浓厚氛围。充分发挥党员模范和机关企事业单位的带动作用，形成正面的导向激励机制。加强信息公开，鼓励公众监督举报向水体、雨水口排污和私搭、乱接违法行为。积极开展城市节水工作，形成节约每一滴水的绿色生活方式和社会氛围，实现源头减排、节水减污。

（3）城市河道水环境质量监督管理机制

1）涉水问题巡查机制

巡查范围为全市域范围内城市河道，建成区范围内排水管网，重点为已治理黑臭水体，国、省考断面河道及其上游河道。

主体为市"提质增效办"、市"河长办"、市"攻坚办"等。按照各自管理职能，负责河道的日常巡查和管养工作、排水管网的巡查和管养工作、河道红线外的垃圾收集、清运和巡查工作、城市河道的水质监测工作等。

组织巡查时，除日常巡查内容外，重点关注河道返黑返臭问题和水质恶化原因，包括：沿河排口非雨期排水、排水管网污水漫溢和施工排污等情况；生活垃圾收集点污水渗漏、沿街店铺乱倒垃圾污水和环卫垃圾推入雨水口等情况；排水设施损坏、路面下沉、驳岸坍塌和绿化损毁等情况。须重点关注河道断面水质骤变和污废水排放单位的排污情况。

对河道、排水管网和垃圾收集等设施实施全覆盖巡查，河道、道路排水管网原则上每周巡查不少于 1 次；留存巡查资料，按月上报巡查记录；各级河长按照"河长办"制订的巡查计划开展巡河工作。

2）涉水问题交办机制

建立查即改制度，对巡查发现的易整改问题，一经发现，立即整改，避免问题长期化、扩大化、复杂化。

建立巡查报告制度，建立巡查管理网络，发现的涉水问题应及时上报，并判别问题归属、处置能力和整改时长。如属即知即改的一般性问题，可不上报，做好处置记录；如属短期难解决、协调难度大、涉及多方面的复杂问题，在进一步查明原因、制订方案的同时，应及时报告；如属其他部门（单位）问题，应及时书面告知，并视问题整改进展情况决定是否报备。

实施问题交办制度。对各地巡查报告、移交或交办的问题拉单列表、逐项核实、形成清单，根据具体情况分别向执法部门、相关责任主体交办，交办单抄送相关政府和主管部门。

3）涉水问题整改机制

设立专项经费预算。掌握涉水基础设施状态，设立河道水环境突发问题整改专项经费预算，简化审批流程，压缩审定时间，专门用于河道水环境问题整改和突击抢修工作。

明确应急处置流程。按"宁可备而不用，不可用而无备"的原则，建立涉水问题应急处置流程，提前准备应急抢修队伍和相关物资储备，遇有突发水环境问题，第一时间展开处置。

建立方案上报制度。针对涉水问题组织制订整改处置方案，按照管理职责：一般性问题及时备案；突出问题必要时组织相关专家进行论证，除应急抢险项目外，应上报审查后实施。

实行限时整改制度。结合问题解决难易程度、敏感性和影响面等因素，对发现或交办的涉水问题限定整改责任主体和整改时限，确保在合理时间范围内解决问题。

落实整改销号制度。挂单交办的涉水问题整改完成后，整改责任主体应将整改情况和相关资料台账整理后报请销号，形成闭环管理。

4）涉水问题整改督导机制

深化"三办"联动督导制度。针对涉水交办问题，多主体实施联动督导，充分发挥"各自优势，扩大督导覆盖面，印发通报，形成推进问题整改的强大合力。

落实"三办"会商推进制度。建立"三办"会商制度，每季度召开专题会商会，加强信息沟通和共享，拓宽问题收集反馈渠道，共同研究督查推进重点任务的办法和措施，约谈重点问题整改进展缓慢地区。

推行重点问题挂牌督办制度。针对突出问题、久拖未决的难点问题和生态环境保护督察反馈的问题进行督办。

5）涉水问题责任追究机制

查处违法行为。严格执行排污许可、排水许可和河道管护等管理制度，加大对工业废水偷排和超标排放查处力度，对住宅小区、公共建筑及沿街商铺排水管网错接、混接等问题进行专项排查，依法查处违法违规行为。

实施移交问责。对重点督办问题，限期未整改或整改不力的，"三办"约谈后仍无实质性进展的，会商后将相关情况执纪问责。

6. 提质增效效果

（1）城市生活污水收集提升效能情况

经过 2019～2021 三年提质增效的建设，污水处理厂进水 COD、BOD 浓度有了明显提升。汤汪污水处理厂进水 COD 浓度已达到 260mg/L 以上，BOD 浓度已达到 100mg/L 以上。六圩污水处理厂 BOD 进水浓度由 89.2mg/L 提高至 112mg/L。扬州市区城市生活污水集中收集效能比 2019 年前略有提升。

根据《2019 年扬州市国民经济和社会发展统计公报》，2019 年扬州市完成老旧小区整治 29 个，改造城中村 15 个。根据《2020 年扬州市国民经济和社会发展统计公报》，2020 年，扬州市新改建市区污水管网 60km，改造城镇老旧小区 32 个。2019 年，扬州市辖区污水处理率为 91.5%，污水处理厂集中处理率为 91%，比 2018 年略有提升。2020 年污水集中收集率达到 80.22%，相较于 2018 年的 64.19% 有大幅提升。

（2）城市黑臭水体治理成效

已完成整治黑臭水体长治久清任务，并开展黑臭水体"回头看"工作。目前，扬州市区黑臭水体消除率总体达标。另外，黑臭水体整治工作结合打造"清水绿岸，鱼翔浅底"的城市水体，扬州市开展了示范河道建设任务工作，其中念泗河为年度计划建设示范河道。

（3）生活污水直排口消除情况

生活污水直排口消除工作取得初步成果。2021 年，扬州市目前共消除污水直排口 7 个。

（4）生活污水收集处理设施空白区

扬州市区生活污水处理设施空白区消除工作已初见成效，有效提高了污水收集效率，减少污水散排、直排的问题。2021 年，全市消除空白区 3 个，总面积 15.435km²。

（5）长效机制建立情况

长效机制的建立工作正在逐步完善，目前已取得了初步成果。截至 2020 年，扬州市区已办理排水许可证的单位共 1277 家。

5.2　城镇污水处理厂提质增效措施应用案例

城镇污水处理厂是排水系统的最后环节，其出水水质显著影响受纳水体。为提高地表水环境质量，我国重点流域针对污水处理厂尾水排放相继颁布了更加严格的标准，污水处理厂也相应进行了设备设施改造、优化运行等提质增效措施。此外，污水处理厂是能耗大户，但同时也储存着大量的资源，国家也在逐步引导开展污水处理资源回收的相关研究和应用。碳减排、碳中和是未来污水处理厂的发展方向。本节从不同主体工艺污水处理厂的达标排放、资源循环、尾水湿地净化等不同角度，进行案例介绍，突出每个案例的侧重点，为其他污水处理厂提供参考。

5.2.1　氧化沟工艺污水处理厂提质增效案例

1. 工程概况

丹阳某污水处理厂占地 161.5 亩，远期规划设计总规模为 10 万 m³/d，其中一期规模为 4 万 m³/d，二级生化处理采用三槽式氧化沟工艺，主要工艺流程为平流沉砂池＋三槽式氧化沟＋反硝化池＋砂滤池，污泥处理采用机械浓缩脱水后外运处置。整体工艺流程图如图 5-33 所示。该厂一期三槽式氧化沟的主要设计参数如下：水力停留时间为 29.4h，污泥浓度为 5g/L，污泥负荷为 0.08kg BOD₅/kg MLSS，沟尺寸为 $L \times B \times H = 58m \times 47m \times 3.5m$。尾水排放执行《城镇污水处理厂污染物排放标准》GB 18918—2002 一级 A 标准，尾水排入京杭运河。

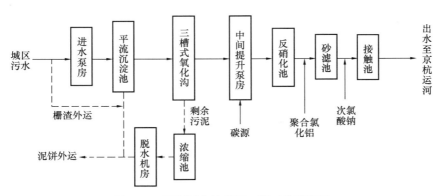

图 5-33　丹阳污水处理厂一期工艺流程图

设计进出水水质指标见表 5-14，出水水质执行《城镇污水处理厂污染物排放标准》GB 18918—2002 一级 A 排放标准，拟提标至江苏省地方标准《太湖地区城镇污水处理厂及重点工业行业主要水污染排放限值》DB 32/1072—2018 的其他区域内水污染物排放标准。

丹阳污水处理厂一期设计进出水水质指标表　　　　　　　　表 5-14

项目	进水水质（mg/L）	排放标准（mg/L）	去除率（%）	拟提标标准（mg/L）
BOD$_5$	200	≤10	≥95.0	10
COD$_{Cr}$	350	≤50	≥85.7	≤50
SS	250	≤10	≥96.0	10
TN	40	≤15	≥62.5	≤12（15）
NH$_3$-N	—	≤5	—	≤4（6）
TP	4	≤0.5	≥87.5	≤0.5

该污水处理厂一期 2018 年进水水质见表 5-15，由表 5-15 可知，该厂进水各污染物浓度均较低，其中 COD$_{Cr}$ 的均值仅为 126mg/L，严重低于一般城市污水的浓度范围。

丹阳污水处理厂一期 2018 年进水水质　　　　　　　　表 5-15

项目	COD$_{Cr}$（mg/L）	NH$_3$-N（mg/L）	TN（mg/L）	TP（mg/L）	SS（mg/L）
最大值	322	31.5	38.5	5.7	347
最小值	48	5.2	7.1	0.8	30
平均值	126	15.8	21.0	2.5	84

对于城镇污水处理厂而言，氮磷能否很好地被去除在一定程度上取决于污染物比例。由于 BOD$_5$ 数据缺失，以 BOD$_5$/COD 经验值 0.4 计，统计了该污水处理厂一期 2018 年 BOD$_5$/TN 变化情况，如图 5-34 所示。BOD$_5$/TN 最高值为 5.82，最低值为 0.77，全年进水 BOD$_5$/TN 均值为 2.50，理论上 BOD$_5$/TN＞2.86 才能满足脱氮要求，但在污水处理

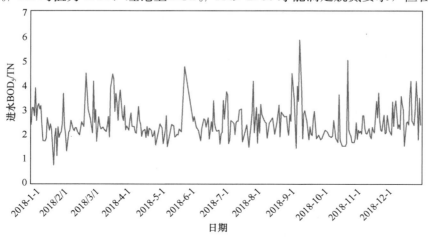

图 5-34　丹阳污水处理厂一期 2018 年进水 BOD$_5$/TN 的变化情况

厂实际运行过程中由于存在溶解氧与硝酸盐竞争电子供体的影响，一般需要碳氮比大于 5 才能满足高效脱氮要求。该污水处理厂 BOD_5/TN 基本小于 5，BOD_5/TN 总体处于较低水平，进水碳源难以满足脱氮需求。

2. 工艺运行存在问题

污水处理厂日常监测的进出水水质数据是了解该污水处理厂当前运行状态的最佳工具。分析研究污水处理厂进出水的水质特征，有助于了解污水处理厂的运行情况，为优化方案的设计提供基础信息。

为了进一步掌握丹阳污水处理厂进出水水质整体状况，研究团队对 2018 年污水处理厂一期工程的进出水数值数据（包括 COD、SS、TN、NH_3-N、TP）进行了统计分析，见表 5-16。结果表明出水针对一级 A 标准中的 NH_3-N、TN 和 TP 指标的达标率分别为 94％、86％ 和 91％，而对于江苏省地方标准，达标率分别为 89％、74.5％、91％，存在较大的达标难度。

丹阳污水处理厂出水达标率　　　　　　　　　　　　　　表 5-16

指标		COD （mg/L）	SS （mg/L）	NH_3-N （mg/L）	TN （mg/L）	TP （mg/L）
进水	最大值	322	347	31.5	38.5	5.7
	最小值	48	30	5.18	7.1	0.82
	平均值	126	84	15.48	21	2.47
出水		40	10	5	15	0.5
一级 A 标准（mg/L）		50	10	5（8）	15	0.5
出水达标率		100％	100％	94％	86％	91％
江苏省地方标准（mg/L）		50	10	4（6）	12（15）	0.5
出水达标率		100％	100％	89％	74.5％	91％

以此作为典型案例分析氧化沟一类的污水处理厂在实际运行中存在的问题，并针对一级 A 及更高排放标准情况下的提质增效工作提出针对性的建议措施，为实际工作的开展提供技术支持。

3. 提质增效措施分析

（1）工艺优化运行基础调研

在进水、预处理阶段、生化处理阶段以及出水等处进行取样检测，检测指标包括 DO、COD、TN、NH_3-N、NO_3^--N、TP、PO_4^{3-}-P 等。采样布点如图 5-35 所示，主要分析部分为生化处理阶段，以评估活性污泥对污染物的去除效果。一期碳源投加点为中间提升泵房，除磷药剂投加位点为砂滤池前端。

1）沿程 DO 和 ORP 变化情况

丹阳某污水处理厂一期工程氧化沟工艺沿程测试的 DO 变化如图 5-36 所示。进水 DO 为 1.6mg/L，由于预处理段跌水复氧严重，氧化沟进水 DO 浓度升高至 5.2mg/L。氧化沟中的 DO 浓度均在 6mg/L 以上，处于较高水平。结合图 5-37 的 ORP 分布图可知，氧

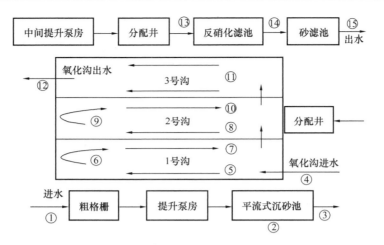

图 5-35　丹阳某污水处理厂一期全流程采样布点

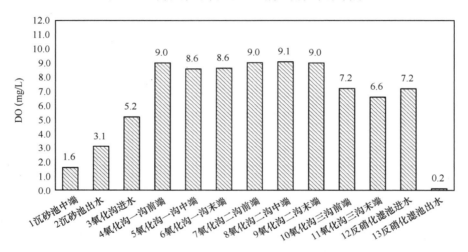

图 5-36　丹阳污水处理厂一期 2 号沟沿程 DO 变化情况

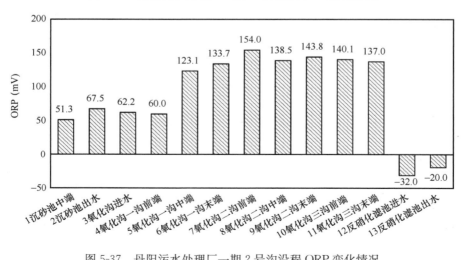

图 5-37　丹阳污水处理厂一期 2 号沟沿程 ORP 变化情况

化沟中无厌氧和缺氧环境，不利于进行生物脱氮除磷反应。反硝化滤池进水的 DO 浓度较高，在 7mg/L 以上，较高的 DO 浓度会损耗所投加的碳源，降低反硝化滤池的脱氮效果[3]。

2）污染物沿程分布

污水处理厂沿程 COD 变化如图 5-38 所示。进水 COD 浓度偏低，仅为 109mg/L。由于氧化沟的 DO 值很高，对碳源的消耗较大，进水中 COD 进入氧化沟后迅速降低，基本在 50mg/L 以下。氧化沟出水经过中间提升泵房至反硝化滤池，并在中间提升泵房投加碳源，以提供反硝化所利用的碳源，因此反硝化滤池 COD 浓度有所升高。进水中的溶解性难降解有机物浓度较低，出水 COD 浓度可实现稳定的达标排放。

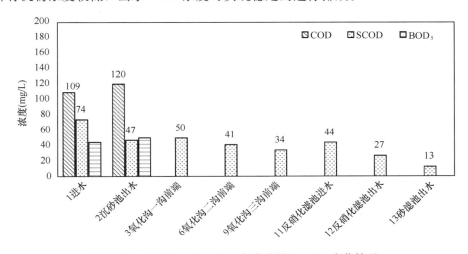

图 5-38　丹阳某污水处理厂氧化沟沿程 COD 变化情况

污水处理厂沿程氮变化情况如图 5-39 所示。进水 TN 浓度为 26.1mg/L，以溶解性 TN（STN）为主，NH_3-N 浓度为 14.1mg/L。由于氧化沟的 DO 浓度整体偏高，NH_3-N 的降解情况良好，出水 NH_3-N 浓度在 3mg/L 以下。但同时，氧化沟无明显的缺氧环境，

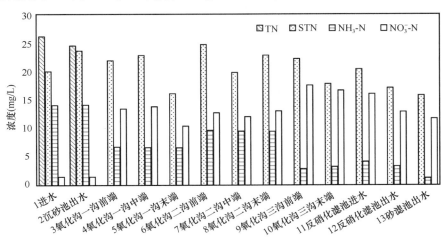

图 5-39　丹阳污水处理厂一期 2 号沟沿程氮含量变化情况

反硝化脱氮的效果不佳，STN 在氧化沟工艺段仅降低了 4.1mg/L。经核算，反硝化滤池碳源投加量约 35mg/L，而去除 1mg 的 NO_3^--N 所需的碳源约为 4～6mg，因此理论去除量为 6～9mg/L。反硝化滤池中的 NO_3^--N 浓度实际下降了 3.17mg/L，原因主要为反硝化滤池进水 DO 浓度较高，消耗了大量碳源，导致反硝化滤池脱氮效率下降。出水 TN 在 15.8mg/L 左右，基本为 NO_3^--N，说明反硝化滤池的反硝化效果差，TN 去除率约为 39.5%，出水无法达到一级 A 和 DB 32/1072—2018 标准。

污水处理厂沿程磷浓度变化情况如图 5-40 所示。进水 TP 浓度为 2.22mg/L，$PO_4^{3-}-P$ 为 STP 的主要成分；由于氧化沟始终维持在好氧状态，氧化沟各段无明显的厌氧释磷现象，因此生物除磷效果较差，主要依靠在砂滤池前端投加 PAC 进行除磷，砂滤池出水 TP 浓度在 0.41mg/L 左右，存在一定的超标风险。

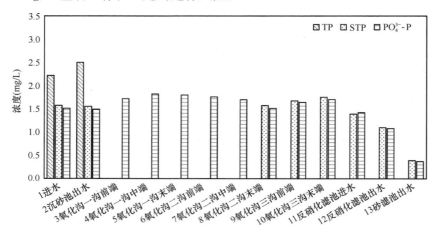

图 5-40　丹阳污水处理厂一期 2 号沟全流程沿程磷含量变化情况

3）活性污泥特性分析

由于活性污泥中的微生物需要在生化池的特定功能区（如厌氧区、缺氧区和好氧区等）发挥不同的能力，因此在对污水处理厂工艺进行诊断评估时，需要对特定功能区内活性污泥去除污染物的效能进行测试，从而确定功能区是否正常运行，为污水处理厂的优化运行提供指导。其主要涉及硝化速率、反硝化速率及潜力、释磷潜力等方面。

硝化速率实验结果如图 5-41 和表 5-17 所示。硝化速率为 2.13mgNH₃-N/(gVSS·h)，处于正常偏低水平（一般城镇污水处理厂的硝化速率为 2～4mgNH₃-N/(gVSS·h)）。氧化沟设计总 HRT 在 24h 左右（包括沉淀时间），根据后续流速测定试验和污泥淤积问题分析可知，实际发挥硝化作用的 HRT 在 6～10h，因此根据实际 MLVSS 核算，能够实现的 NH_3-N 降解量约为 18～30mg/L，且三槽式氧化沟在中间沟道进水的情况下，存在短流现象，易在进水 NH_3-N 冲击的情况下导致出水超标。

丹阳污水处理厂一期 2 号氧化沟硝化速率　　　　　　　　　　　　表 5-17

类别	硝化速率[mgNH₃-N/(gVSS·h)]	斜率	MLVSS(g/L)
硝化速率	2.13	3.15	1.48

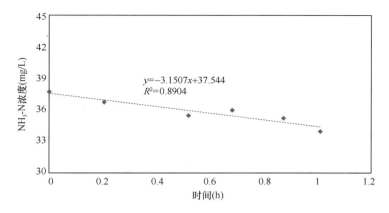

图 5-41　丹阳污水处理厂一期 2 号氧化沟硝化速率曲线

反硝化速率和潜力模拟实验如图 5-42 和表 5-18 所示，由于长期受氧化沟高 DO 浓度及进水有机物浓度较低的影响，活性污泥反硝化速率较低，仅为 $0.98\text{mgNO}_3^- \text{-N}/(\text{gVSS} \cdot \text{h})$，即使在碳源充足的情况下，反硝化潜力仅为 $1.05\text{mgNO}_3^- \text{-N}/(\text{gVSS} \cdot \text{h})$，处于严重偏低的水平[一般城镇污水处理厂的反硝化潜力为 $4 \sim 8\text{mgNO}_3^- \text{-N}/(\text{gVSS} \cdot \text{h})$]，活性污泥中的反硝化菌群相对丰度较低，与该厂长期进水有机物浓度较低及氧化沟无缺氧环境的运行方式有关。

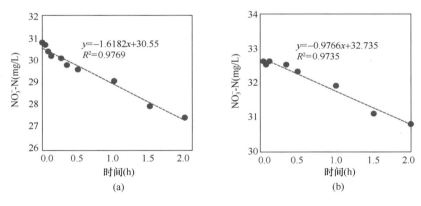

图 5-42　丹阳污水处理厂一期 2 号氧化沟

（a）反硝化速率；（b）反硝化潜力

丹阳污水处理厂一期 2 号氧化沟活性污泥反硝化速率/潜力结果　　　　表 5-18

类别	反硝化速率/潜力[$\text{mgNO}_3^- \text{-N}/(\text{gVSS} \cdot \text{h})$]	斜率	MLVSS(g/L)
反硝化速率	0.98	1.6182	1.65
反硝化潜力	1.05	0.9766	0.93

厌氧释磷潜力模拟实验结果如图 5-43 和表 5-19 所示。该污水处理厂一期活性污泥释磷潜力为 $0.80\text{mgPO}_4^{3-} \text{-P}/(\text{gVSS} \cdot \text{h})$，长期受氧化沟高 DO 浓度影响，且厌氧池硝态氮浓度较高，无良好的厌氧环境，不利于聚磷菌的增殖，活性污泥中聚磷菌群相对丰度较

低，导致释磷潜力处于较低的水平(以生物除磷作为主要除磷方式的活性污泥的释磷潜力为 $4\sim8mgPO_4^{3-}\text{-}P/(gVSS \cdot h)$)，生物除磷效果较差，总磷的去除主要依靠后续化学除磷工艺段。

丹阳污水处理厂一期活性污泥厌氧释磷实验结果 表 5-19

项目	斜率	释磷潜力 $[mgPO_4^{3-}\text{-}P/(gVSS \cdot h)]$	反应时间（min）	MLVSS（g/L）
一期	1.441	0.80	90	1.81

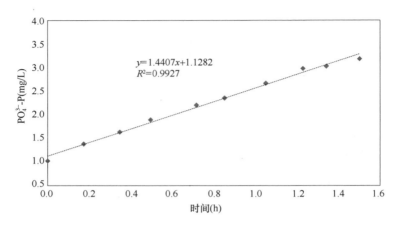

图 5-43 丹阳污水处理厂一期 2 号氧化沟活性污泥厌氧释磷潜力

（2）工艺优化模拟试验

不同污水处理厂由于进水、工艺以及运行管理之间的差异，导致其存在不同的问题，因此需要通过历年数据分析、工艺全流程功能测试分析、功能区指标模拟测试分析等工作找出该厂特定的问题，并对这些问题寻找相应的解决方案。但实际污水处理厂承担着不间断地处理城市生活污水和部分工业废水的任务，并不能随时进行运行参数或方式的调整。因此，需要根据针对性解决方案设计相关试验，模拟处理效果，为下一步的优化运行提供数据支撑。根据全流程及功能区模拟试验数据分析结果，本项目工艺优化模拟试验的内容主要包括流速测定试验、水栅霉研究等。

1）流速测定试验

该污水处理厂氧化沟工艺采用转碟曝气，设计池深均为 3.5m。氧化沟自建成以来从未进行过停水清淤，因此研究团队开展了各沟不同深度处流速的测定工作，以评估污泥淤积程度。氧化沟测速布点图如图 5-44 所示。

氧化沟流速测定结果 表 5-20

深度	A点	B点	C点	D点	E点	F点	G点
0.2m	0.522	0.271	0.418	0.265	0.366	0.262	0.301
1.0m	0.297	0.249	0.432	0.252	0.340	0.230	0.289
1.2m	—	—	—	—	0.008	0.209	—
1.5m	—	—	—	—	—	—	0.099

续表

深度	A 点	B 点	C 点	D 点	E 点	F 点	G 点
1.8m	—	—	—	0.116	—	—	—
2.0m	0	0.205	0.205	0	—	—	—
2.5m	—	0.059	—	—	—	—	—

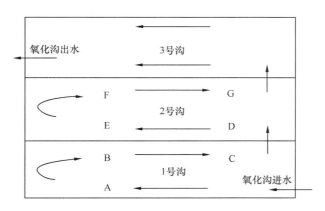

图 5-44　氧化沟流速测定布点图

由表 5-20 可知，一期二号氧化沟一廊道水下各位置 2m 处基本接近淤泥层，二廊道淤泥现象较严重，水下 1.5m 处接近污泥淤积层。一般认为不发生沉积的平均流速应达到 $0.3 \sim 0.5$m/s，从不同深度测的流速来看，大部分位点的流速无法达到要求，长久运行导致污泥淤积现象较为严重。

2）碳源投加位点选择和水栉霉爆发研究

碳源投加点位于中间提升泵房，由提升泵房将氧化沟出水提升至反硝化滤池的分配井，所投加的碳源为冰醋酸。在运行过程中，反硝化滤池分配井出现大量漂浮的生物絮体，絮体呈簇附着在池壁上，随水流动，脱落后在水中漂浮并进入反硝化滤池，造成滤池堵塞。

研究团队对絮体进行了采样，并对不同部位进行了镜检，镜检图像显示絮体内层主要是粒状生物，存在于絮体附着在池壁的"柄"部，而漂浮在水里的主体部分基本未观察到这种结构，絮体漂浮在水中的黄色部分和白色部分的镜检图像如图 5-45 所示。图像中的白色小点是生物的细胞核，存在于杆状的细胞质中。

经过资料搜集查询和 DNA 测序等手段，初步确定该种生物絮体为水栉霉。水栉霉是一种低等水生真菌，属藻状菌纲，水栉霉目，水栉霉科。通常生活在污水中，在下水道出口附近也可以发现。其特征为：黄黏絮状物在水中为乳白色、絮状，一般沉在水中，或附着在水中其他物体上。水栉霉属腐生菌，生长周期 $40 \sim 50$d，适宜条件下，菌丝长度由 5mm 可长到 60mm。每年十月底开始繁殖，第二年一月中旬出现漂浮。幼龄菌丝为乳白色，老龄菌丝为黄褐色。它生长到一定长度后，在菌丝中部产生气泡，开始漂浮。

研究发现低碳链有机物对其生长有促进作用。水栉霉生长的适宜温度为 $0 \sim 15$℃，属

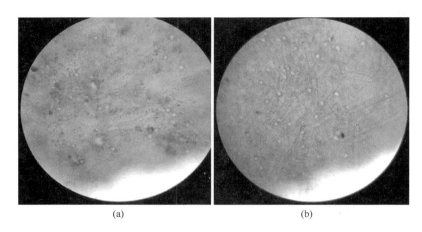

图 5-45　絮体漂浮部分镜检图像×400 倍

（a）黄色漂浮部分；（b）白色漂浮部分

于嗜冷菌。在单一碳源、有机负荷较高的条件下，水栉霉易生长。水栉霉是在富营养环境下形成的一种水生生物，基本无毒无害。但是一旦暴发，极易堵塞水处理构筑物。

可以采用生石灰和次氯酸对水栉霉进行防治。生石灰投入水中可以放出大量的热和氢氧化钙，从而破坏细菌的酶系统，切断其营养源，使其消亡。另外该真菌在水体中生长、繁殖，游离 CO_2 是其增殖的必备底物，用生石灰可以减少水中游离 CO_2 量，从而抑制细菌的繁殖。

此外，为不影响出水水质，也可用次氯酸对水栉霉进行消杀，通过将 10% 的次氯酸与水栉霉按 1∶5 的质量比混合后，静置约 30min 后搅拌，水栉霉大约可溶解 3/4。

水栉霉真菌的生长需要充足的碳源和一定的增殖时间，因此研究团队提出了将目前的碳源投加位点由提升泵房改至反硝化滤池分配井的优化建议，缩短水栉霉真菌利用碳源的时间，减少该生物的增殖量。实际改造后效果显著，有效降低了水栉霉的增殖量，减轻了对于设备设施的堵塞。但出现该问题的根源在于氧化沟工艺脱氮效果不佳，因此为实现达标排放，必须在反硝化滤池工艺段投加大量的优质碳源，从而引发了水栉霉的大量增殖。因此鉴于目前氧化沟的运行现状以及提标改造的实际需求，研究团队提出将三槽式氧化沟改造为连续流 AAO 工艺的建议，从而确保实现新标准的稳定达标。

4. 案例应用总结

针对一级 A 和 DB 32/1072—2018 一、二级保护区之外的其他地区污染物排放标准，由历年水质数据分析可知，丹阳某污水处理厂一期氧化沟工艺出水 TN 存在较大的达标难度。

流速测定试验结果表明，氧化沟存在较为严重的污泥淤积问题，约一半以上的池容被积泥覆盖，泥水混合液浓度降低，DO 整体偏高，导致整个氧化沟无缺氧环境，反硝化菌群的相对丰度较低，脱氮效果较差，需依靠后续的反硝化滤池投加大量的优质碳源来实现出水 TN 的达标排放。且三槽式氧化沟工艺在中沟进水的情况下存在部分短流问题，在冬季低温或高浓度进水冲击的情况下易导致出水 NH_3-N 升高或超标。

反硝化滤池的碳源投加点在二次提升泵房，致使二次提升泵房、反硝化滤池分配井及其进水管道中滋生了大量水栉霉真菌，导致滤池极易发生堵塞，影响正常运行。通过将碳源投加位点改至分配井后，缩短了水栉霉真菌在碳源环境中增殖的时间，有效减轻了水栉霉对于滤池的堵塞问题。

通过该案例分析可知，三槽式氧化沟在低进水浓度的情况下，难以形成良好的缺氧环境，导致脱氮受限；而通过在后续反硝化滤池等深度脱氮单元投加大量的单一碳源实现总氮的削减，过剩的碳源易导致水生生物的大量滋生，影响设备设施的正常运行。该工艺在一级 A 标准的运行中已捉襟见肘，较难满足新一轮提标改造对于生化段的脱氮要求，建议根据池型，在尽可能减少土建改动的情况下进行改造。本案例中，该三槽式氧化沟的其中两个沟道改为了连续流 AAO 工艺，另外一个沟道改为了沉淀池，改造后运行良好，出水水质稳定达到 DB 32/1072—2018 中其他区域排放标准。

5.2.2　AAO 工艺污水处理厂提质增效案例

1. 工程概况

郑州某污水处理厂设计日处理规模为 20 万 m³/d，共 4 组反应池，每组 5 万 m³/d，目前实际进水量约为 4 万 m³/d，因此仅运行一组反应池。污水处理主体工艺为多点进水改良 AAO 工艺，前端预处理段包括粗格栅、进水泵房、细格栅、曝气沉砂池和初沉池；生物段由预缺氧池、厌氧池、缺氧池和好氧池组成；深度处理系统包括高效沉淀池和 V 型滤池；采用次氯酸钠消毒，具体工艺流程如图 5-46 所示。

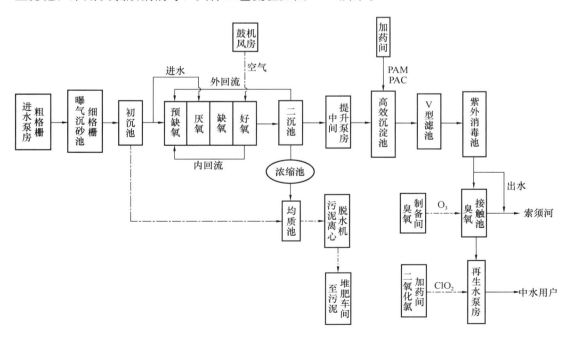

图 5-46　郑州某污水处理厂工艺流程图

由于进水量较少，现阶段只开了一组曝气沉砂池（曝气沉砂池共2组，每组设计水量为10万 m³/d）。改良AAO工艺进水可分别分配至预缺氧池、厌氧池、缺氧池，并根据出水硝酸盐氮浓度的大小适当调整进水比例。现阶段由于水量较小，进水平均分配至预缺氧池和缺氧池，生物池设计参数见表5-21。

生物池设计参数 表5-21

总尺寸	241.8m×146.1m，有效水深7m
池数	共4组
总设计流量	$Q=20$ 万 m³/d；单池50000m³/d
设计流量下总HRT	22h
预缺氧段HRT	1h
厌氧段HRT	1h
缺氧段HRT	7h
好氧段HRT	13h
总污泥龄	20.1d
污泥浓度	3500mg/L
污泥产率	0.8kgDS/kgBOD₅
污泥负荷	0.062kgBOD₅/（kgMLSS·d）
最大污泥回流比	100%
最大内回流比	300%
标准状况下最大需氧量	1305.5kgO₂/h
平均剩余污泥产量	32000kg/d
剩余污泥浓度	7000mg/L
剩余污泥流量	4571m³/d

设计进出水水质指标见表5-22，污水处理后排入索须河，并可用于补充河道景观用水、道路绿化用水、热电厂冷却用水等。

郑州某污水处理厂设计进出水水质指标 表5-22

水质指标	COD$_{Cr}$	BOD₅	SS	NH₃-N	TN	TP
进水水质（mg/L）	550	250	400	45	55	8
出水水质（mg/L）	≤40	≤10	≤10	≤3	≤15	≤0.5
污染物去除率（%）	≥92.7	≥96.0	≥97.5	≥93.3	≥72.7	≥93.8

郑州某污水处理厂近4个月进水水质见表5-23。由于厂区污泥除臭冷凝水绘入进水中，因此综合进水NH₃-N及总氮浓度较高，平均浓度分别在50mg/L和60mg/L左右；进水的COD及BOD₅浓度相对较低，平均浓度仅分别在300mg/L和150mg/L左右。进水低碳氮比的特点增加了污水处理的难度。

郑州某污水处理厂 3~6 月进水水质   表 5-23

月份	项目	COD_{Cr} (mg/L)	NH_3-N (mg/L)	TN (mg/L)	TP (mg/L)	BOD_5 (mg/L)	SS (mg/L)
3	最大值	500.0	76.4	78.8	6.6	220.0	190.0
	最小值	161.0	19.1	51.2	4.8	30.0	31.0
	平均值	301.2	59.4	68.9	5.8	158.6	79.3
4	最大值	633.0	76.2	80.0	18.0	323.0	293.0
	最小值	141.0	27.2	33.4	2.6	135.0	75.0
	平均值	312.4	56.3	63.9	6.4	223.0	131.1
5	最大值	770.0	67.5	70.4	17.5	438.0	781.0
	最小值	136.0	28.3	30.7	2.9	124.0	79.0
	平均值	344.6	44.8	54.7	6.8	249.5	278.5
6	最大值	489.0	63.3	72.0	10.4	341.0	555.0
	最小值	168.0	40.2	46.2	3.3	108.0	70.0
	平均值	300.5	50.0	60.2	6.0	220.5	241.0
合计	最大值	770.0	76.4	80.0	18.0	438.0	781.0
	最小值	136.0	19.1	30.7	2.6	30.0	31.0
	平均值	318.2	51.6	60.8	6.4	226.2	196.1

2. 工艺运行存在问题

为了进一步掌握郑州某污水处理厂运行状况，对 2018 年 3 月 18 日~2018 年 6 月 24 日期间污水处理厂的进出水数据（包括 COD、BOD_5、SS、TN、NH_3-N、TP）进行了统计分析，结果见表 5-24，TN、TP 的达标率仅在 10％左右，存在较大的达标难度，是提质增效工作需要重点关注的指标。

郑州某污水处理厂出水达标率   表 5-24

指标		COD (mg/L)	BOD_5 (mg/L)	SS (mg/L)	NH_3-N (mg/L)	TN (mg/L)	TP (mg/L)
进水	最大值	740	438	781	76	80	10
	最小值	318	30	31	1	20	2
	平均值	324	226	196	52	61	4.5
出水		＜40	＜10	＜10	＞5	＞15	＞0.5
出水达标率		100％	100％	100％	92％	11％	10％

对于要求具有脱氮除磷功能的污水处理厂来说，氮磷能否很好地被去除一定程度上取决于污染物比例，因此进行了该厂进水 BOD_5/TP 和 BOD_5/TN 的分析，结果汇总见表5-25。

该厂进水总氮浓度较高，BOD_5/TN 总体处于较低水平，存在生物脱氮除磷碳源不足的问题，出水 TN、TP 无法满足一级 A 排放标准。因此对该厂进行了工艺全流程测试，分析其主要污染物沿工艺流程分布特征以及活性污泥特性，评估工艺运行现状，为该污水处理厂优化调控提供基础数据和技术参考。

郑州某污水处理厂其他指标　　　　　　　　　　表 5-25

指标		进水量（万 m³/d）	BOD₅/TN	BOD₅/TP
进水	最大值	7	6.76	64.3
	最小值	1	1.91	4.9
	平均值	3	3.37	34.2
理论值		5（设计值）	＞2.86	＞17

3. 提质增效措施分析

（1）工艺优化运行基础调研

为了全面分析郑州某污水处理厂整个污水处理流程的处理效果，重点结合生化段功能区的划分，设置了如下全流程位点：①进水；②厂内循环水（污泥处置除臭喷淋水）；③细格栅出水；④曝气沉砂池出水；⑤前缺1廊道；⑥前缺2廊道；⑦厌氧1廊道；⑧厌氧2廊道；⑨缺氧1廊道；⑩缺氧2廊道；⑪缺氧3廊道；⑫缺氧4廊道；⑬好氧1廊道前段；⑭好氧1廊道后段；⑮好氧2廊道后段；⑯好氧3廊道；⑰好氧4廊道后段；⑱外回流液；⑲二沉池出水；⑳高效沉淀池出水；㉑V型滤池出水，取样点分布如图5-47所示。

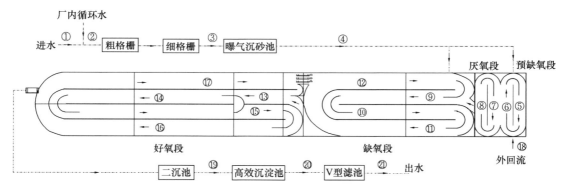

图 5-47　郑州某污水处理厂全流程实验取样点分布图

1）沿程 DO 和 ORP 变化情况

各工艺段 DO 浓度的控制对脱氮除磷的效果起着重要作用。该污水处理厂沿程 DO 变化情况如图 5-48 所示。细格栅出水以及曝气沉砂池出水的 DO 浓度过高，复氧严重，易造成进水碳源的无效损失。厌氧段及缺氧段 DO 浓度为 0.1mg/L 左右，控制良好。该污水处理厂沿程 ORP 变化情况如图 5-49 所示，相比细格栅出水，曝气沉砂池出水 ORP 升高明显，说明在曝气沉砂池消耗了部分还原性有机物（碳源）。厌氧区 ORP 为正值，无明显的厌氧环境，不利于聚磷菌的增殖；前缺及缺氧段 ORP 均为正值，反硝化脱氮受到无缺氧环境及碳源缺乏的影响。

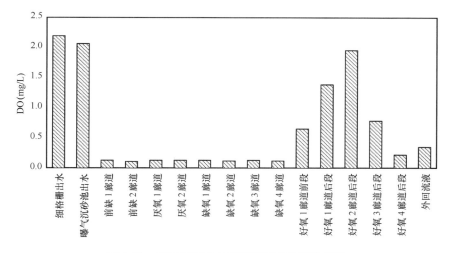

图 5-48 郑州某污水处理厂沿程 DO 变化情况

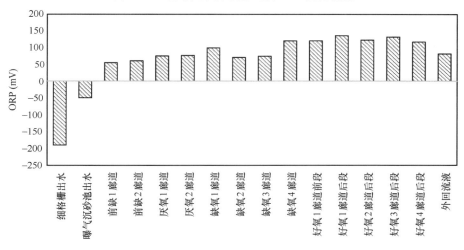

图 5-49 郑州某污水处理厂沿程 ORP 变化情况

2）污染物沿程分布

郑州某污水处理厂沿程 COD、BOD$_5$ 变化如图 5-50 所示，进水 COD 为 179mg/L，SCOD/COD 约为 70%，进水中可溶性 COD（SCOD）含量较高；厂内循环水为污泥处置除臭喷淋水，COD 约为 331mg/L，SCOD/COD 约为 55%。曝气沉砂池对 COD 及 SCOD 的削减效果明显，进水中碳源存在无效消耗的现象。好氧池出水 COD 为 18mg/L 左右，最终出水的 COD 为 15.2mg/L 左右，表明进水中的难降解有机物浓度较低，通过生化处理能够达到优于一级 A 排放标准（40mg/L）。

郑州某污水处理厂沿程磷变化如图 5-51 所示，进水 TP 浓度为 3.7mg/L，进水 TP 主要为溶解性 TP（STP），STP/TP 达到 88%，PO_4^{3-}-P 为 STP 的主要成分，占比在 90% 左右。由于厌氧段 ORP 和优质碳源水平不能满足活性污泥厌氧释磷的要求，厌氧池中没有明显的释磷现象。生物池出水 TP 为 3.4mg/L，远超一级 A 排放标准（0.5mg/L）。

郑州某污水处理厂沿程氮变化情况如图 5-52 所示，该厂进水 TN 为 48mg/L。进水中绝

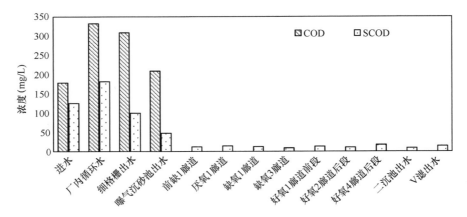

图 5-50 郑州某污水处理厂沿程 COD、BOD$_5$ 变化情况

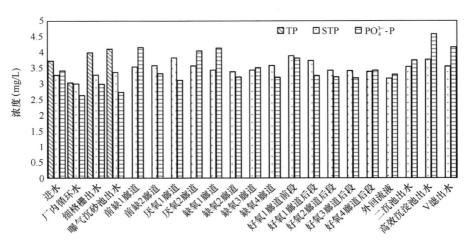

图 5-51 郑州某污水处理厂沿程 TP、STP 和 PO$_4^{3-}$-P 浓度变化情况

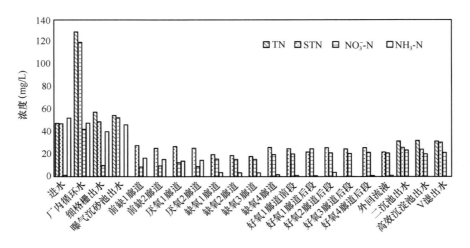

图 5-52 郑州某污水处理厂沿程 TN、STN、NH$_3$-N 和 NO$_3^-$-N 浓度变化情况

大部分为溶解性 TN（STN），占比在 90%以上；厂内循环水的 TN 浓度较高，为 129mg/L，STN/TN 达到 92.8%。厂内循环水量为 4000～10000m³/d，对于进水总氮浓度的影响较大。活性污泥硝化作用较好，NH_3-N 在好氧池 1 廊道即降低至 1.1mg/L；缺氧池硝态氮浓度较高，在 16mg/L 左右，内回流量相对充足，出水 TN 浓度为 30mg/L（主要为 NO_3^--N），反硝化效果不佳，实现出水 TN 的达标排放存在较大困难（15mg/L）。

3）活性污泥特性分析

上述反硝化效果不佳的原因可能是污泥中的反硝化菌群相对丰度较低，或者是没有满足反硝化菌生长的条件，因此进行硝化和反硝化速率模拟实验，从而评估脱氮功能菌群的生长状况。

该厂活性污泥的硝化速率实验结果如图 5-53 和表 5-26 所示。硝化速率为 6.37mgNH_3-N/（gVSS·h），处于较高水平。该厂活性污泥对厂内循环水的硝化速率为 3.86mgNH_3-N/（gVSS·h），低于进水的硝化速率，原因可能为厂内循环水缺少硝化所需的碱度。以活性污泥系统 MLVSS 浓度为 1500mg/L、综合进水总氮浓度为 70mg/L 计，所需的好氧段 HRT 在 8h 左右，实际好氧段 HRT 为 13h，可满足硝化需求。根据曝气试验硝态氮和 NH_3-N 浓度可知，厂内循环水还含有一部分的溶解性有机氮或亚硝态氮，但曝气 3.5h 后，NO_3^--N/TN 由 0.32 升高至 0.97，说明存在的有机氮或亚硝态氮大部分转化为硝态氮，排除废水中不可氨化溶解性有机氮对出水 TN 指标的影响。

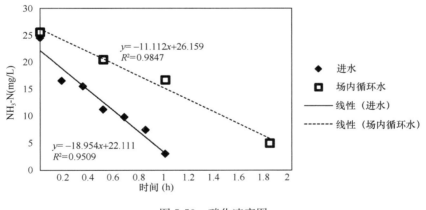

图 5-53　硝化速率图

郑州某污水处理厂活性污泥硝化速率　　表 5-26

项目	斜率	硝化速率[mgNH₃-N/(gVSS·h)]	反应时间(h)	MLVSS(mg/L)
进水	18.95	6.37	1	2975
厂内循环水	11.11	3.86	3.5	2880

该厂活性污泥的反硝化速率和潜力实验结果如图 5-54 和表 5-27 所示。在 2h 反应时间内，郑州污水处理厂生化池活性污泥反硝化分为 2 段，第一段利用进水中的易降解碳源进行反硝化，反硝化速率为 2.04mgNO_3^--N/（gVSS·h）；第二段利用剩余碳源，反硝化速率下降明显，为 0.26mgNO_3^--N/（gVSS·h）。加入 2mL 厂内碳源测得生化池活性污泥

反硝化潜力为 8.96mgNO$_3^-$-N/(gVSS·h)，加入 2g 无水乙酸钠的反硝化潜力同样为 8.96mgNO$_3^-$-N/(gVSS·h)，说明该厂的碳源品质没有问题。该碳源的 COD 当量约为 140000mg/L，与厂家提供的数据基本相吻合。反硝化潜力较高，说明活性污泥中的反硝化菌群相对丰度较高，但在实际运行中脱氮效果不佳，结合总氮的全流程分布特征，原因基本可确定为进水中的易降解有机物含量较低，可通过外加优质碳源的方式实现硝态氮的进一步去除。

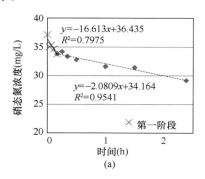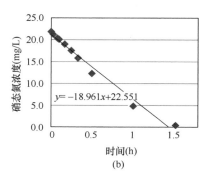

图 5-54 反硝化性能测定试验中 NO$_3^-$-N 浓度变化

(a)反硝化速率；(b)反硝化潜力

郑州某污水处理厂活性污泥反硝化速率及潜力总结   表 5-27

项目		斜率	反硝化速率及潜力 [mgNO$_3^-$-N/(gVSS·h)]	反应时间 (h)	MLVSS (mg/L)
反硝化速率	第一段	16.61	2.04	0.16	8140
	第二段	2.08	0.26	2.16	
反硝化潜力		18.96	8.96	1.50	2115

该厂活性污泥的厌氧释磷潜力实验结果如图 5-55 和表 5-28 所示。该厂活性污泥释磷潜力为 1.27mgPO$_4^{3-}$-P/(gVSS·h)，处于较低的水平。原因主要为进水中缺少碳源，且厌氧池中硝态氮的浓度较高，无厌氧释磷环境，聚磷菌逐渐流失。后续将采取外加碳源的措施，降低整个生化池的硝态氮浓度，确保进水中的碳源可将污泥回流液中携带的硝态氮

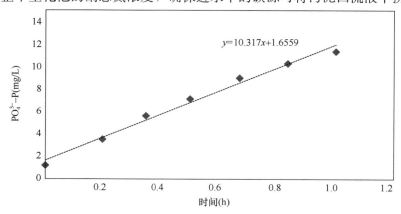

图 5-55 郑州某污水处理厂活性污泥厌氧释磷潜力

去除完全，创造良好的厌氧环境，逐渐恢复聚磷菌群丰度。

郑州某污水处理厂活性污泥厌氧释磷潜力

表 5-28

序号	斜率	释磷潜力[mgPO$_4^{3-}$-P/(gVSS·h)]	MLVSS(mg/L)
释磷潜力	10.317	1.27	8130

（2）提质增效调整措施

1）曝气沉砂池运行方式调整

目前郑州某污水处理厂进水量较少，进水碳氮比失衡，属于严重贫碳源水质；全流程分析可知，曝气沉砂池导致进水复氧严重，DO 和 ORP 升高明显，且有机物浓度有较大幅度的下降。考虑目前运行的一组曝气沉砂池设计水量为 10 万 m³/d，而目前实际进水量仅为 4 万 m³/d，存在明显的曝气量过大问题，建议在目前调试阶段关闭曝气系统，尽可能保留污水中原有的易降解有机物；待进水量提高或进水水质改善后，逐渐开启曝气系统，并结合出砂情况调整曝气量。

关闭曝气沉砂池曝气系统后，进行的全流程分析结果如图 5-56～图 5-60 所示。

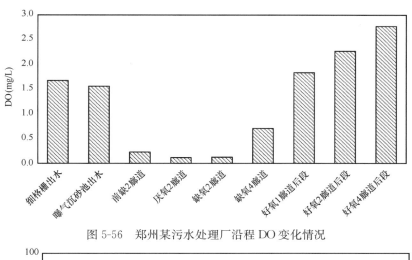

图 5-56　郑州某污水处理厂沿程 DO 变化情况

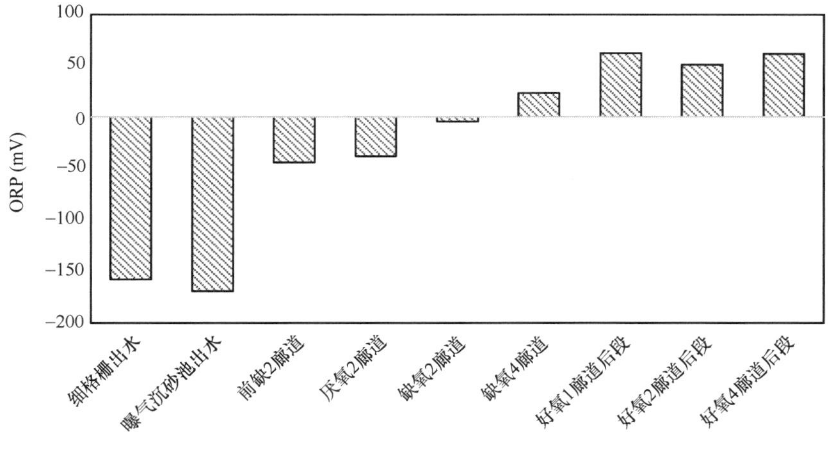

图 5-57　郑州某污水处理厂沿程 ORP 变化情况

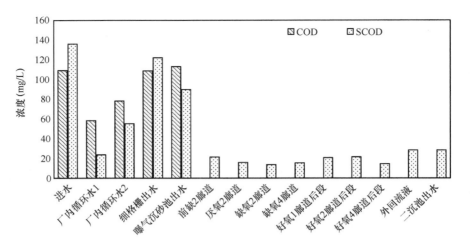

图 5-58 郑州某污水处理厂沿程 COD 及 SCOD 变化情况

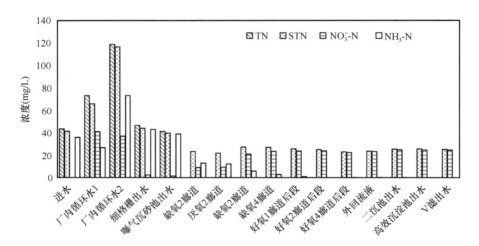

图 5-59 郑州某污水处理厂沿程 TN、STN、NH$_3$-N 和 NO$_3^-$-N 浓度变化情况

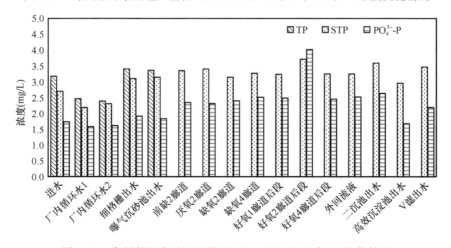

图 5-60 郑州某污水处理厂沿程 TP、STP 和 PO$_4^{3-}$-P 变化情况

由图 5-56 及图 5-57 所示，曝气沉砂池曝气系统关闭后，曝气沉砂池出水 DO 及 ORP 均有明显的降低，且前缺和厌氧段的 ORP 均由＋70mV 左右变为－40mV 左右，厌氧环境有了一定的改善。如图 5-58 所示，COD 在曝气沉砂池阶段的降解也有明显的减少，表明生物脱氮除磷效果并没有显著改变，原因为即使保留了进水中全部的碳源，相对于高浓度的进水总氮，仍存在严重的碳源不足问题。

2）碳源投加点位调整

郑州某污水处理厂在之前的调试运行期间，曾在缺氧池 4 廊道投加碳源，但硝态氮的去除效果并不明显，原因主要为缺氧 4 廊道为内回流廊道，内回流携带的溶解氧会降低反硝化菌利用优质碳源进行反硝化的效率。为避免溶解氧对于外加碳源的无效消耗，提高生物脱氮除磷效率，建议将碳源投加位点设置在厌氧 1 廊道，在总体降低生化段硝态氮浓度的同时，拟创造良好的厌氧环境，逐渐恢复聚磷菌菌群数量，发挥厌氧释磷功能。结合反硝化潜力试验中 COD 的消耗情况，初步设置碳源投加量为 10t/d，拟去除的硝态氮量为 6～8mg/L。

投加碳源第一天后的全流程试验如图 5-61～图 5-64 所示。

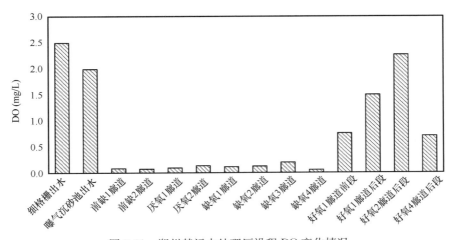

图 5-61　郑州某污水处理厂沿程 DO 变化情况

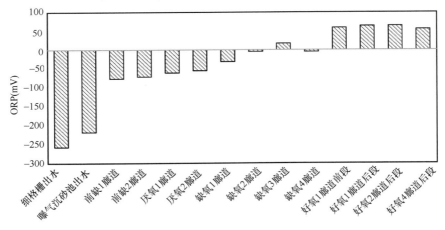

图 5-62　郑州某污水处理厂沿程 ORP 变化情况

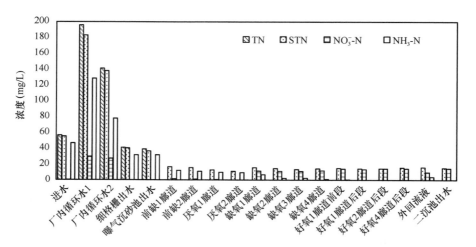

图 5-63 郑州某污水处理厂沿程 TN、STN、NH_3-N 和 NO_3^--N 浓度变化情况

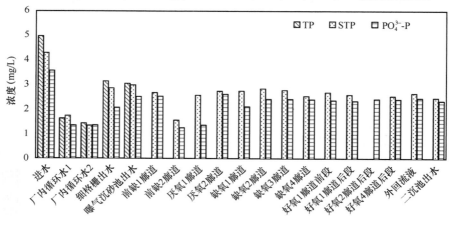

图 5-64 郑州某污水处理厂沿程 TP、STP 和 PO_4^{3-}-P 变化情况

投加碳源第二天后的全流程试验如图 5-65 所示。

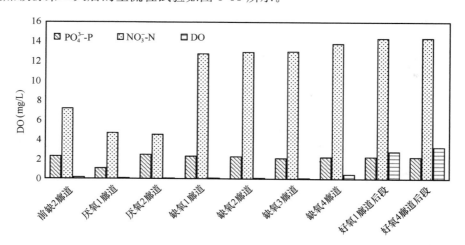

图 5-65 郑州某污水处理厂沿程 PO_4^{3-}-P、NO_3^--N 和 DO 浓度变化情况

前缺及厌氧段已具备了一定的厌氧环境，但仍无厌氧释磷现象，碳源水平仍未达到释磷条件；好氧池末端溶解氧过高，内回流携带的溶解氧仍会消耗部分碳源，鉴于 NH$_3$-N 和 COD 一般在好氧 2 廊道即降解完全，可进一步降低曝气量，将好氧 4 廊道的溶解氧浓度降到 0.1mg/L 左右。好氧末端硝态氮浓度为 14mg/L，仍无法确保出水总氮的稳定达标排放，建议将碳源投加量提高至 16t/d，拟将硝态氮浓度在此基础上再降低 4mg/L 左右。

3）碳源投加量及生化池曝气量调整

碳源投加位点仍设置在厌氧 1 廊道，投加量调整为 16t/d；进一步降低生化池曝气量，气水比控制在 2 左右。

降低曝气量及提高碳源投加量后，全流程数据如图 5-66～图 5-68 所示。

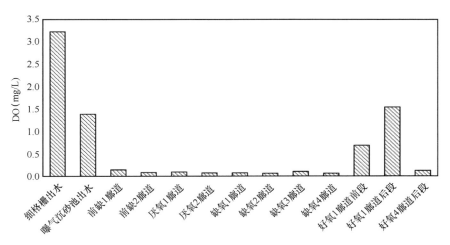

图 5-66　郑州某污水处理厂沿程 DO 变化情况

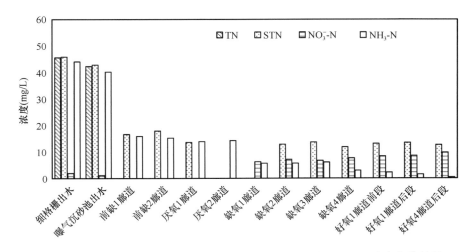

图 5-67　郑州某污水处理厂沿程 TN、STN、NH$_3$-N 和 NO$_3^-$-N 浓度变化情况

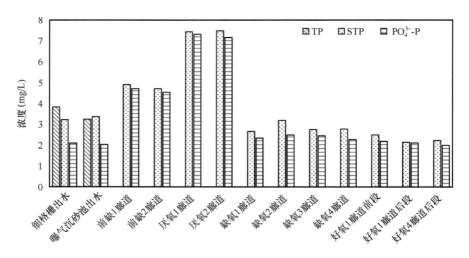

图 5-68 郑州某污水处理厂沿程 TP、STP 和 PO_4^{3-}-P 变化情况

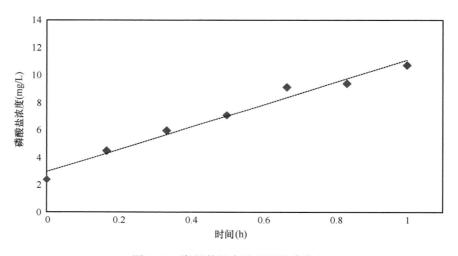

图 5-69 郑州某污水处理厂释磷潜力

郑州某污水处理厂释磷潜力　　　　　　　表 5-29

序号	斜率	释磷潜力[$mgPO_4^{3-}$-P/(gVSS·h)]	MLVSS(mg/L)
释磷潜力	8.122	2.59	3136

　　进一步降低曝气量后，好氧池末端溶解氧降低至 0.13mg/L，有效减小了内回流中的溶解氧对于碳源的消耗。如图 5-67 所示，好氧池末端硝态氮浓度降低至 10mg/L 左右，符合预期设定，前缺氧段利用进水中的碳源将污泥回流液中的硝态氮完全去除，给厌氧释磷创造了良好的环境，磷酸盐浓度在厌氧段升高明显，厌氧释磷效果较好。投加碳源 3d 后的厌氧释磷潜力有了明显提高，如图 5-69 和表 5-29 所示，表明聚磷菌在逐渐恢复菌群丰度。但由于在试运行阶段，一直没有定期排泥，导致聚磷菌好氧吸磷后又再次释磷，总磷的去除率没有有效提高。后续进行定期排泥后，生物除磷效果预计会逐渐改善。

4. 案例应用总结

本研究通过全流程分析以及活性污泥特性测试实验，发现目标城镇污水处理厂反硝化潜力处于较高水平且内回流充足，但由于进水中的碳源浓度较低，且外部碳源的投加位点设置不合理，导致出水 TN 无法实现达标排放。此外，低碳氮比的进水及厌氧池高浓度的硝态氮，导致聚磷菌无法充分增殖，厌氧释磷潜力处于较低水平，生物除磷效果较差。

针对发现的问题，采取改变碳源投加位点的措施后，出水总氮出现了显著降低；降低沉砂池曝气量及增加碳源投加量后，出水总氮实现了达标排放，并且厌氧释磷潜力较之前也有了明显提高，表明聚磷菌的相对丰度在逐渐增加，生物除磷能力显著增强。

通过污水处理厂全流程测试分析可实现水质问题诊断，根据测试结果反映出的问题，结合污染物去除原理提出优化调控措施，使运行和管理更加精细化。其次，依据污染物变化特征和活性污泥特性，制订"一厂一策"的提质增效方案。建议将该方法纳入污水处理厂的运行管理中，从而科学地分析污水处理厂运行管理中出现的问题，并采取针对性的提质增效措施。

5.2.3　CAST 工艺污水处理厂提质增效案例

1. 工程概况

无锡市某污水处理厂建设规模为 5 万 m^3/d，共分为三期工程，一、二、三期工程分别于 2006 年 9 月、2008 年 9 月和 2010 年 3 月投入运行。其中一、二期采用 CAST 工艺，规模各为 1.25 万 m^3/d，工艺流程为：粗格栅→提升泵房→细格栅→旋流沉砂池→厌氧水解池→CAST 池→斜板沉淀池→转盘过滤→紫外消毒。出水水质执行《城镇污水处理厂污染物排放标准》GB 18918—2002 一级 A 排放标准。以此作为案例，分析 CAST 工艺污水处理厂的提质增效措施。该污水处理厂一、二期工艺流程如图 5-70 所示。

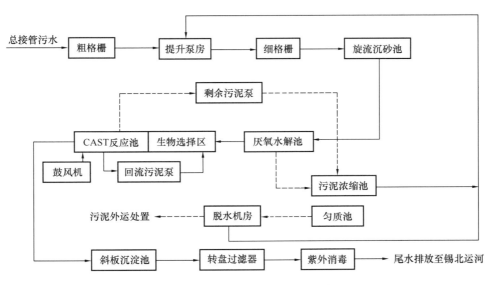

图 5-70　二期 CAST 工艺流程图

CAST（Cyclic Activated Sludge Technology）属于序批式活性污泥工艺，是 SBR 工艺的一种改进型。它在 SBR 工艺基础上增加了生物选择区和污泥回流装置，并对时序做了调整，从而提高了 SBR 工艺的可靠性及处理效率。整个工艺以一定的时间序列运行，其运行过程包括进水→曝气→泥水分离、上清液滗除→闲置四个阶段，组成其运行的一个周期，不同运行阶段的运行方式可根据需要进行调整。一个运行周期结束后，重复上一周期的运行并由此循环往复。

CAST 工艺主要构筑物参数：

粗格栅及进水泵房：进水泵房和格栅间合建，尺寸为 14m×11m。地下部分深约 8m，地上部分净高近 8m。粗格栅置于泵站进水端。水泵为自动耦合式安装潜污泵。格栅渠宽度 1.0m，栅条间隙 $b=20mm$，最大水深 $h=2100mm$，格栅安装倾角 $\alpha=65°$，沟深高度 $H=6.7m$。

细格栅及旋流沉砂池：细格栅间设于沉砂池进水端，共设二条流槽，其前、后分别留有检修闸门。细格栅采用回转式格栅，栅渣采用无轴螺旋输送、压滤处理后外运。旋流沉砂池分两组，每组处理水量 2.5 万 m^3/d，每组沉砂池直径 3.5m。沉砂池沉砂由提砂泵提升到砂水分离机，砂水分离后外运。平面尺寸为 20.2m×21.1m，深 1.5m。

厌氧水解池：厌氧水解池分两座，每座处理水量 2.5 万 m^3/d，每座厌氧水解池分为两组，每组 1.25 万 m^3/d。工艺尺寸为 40.5m×37.5m×6.5m。

CAST 反应池：CAST 反应池为污水处理厂生物处理的核心单元，一、二期分别有两组平行的 CAST 反应池，每组处理水量 $6250m^3/d$。CAST 反应池单座外形尺寸为 55.8m×45.1m×6.0m，是半地下式钢筋混凝土结构。CAST 反应池运行模式可根据实际运行需要变换运行模式，改变运行周期。CAST 周期运行见表 5-30。

CAST 反应池周期运行表 表 5-30

池号	时间							
	0~1h	1~2h	2~3h	3~4h	4~5h	5~6h	6~7h	7~8h
1 号 CAST	进水 曝气	进水 曝气	静置 沉淀	撇水 排泥	进水 曝气	进水 曝气	静置 沉淀	撇水 排泥
2 号 CAST	静置 沉淀	撇水 排泥	进水 曝气	进水 曝气	静置 沉淀	撇水 排泥	进水 曝气	进水 曝气

紫外消毒间：本系统位于污水处理厂区内处理工艺的末端，一期用一组消毒模块，每个模块功率为 23.52kW，消毒紫外模块布置于消毒渠内。系统的消毒渠道出水处采用 6 个溢流槽以控制消毒池水面的平稳性，溢流槽的出水直接排入出水渠中。消毒渠断面为 1.4m×2.0m（宽×高），长度为 11m，渠前为一进水口，接 CAST 池出水管。水池水深为 1.34m。

2. 工艺运行存在问题

为了掌握该污水处理厂的整体运行状况，对 2013 年 1 月~2014 年 6 月的进出水数据（指标包括 COD、BOD_5、SS、NH_3-N、TP）进行了统计分析，具体汇总结果见表 5-31。该厂出水水质对于一级 A 标准中 TN、TP 指标的达标率分别为 70%、85%，存在一定的达标难度，是提质增效工作中需要重点关注的指标。

无锡市某污水处理厂进出水水质指标表　　　　表 5-31

指标		COD (mg/L)	BOD$_5$ (mg/L)	SS (mg/L)	NH$_3$-N (mg/L)	TN (mg/L)	TP (mg/L)
进水	最大值	819	400	450	38	62	26
	最小值	74.7	28.6	36	6	10	2
	平均值	300	94.85	160	20	35	8
一级 A 标准（mg/L）		50	10	10	5（8）	15	0.5
出水达标率（%）		100	100	100	100	70	85

对于要求具有脱氮除磷功能的污水处理厂，氮磷能否很好地被去除一定程度上取决于污染物比例，本案例统计分析了该污水处理厂 2013～2014 年 BOD$_5$/COD、SS/BOD$_5$、BOD$_5$/TN 和 BOD$_5$/TP 变化情况，见表 5-32，分析污染去除难度。

无锡某污水处理厂 2013～2014 年进水污染物比例变化规律　　　　表 5-32

污染物比例		BOD$_5$/COD	SS/BOD	BOD$_5$/TN	BOD$_5$/TP
进水	最大值	1.1	3.0	6.0	30.0
	最小值	0.2	1.0	1.0	5.0
	平均值	0.4	2.0	3.0	12.0

进水 BOD$_5$/COD 在 0.2～1.1 之间，波动相对较大，全年进水 BOD$_5$/COD 均值约 0.4，无锡地区污水处理厂进水 BOD$_5$/COD 一般为 0.35～0.50，该污水处理厂污水生化性处于正常水平。进水 SS/BOD$_5$ 最高值为 3.0，最低值接近 1.0，全年进水 SS/BOD$_5$ 均值约 2.0，而一般城镇污水处理厂的进水 SS/BOD$_5$ 应低于 1.2，因此该污水处理厂污水无机悬浮固体比例偏高，会对活性污泥的有机质含量及污染物降解效率产生不利影响。

BOD$_5$/TN 是判断生物脱氮效果的关键参数。进水 BOD$_5$/TN 最高值约为 6.0，最低值接近 1.0，全年进水 BOD$_5$/TN 均值约 3.0，由于降雨量不同的影响，夏秋季较低，冬春季较高。理论上 BOD$_5$/TN＞2.86 即满足脱氮要求，但在污水处理厂实际运行过程中由于存在溶解氧与硝酸盐竞争电子供体的影响，一般需要碳氮比大于 5.0 才能满足脱氮要求，因此该厂 BOD$_5$/TN 总体处于较低水平，不利于高效生物脱氮反应的进行。

BOD$_5$/TP 是鉴别能否采用生物除磷的主要指标。进水 BOD$_5$/TP 最高值约 30，最低值接近 5，全年进水 BOD$_5$/TP 均值约 12，理论上 BOD$_5$/TP 需大于 17 才能满足生物除磷对于碳源的需求。在厌氧状态下，聚磷微生物（phosphate accumulating organisms，PAOs）吸收污水中的优质碳源，将其运送至细胞内，同化成胞内能源存贮物聚 β-羟基丁酸（PHB）或聚 β-羟基戊酸（PHV），所需能量来源于聚磷的水解及细胞内糖的酵解，该过程完成磷的释放。在好氧或缺氧条件下，PAOs 以分子氧或化合态氧作为电子受体，氧化代谢胞内贮存物 PHB 或 PHV 等物质，产生能量，过量地从污水中摄取磷酸盐，以高能物质 ATP 的形式存贮，其中一部分又转化为聚磷，作为能量贮存于胞内。最终通过剩余污泥的排放实现高效生物除磷目的。该厂进水碳磷比严重偏低，在不外加碳源的情况下，难以实现高效生物除磷。

3. 提质增效措施分析

（1）CAST 工艺除磷问题诊断

1）功能区指标模拟测试分析

为考察 CAST 工艺活性污泥的释磷特性，进行厌氧释磷试验，分析聚磷菌活性等情况。

图 5-71 为释磷潜力曲线，测得污泥 MLVSS 为 4640mg/L，释磷潜力为 0.03mgPO$_4^{3-}$-P/（gVSS·h），处于极低水平，活性污泥中的聚磷菌群相对丰度较低，生物除磷能力差。其原因一方面可能是该 CAST 工艺周期中无独立的严格厌氧环境，不利于聚磷菌的生长；另一方面是 CAST 池中投加的化学除磷药剂抑制了聚磷菌的活性。

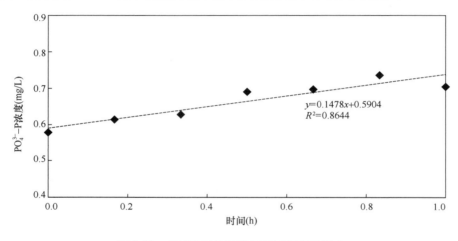

图 5-71　CAST 工艺活性污泥厌氧释磷潜力

2）针对性模拟优化测试分析

由于该厂 CAST 工艺生物除磷不能满足其对进水中 TP 的去除要求，因此需要投加化学除磷药剂辅助生物除磷，以确保出水稳定达标。

目前使用的化学除磷药剂为聚合硫酸铁，投加量为 20mg/L。为考察投加不同除磷药剂对该厂污水中 TP 及 PO$_4^{3-}$-P 的去除效果，同时优化除磷药剂的投加量，开展了投加化学药剂除磷试验，除磷药剂选择聚合硫酸铁、聚合硫酸铝铁和聚合氯化铝。

① 化学除磷协同生物除磷实验

模拟现场实际情况，在泥水混合状态投加不同化学除磷药剂，同时添加 PAM 探究助凝效果。

由图 5-72～图 5-73 分析可知，化学除磷协同生物除磷实验中上清液 TP 及 PO$_4^{-3}$-P 的浓度随投药量的增加而减少，其中聚合铝铁对总磷及磷酸盐去除效果最佳，其次是聚合硫酸铁，聚合氯化铝较差。聚合铝铁投加量达到 20mg/L 时 TP 即可降至 0.5mg/L 以下，聚合硫酸铁及聚合氯化铝投加量达到 30mg/L 时 TP 才能降至 0.5mg/L 以下。

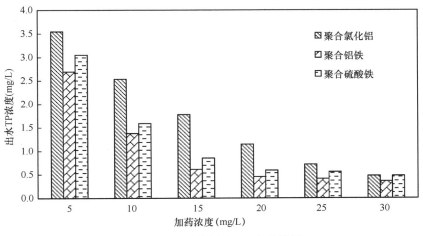

图 5-72　不同药剂对 TP 去除效果

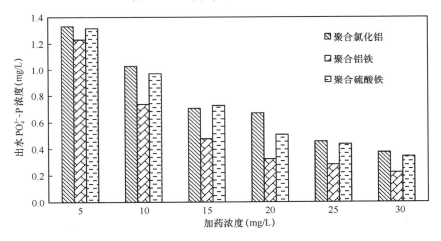

图 5-73　不同药剂对 PO_4^{3-}-P 去除效果

　　投加 PAM（0.05mg/L）后可明显提高絮凝效果，有效提高对磷酸盐去除能力，结果如图 5-74、图 5-75 所示。投加 PAM 后聚合硫酸铁投加 20mg/L 可使 TP 降至 0.5mg/L 以下，但聚合氯化铝仍需投加 30mg/L 才能使 TP 降至 0.5mg/L 以下，因此适当投加 PAM，可提高除磷药剂对 TP 的稳定去除效果。

　　② 进水投加化学除磷药剂实验

　　鉴于化学除磷药剂会对生物除磷产生一定的影响，因此试验了在进水中投加化学除磷药剂。同时对投加 PAM 进行效果测试。

　　图 5-76～图 5-78 分别为进水投加除磷药剂后 TP、PO_4^{3-}-P 及 COD 的浓度变化图，上清液 TP、PO_4^{3-}-P 及 COD 的浓度随投药量的增加而减少，其中聚合铝铁对 TP 及 PO_4^{3-}-P 去除效果最佳，其次是聚合硫酸铁，聚合氯化铝较差；聚合氯化铝对 COD 去除能力最强，其次是聚合铝铁，聚合硫酸铁对 COD 的去除能力最差。

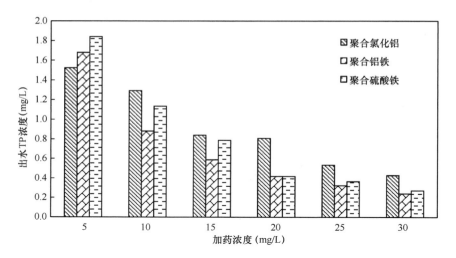

图 5-74　投加 PAM 后不同药剂对 TP 去除效果

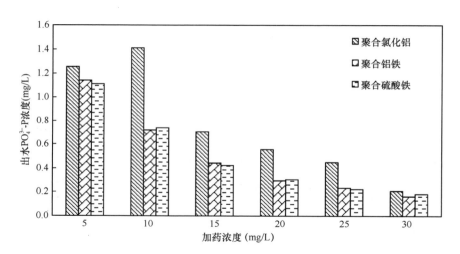

图 5-75　投加 PAM 后不同药剂对 PO_4^{3-}-P 去除效果

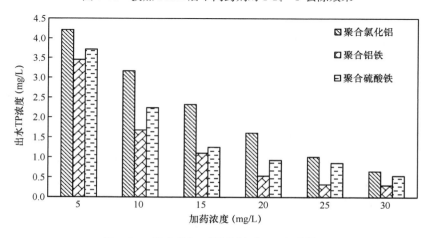

图 5-76　进水投加不同药剂对 TP 去除效果

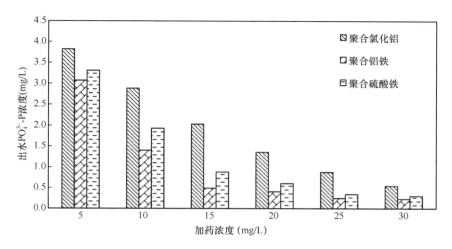

图 5-77　进水投加不同药剂对 PO_4^{3-}-P 去除效果

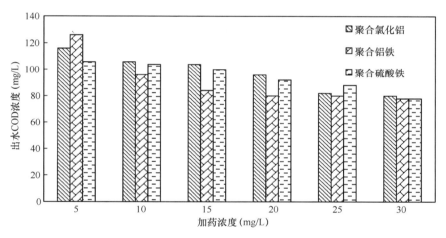

图 5-78　进水投加不同药剂对 COD 去除效果

图 5-79～图 5-81 分别为进水同时投加除磷药剂和 PAM 后 TP、PO_4^{3-}-P 及 COD 的浓度变化图。投加 PAM（0.05mg/L）后可明显提高絮凝效果，有效提高对 TP、PO_4^{3-}-P 去除能力，对 COD 也有一定的去除效果。在进水投加 PAM 的情况下，聚合铝铁投加 15mg/L 后 TP 降至 0.5mg/L 以下，聚合硫酸铁投加 20mg/L 可使 TP 降至 0.5mg/L 以下，但聚合氯化铝仍需投加 30mg/L 才能使 TP 降至 0.5mg/L 以下。投加 PAM 后，聚合硫酸铁及聚合氯化铝对 COD 去除量增加了 20mg/L。

通过进水投加化学除磷药剂混凝沉淀试验可以判断，进水中投加除磷药剂也可达到除磷效果，但同时会去除部分 COD，加剧了碳源不足的情况，不利于后续生物脱氮除磷反应，因此在目前工艺设置的条件下，建议仍使用同步化学除磷工艺。对比 3 种化学除磷药剂发现聚合铝铁效果最佳，投加 20mg/L 可将 TP 去除至 0.5mg/L 以下；投加 PAM 后可提高对 TP 的去除率，在投加 0.05mg/LPAM 的情况下，仅需投加 15mg/L 的聚合铝铁即可实现出水 TP 达标排放的目标。

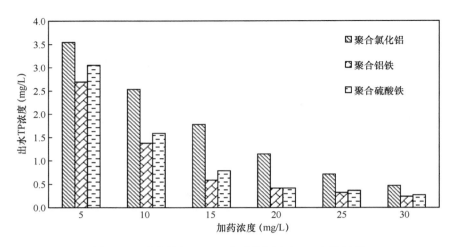

图 5-79　进水投加 PAM 后不同药剂对 TP 去除效果

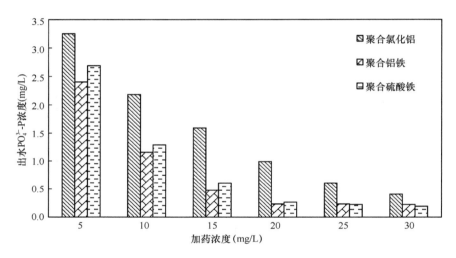

图 5-80　进水投加 PAM 后不同药剂对 PO_4^{3-}-P 去除效果

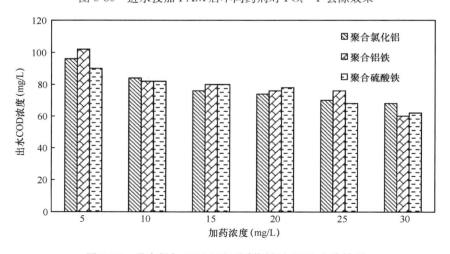

图 5-81　进水投加 PAM 后不同药剂对 COD 去除效果

③ 工艺优化调控效果分析

图 5-82 为针对性模拟优化测试研究结果，该污水处理厂于 2015 年 6 月将化学除磷药剂由聚合硫酸铁更改为聚合铝铁，CAST 工艺 TP 去除率达到 97％左右，较 2014 年同期提高 4％，且更为稳定；同时单位质量除磷药剂去除 TP 量由原来的 0.04mgTP/mg 提高至 0.05mgTP/mg，化学除磷药剂用量由 5m³/d 降至 4m³/d，聚合硫酸铁与聚合铝铁的价格分别为 450 元/吨和 510 元/吨，吨水药剂成本降低 0.008 元，每年可节省约 7.7 万元，实现了出水的稳定达标及节能降耗。

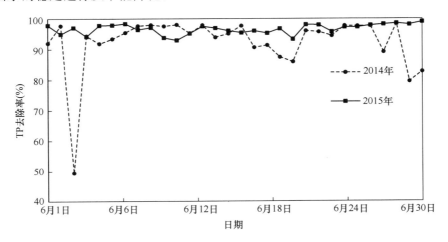

图 5-82　某 CAST 工艺优化运行前后 TP 去除率对比

（2）CAST 工艺脱氮问题诊断

1）功能区指标模拟测试分析

① 硝化速率

在污水处理过程中，脱氮主要包括硝化和反硝化两个过程。NH₃-N 在好氧条件下被硝化菌（氨氧化菌和亚硝酸盐硝化菌）氧化为氧化态氮（主要为硝态氮），在缺氧环境中反硝化菌利用进水碳源为基质将硝化产生的硝态氮还原为氮气，从而实现污水中氮的去除。

为了考察 CAST 工艺活性污泥的硝化性能，进行了硝化速率实验，结果如图 5-83 所示。CAST 一池硝化速率的实验结果，MLVSS 为 3030mg/L，测定硝化速率为

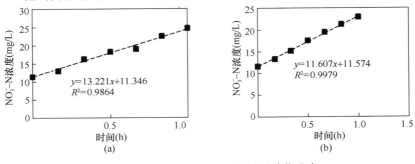

图 5-83　某 CAST 工艺活性污泥硝化速率

$4.36 \text{mgNO}_3^- \text{-N}/(\text{gVSS} \cdot \text{h})$。CAST 二池的硝化速率，MLVSS 为 2210mg/L，测定该期活性污泥硝化速率为 $5.24 \text{mgNO}_3^- \text{-N}/(\text{gVSS} \cdot \text{h})$。

由实验结果可知，CAST 工艺活性污泥的硝化效果较好，根据实际 MLVSS 为 2000mg/L、滗水体积为 1/4、一个周期曝气 2h 进行核算，该工艺一池可去除 70mg/L 的 NH_3-N，远高于该厂的最高进水 NH_3-N 浓度 38mg/L，能够满足该厂进水 NH_3-N 的硝化需求，这也与历年出水数据中 NH_3-N 浓度较低的情况相符。

② 反硝化速率

反硝化反应是在缺氧状态下，反硝化菌将亚硝酸盐氮、硝酸盐氮还原成气态氮（N_2）的过程，该过程使得污水中的氮得到有效去除。

为了考察 CAST 工艺活性污泥的反硝化性能，取 CAST 工艺的活性污泥，进行原污水反硝化试验，分析活性污泥中反硝化菌群利用进水中碳源进行反硝化脱氮的效果；另外，测定反硝化潜力，确定污泥最大反硝化能力，评估活性污泥中反硝化菌群的相对丰度，同时也进行了内源反硝化效果试验，全面分析活性污泥的反硝化能力，如图 5-84～图 5-86 和表 5-33 所示。

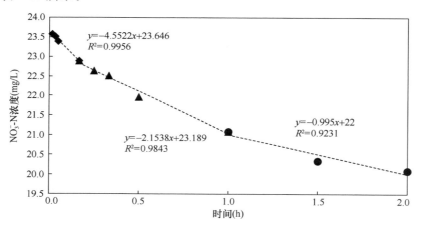

图 5-84　某 CAST 工艺活性污泥反硝化速率

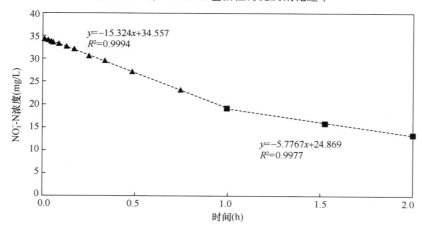

图 5-85　某 CAST 工艺活性污泥反硝化潜力

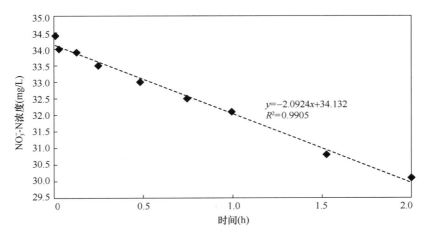

图 5-86　某 CAST 工艺活性污泥内源反硝化速率

CAST 池反硝化速率　　　　　　　　　　　　　　　表 5-33

组别	第一段反硝化速率 [mgNO₃⁻-N/ (gVSS·h)]	第二段反硝化速率 [mgNO₃⁻-N/ (gVSS·h)]	第三段反硝化速率 [mgNO₃⁻-N/ (gVSS·h)]	MLVSS（mg/L）
CAST 池反硝化速率	1.16	0.55	0.25	3930
CAST 池反硝化潜力	2.84	—	—	5400
CAST 池内源反硝化速率	0.39	—	—	5400

CAST 池反硝化速率分为三段，第一段为利用进水中的快速易降解碳源进行反硝化的结果，第二段为利用慢速碳源进行反硝化的结果，第三段主要反映内源反硝化的情况。结果发现各段反硝化速率均较低，表明进水中可供反硝化菌群利用的优质碳源含量较少；此外，反硝化潜力仅为 2.84mgNO₃⁻-N/（gVSS·h），相对较低，表明活性污泥中反硝化菌群的相对丰度较低，反硝化脱氮能力较差。

初步分析其反硝化速率较低的原因有两个：一方面可能是进水优质碳源较少，不利于反硝化菌的增殖；另一方面是 CAST 运行周期内无缺氧时间段，导致反硝化菌无良好的生长环境。

2）针对性模拟优化测试分析

通过硝化速率与反硝化速率的测定结果可知，该厂 CAST 工艺硝化效果良好，反硝化效果不理想，由于该厂 CAST 周期设置为 2h 进水曝气、1h 沉淀、1h 撇水，周期中缺乏缺氧时间，因此为了强化 CAST 池的脱氮能力，设计两组不同曝气时间的 CAST 小试实验，实验过程通过改变 CAST 工艺周期时间，延长缺氧时间等条件，分析其效果。

模拟现场模式和强化脱氮模式中 NO₃⁻-N 浓度的变化情况如图 5-87 所示。模拟现场模式中起始浓度为 10.3mg/L，40min 后上升至 15.1mg/L，说明发生了硝化反应；强化脱氮模式中起始浓度为 10.7mg/L，40min 后下降为 7.7mg/L，发生了反硝化反应。结果表明强化脱氮模式比模拟现场模式多去除 3mg/L 左右的 NO₃⁻-N。

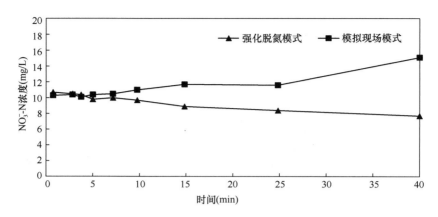

图 5-87　CAST 模拟实验 NO_3^--N 变化情况

　　模拟现场模式和强化脱氮模式中 NO_3^--N 浓度的变化情况如图 5-88 所示。模拟现场模式中 NH_3-N 起始浓度为 8.4mg/L，60min 后即降为 0.8mg/L；强化脱氮模式中 NH_3-N 起始浓度为 8.8mg/L，90min 后下降为 0.6mg/L。结果表明即使减短曝气时间该厂 CAST 工艺仍可在 100min 将 NH_3-N 降至 1mg/L 以下。

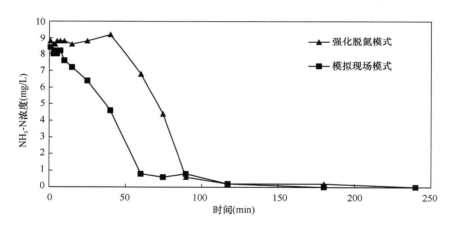

图 5-88　CAST 模拟实验 NH_3-N 浓度变化

　　由以上实验可表明，该厂 CAST 工艺增加 40min 的缺氧时间有利于 NO_3^--N 的降解，且不会影响 NH_3-N 达标。

　　3）活性污泥建模与优化调控分析

　　① 工艺运行参数

　　根据选定污水处理厂实际工况，建立 CAST 概化模型。设计流量为 2.5 万 t/d，其 CAST 工艺分为 4 组，故每组为 6250t/d，模型中省略了粗细格栅及沉砂池等预处理设备，深度处理设备由沉淀池代替。具体构筑物设定尺寸见表 5-34。

　　根据实际进水情况，具体进水设定值见表 5-35。

CAST 工艺构筑物尺寸　　　　　　　　　　　表 5-34

构筑物	有效容积（m³）	有效水深（m）
选择区	1012	6
主池	7260	6

工艺模型进水水质组分　　　　　　　　　　表 5-35

项目	中文名称	单位	参数
COD	化学需氧量	mg/L	294
TKN	总凯氏氮	mg/L	32.5
TP	总磷	mg/L	7.5
Nitra	硝酸盐氮	mg/L	2
pH	pH	—	7.3
ISS	无机固体悬浮物	mg/L	100
T	温度	℃	20

② 混合液回流比的优化

CAST 工艺的特有的预反应区可以进行生物选择，使整个工艺更加稳定地进行，在进水阶段，同时将主反应区的混合液回流至选择区，可以使生物选择区发生反硝化反应，因此对不同混合液回流比进行对比，得出最佳回流比，目前该工艺回流比为 60%，排泥量为 294m³/d，模拟出水结果见表 5-36。

某 CAST 工艺不同回流比模拟结果　　　　　　表 5-36

回流比	出水浓度（mg/L）				
	COD	BOD_5	NH_3-N	TN	TP
10%	26.90	2.22	1.24	10.62	0.01
20%	26.54	1.93	1.41	10.22	0.01
60%	25.97	1.48	2.07	10.07	0.01
100%	25.80	1.24	2.31	9.82	0.01

通过模拟结果可知，随着混合液回流比的增加，出水 COD、BOD_5 及 TN 浓度下降，而出水 NH_3-N 会有一定的提高。因此在硝化效果较好的条件下，可以适当增大回流比。

③ 运行周期优化

由针对性模拟优化测试实验可知，在运行周期前增加一段非曝气时段，可以提高 CAST 工艺的脱氮能力。因此对改变运行周期进行模拟，模拟参数：混合液回流比 60%，排泥量 294m³/d。

模拟结果见表 5-37，结果表明增加 40min 的缺氧搅拌时间可以使出水 TN 降低约 2mg/L，同时出水 NH_3-N 仍能够稳定达标。

④ 工艺优化调控效果分析

某 CAST 工艺不同运行周期模拟结果　　　　　　　　　表 5-37

项目（min）				出水浓度（mg/L）				
搅拌	曝气	沉淀	撇水	COD	BOD$_5$	NH$_3$-N	TN	TP
0	120	60	60	25.97	1.48	1.07	10.07	0.01
40	80	60	60	27.46	2.45	2.60	8.10	0.01

根据针对性模拟优化测试以及活性污泥建模与优化调控分析研究结果，该厂于 2015 年 6 月将 CAST 工艺运行周期改为 0～40min 进水搅拌、40～120min 进水曝气、120～240min 静沉排水。

图 5-89 显示了周期更改后该厂 TN 去除率变化情况，未更改周期前 TN 的平均去除率为 57.5%，且去除率波动较大，更改周期后该 CAST 工艺 TN 去除率稳定在 67% 左右，较 2014 年同期提高了 9.5%。

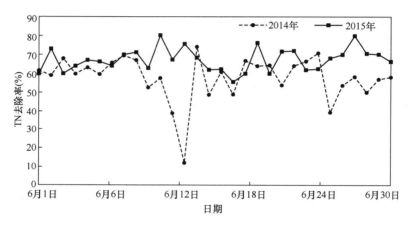

图 5-89　某 CAST 工艺优化运行前后 TN 去除率对比

4. 案例应用总结

该污水处理厂 CAST 工艺针对 TN、TP 的去除效果稍差。污染物比例与氮磷去除效果密切相关，全年进水 SS/BOD$_5$ 均值约 2.0，污水处理厂污水无机悬浮固体比例偏高，全年进水 BOD$_5$/TN 均值约 3，BOD$_5$/TN 总体处于较低水平，不利于高效生物脱氮除磷反应的进行，全年进水 BOD$_5$/TP 均值约 12，该厂进水碳磷比严重偏低，无法满足生物除磷对碳源的需求。

通过模拟实验发现，在进水前 40min 不曝气，NO$_3$-N 的去除量可提升 3mg/L，同时出水 NH$_3$-N 仍可降至 1mg/L 以下。因此建议在进水阶段的前 40min 不曝气，并在主反应区增加搅拌器，创造反硝化条件，提高反硝化效果。目前生物选择区的搅拌器仅在进水时段开启，其余时间关闭，减少了生物选择区泥水混合的时间，即减少了厌氧缺氧时间，导致反硝化效果差，因此建议生物选择区在非进水时段开启搅拌器，使泥水充分混合，创造反硝化条件。

通过针对性模拟测试分析可知，在进水中投加化学除磷药剂会导致进水 COD 的损失，因此不建议在进水中投加化学除磷药剂；适当投加 PAM，可提高除磷药剂对 TP 及 PO_4^{3-}-P 的去除效果。将化学除磷药剂由聚合硫酸铁更改为聚合铝铁后，该厂出水 TP 稳定在 0.27mg/L 左右，TP 去除率为 97%，较 2014 年同期提高 4%；单位质量除磷药剂去除 TP 量由原来的 0.04mgTP/mg 升至 0.05mgTP/mg，吨水药剂成本降低 0.008 元，年节约成本 7.7 万元，实现了该厂的稳定达标和节能降耗。

5.2.4　高标准出水和水资源利用案例

1. 无锡某污水处理厂工程概况

太湖流域某污水处理厂一期工程第一阶段 $2.5×10^4 m^3/d$ 于 2001 年年底建成投产，第二阶段 $2.5×10^4 m^3/d$ 于 2006 年 3 月建成投产；二期工程 $8×10^4 m^3/d$（第一阶段 $4×10^4 m^3/d$）于 2007 年 7 月建成投产，一二期工程均采用 MSBR 工艺作为污水处理厂的主体工艺。2007 年 12 月底总规模 $9×10^4 m^3/d$ 的提标改造工程完成投产，提标采用滤布滤池及紫外消毒工艺，出水水质提高到《太湖地区城镇污水处理厂及重点工业行业主要水污染物排放限值》DB 32/1072—2007 标准。该污水处理厂二期续建工程于 2009 年 4 月建成投产，由于用地限制和以及出水标准的进一步提高，采用先进的 MBR 工艺，规模为 $3×10^4 m^3/d$，之后又进行了三期扩建，扩建规模 $3×10^4 m^3/d$；2016 年又进行四期扩建，采用 MSBR＋滤布滤池工艺，扩建规模 $2×10^4 m^3/d$，于 2017 年年底建成，至此该厂处理总规模为 $17×10^4 m^3/d$，出水执行一级 A 标准。

2. 二厂建设的必要性

根据无锡新吴区招商引资计划，海力士、华虹、华润等大型电子工业厂商将扩大生产规模，截至 2019 年将新增工业废水 $5×10^4 m^3/d$，至 2025 年将增至 $10×10^4 m^3/d$。根据管网建设计划，这部分电子废水将新建专管接至该污水处理厂处理。同时，根据新吴区环保局测算，太湖流域已经没有多余的污染排放容量，所以要对原有污水处理厂进行升级提标改造，以保证污染物排放总量的平衡。

为应对地区招商引资计划导致的大型电子工业厂商扩大生产规模，2019 年二厂 $17×10^4 m^3/d$ 再提标工程投入试生产，将从原污水处理厂符合一级 A 排放标准的出水进一步净化处理，为使区域内整体污染物排放总量不再增加，根据环保局测算，二厂扩建工程出水执行准Ⅲ类水标准，准Ⅲ类水标准相较于一级 A 标准显著提高了 COD（20mg/L）、氨氮（1mg/L）、总氮（5mg/L）、总磷（0.15mg/L）等污染物排放标准，对于释放地区环境容量起到关键作用，但对污水处理厂的工艺设置提出了新的挑战，同时也增加了污水处理厂后续的稳定达标难度。

3. 二厂工艺设置

二厂工艺流程如图 5-90 所示。二厂进水为无锡某污水处理厂的尾水，尾水首先进入调节池进行水量调节，通过硝化滤池及反硝化滤池进一步脱氮，再进入滤布滤池，进一步去除 SS 和 TP，然后通过二次提升，进入臭氧接触池，通过投加臭氧，氧化大分子有机物，再进入活性炭滤池，进一步吸附去除残余的有机物，出水然后进入超滤车间，去除残余的悬浮物，最终经接触消毒计量排放。

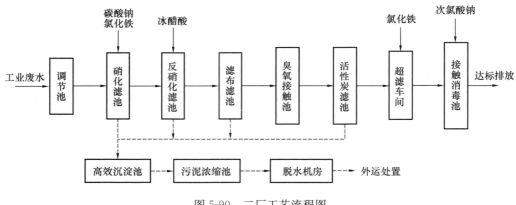

图 5-90　二厂工艺流程图

硝化滤池利用曝气挂膜，具有去除 SS、COD 和氨氮的作用，是一种集生物氧化和截留悬浮固体于一体的工艺。硝化滤池出水进入反硝化滤池，在反硝化滤池的运行过程中，滤料层不断截留、吸附生化处理工艺出水中的悬浮物以及大量的微生物，其中就有大量的反硝化兼性、异养菌群。在无溶解氧的情况下，反硝化菌利用硝酸盐和亚硝酸盐作为能量代谢中的电子受体，有机物作为碳源及电子供体进行反硝化反应，进一步去除污水中残余的硝态氮。由于二厂的进水中几乎已无可供反硝化菌群利用的有机物，因此需外加碳源来保证反硝化效果。

二厂的碳源投加系统，采用前馈+后馈形式控制，精确投加碳源。滤池能够实现基于需去除的硝态氮负荷量来控制碳源的投加量，即系统自动获取滤池的进水流量，结合滤池的进、出水硝态氮浓度，DO 浓度，通过碳源投加现场控制柜内置软件的计算，结合硝态氮出水后反馈机制，定期小比例地修正碳源投加值，发出指令控制加药泵的碳源投加量，避免碳源投加过量和不足。

反硝化滤池出水经滤布滤池再次过滤过进入臭氧（O_3）接触池。O_3 将难生物降解的污染物矿化后，降低 COD 浓度，反应剩余的 O_3 在含有杂质的情况下还原为氧气，增加水体溶解氧且不会产生二次污染。

由于可能存在一些无法被臭氧氧化的难降解 COD，因此工艺设置了活性炭滤池进一步吸附去除 COD。活性炭材料是一种拥有多孔隙结构的碳化物，针对废水中的溶解性难降解有机物及色度等均有较好的吸附效果。存在于活性炭表面与内部的多孔径、极丰富的孔隙构造为其吸收污染物提供了强大的动力。其作用力类似磁力，所有的分子之间都拥有相互引力。因此，在吸附过程中由于这种强大的吸附动力，使得介质相中的杂质转移到孔径中。除了活性炭的物理吸附作用，在活性炭的表面也会发生化学反应。由于活性炭表面存在的少量以结合键等形式存在的氧和氢，与被吸附质进行化学反应，诸如常见的羧基、羟基、酚类、脂类、醌类、醚类等，这些氧化物或络合物存在于活性炭表面时都具备与被吸附质进行化学反应的能力，从而更为牢固地将杂质吸附聚集到活性炭的表面。

4. 高标准出水水质情况

二厂于 2019 年 10 月份通水，现已稳定运行约 2 年。见表 5-38，进水 COD 浓度范围为 5～32mg/L，均值为 18mg/L，总体浓度较低，出水 COD 浓度均值为 11mg/L，去除效果显著。进水 TN 浓度范围为 2.62～14.2mg/L，均值为 10.15mg/L，经硝化＋反硝化滤池处理后，出水 TN 浓度均值为 5.82mg/L。进水 NH_3-N 浓度范围为 0.09～5.34mg/L，均值为 1.11mg/L，处理后浓度均值为 0.34mg/L，去除率达到 70%。

二厂 2020 年 1 月～2020 年 12 月进出水水质及排放限值　　　　表 5-38

	指标	COD（mg/L）	TP（mg/L）	TN（mg/L）	NH_3-N（mg/L）
进水	设计值	50	0.5	15	5
	最大值	32	0.64	14.2	5.34
	最小值	5	0.04	2.62	0.09
	平均值	18	0.26	10.15	1.11
出水	最大值	25	0.32	10.4	2.52
	最小值	6	0.11	3	0.02
	平均值	11	0.08	4.82	0.34
准Ⅲ类水排放限值标准		20	0.15	5	1

在一级 A 标准进水水质的情况下，二厂设置了很长的深度处理流程，来进一步降低尾水中的污染物浓度，见表 5-38，出水平均值已达到准Ⅲ类水标准，但仍不能做到每天都 100% 的达标排放。一方面因为准Ⅲ类水是一个极其严格的标准，除降低区域环境容量的需求外，应用到污水处理厂尾水排放的必要性仍需论证；另一方面，由于该区域工业企业众多，工业废水占比达到一半以上，水质水量存在较大的不可控特性，影响污水处理的效果。总体而言，二厂出水水质已达到很高的水平，在国内城镇污水处理厂高标准排放方面属于第一梯队。

5. 污染物削减和再生水利用

另外，该工程大幅削减了污染物排放总量，该厂每年可削减各类污染物总量合计近 1900t，相当于减少了 30 万居民每年生活产生的污水量。同时不仅对水质的标准有了明显提高，还更加注重对"再生水"的循环使用，让城区超过 50% 的河流都能"喝"上优质水。二厂 17 万 m^3/d 的准Ⅲ类尾水，通过专用管道调引输送至冷渎港、江溪港等市级重点河道，改善了断面水质，同时将管网延伸至旺庄、江溪区域内的一批断头浜河道，通过补充新鲜水源、增加水体流动，对于改善地区水环境质量，促进太湖水污染防治有重要意义，也给城市环卫、绿化等提供了优质水源减少对水资源的损耗。

6. 总结

二厂的提标改造突出三个原则：一是着眼污染物削减"量"的提升。改造后的二厂每年便可削减 COD、氨氮、总磷等各类污染物总量合计近 1900t，相当于减少了 30 万居民每年生活产生的污水量。二是采用国内新工艺新技术。二厂提标改造项目采用"硝化滤池＋反硝化滤池＋滤布滤池＋臭氧接触＋活性炭滤池＋超滤"工艺，利用孔径为 0.025μm 的超滤膜作为污水处理的最后一套工艺，来进一步去除悬浮物，这种类似于家用净水机的功能，进一步改善了出水的浊度。三是实现出水"质"的提升。目前国内污水处理厂处理后的水多为一级 A 标准，二厂的处理能力实现"两级连跳"，水质提升至准Ⅲ类地表水。一方面提供了城市河道水来源，有效增大了渔业水域及游泳区，为生态环境作出了巨大的贡献；另一方面也为经济发展腾出新空间，推动了一大批重大项目在该区域内落地开工，成为招商引资的新王牌，对带动行业发展、稳定经济、推动产业多样性转变起着积极的作用。

5.2.5 污水处理厂水源热泵利用案例

1. 无锡某污水处理厂概况

无锡某污水处理厂一期工程于 2005 年 10 月投资建设，2006 年 10 月建成，2007 年 1 月正式投运。一期工程设计规模 2.0 万 m^3/d，主体工艺为 CAST 工艺，设计出水水质为一级 B 标准。2007 年太湖暴发蓝藻事件后，为控制区域水体富营养化、维护生态平衡，促进地区社会经济和环境的协调发展，污水处理厂积极响应号召，围绕市委、市政府关于治理太湖、保护水源"6699"总体部署，于 2008 年又再次投资 900 万元，邀请香港理工大学提供技术支持，实施了提标改造工程，提标改造工程于 2008 年年底建成投运。经过升级改造后，出水达到《太湖地区城镇污水处理厂及重点工业行业主要水污染物排放限值》DB 32/1072—2007 排放标准。提标后工艺流程如图 5-91 所示。

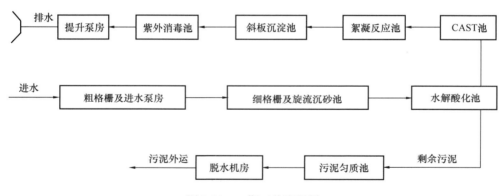

图 5-91　一期工艺流程图

随着无锡市政府不断加大投入污水收集管网的建设，截至 2008 年已建成各级污水管网 120km，污水收集量快速提高，进入污水处理厂的污水迅速增长并超过污水处理厂的设计容量。在此背景下，该厂二期扩容项目工作迅速开展。二期建设规模为 3.0 万 m^3/d，主体工艺为 A^2O＋纤维转盘滤池。建成后总规模为 5.0 万 m^3/d，出水执行一级 A 标准。二期工艺流程如图 5-92 所示。

2. 水质达标工艺设计

按照《关于无锡市某区城镇污水处理厂实施提标改造的通知》的要求，为全面贯彻《中共无锡市委、无锡市人民政府关于进一步深化太湖水污染防治工作的意见》和省、市、

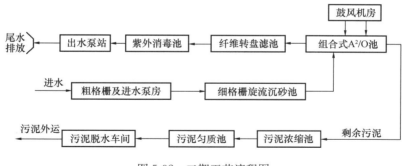

图 5-92　二期工艺流程图

区"两减六治三提升"专项行动方案精神，切实加大全区水环境综合整治力度，不断提升无锡市某区水环境质量及断面达标水平，根据《关于印发无锡市某区水污染防治工作方案的通知》精神，从 2017 年起分批对全区城镇污水处理厂实施提标改造工程，按《地表水环境质量标准》GB 3838—2002 类 V 类标准考核，因此需要对现状污水处理厂进行提标改造。

与此同时，随着《太湖地区城镇污水处理厂及重点工业行业主要水污染物排放限值》DB 32/1072—2018 新标准的颁布，对污水处理厂污染物排放标准提出了更高的要求，因此有必要对污水处理厂进行进一步的提标改造。提标后较好的出水水质可获得更为广泛的回用，也具有一定的经济价值，更为重要的是可为地区的持续发展提供更多的环境容量，促进区域的经济发展。

无锡某污水处理厂原厂区北侧和西侧为工业厂房，拆迁难度较大，提标改造工程占用这两处用地可能性较小，厂区南侧地块被规划锡宜高公路互通占用，厂区东侧地块现状用地性质为农用地，改为建设用地需按程序报批，时间上满足不了提标改造工程的需要，因此提标改造工程立足厂内用地的挖掘，在利用现有空地的基础上，充分挖掘厂内现有土地资源，将部分附属建筑物拆除，以不新征土地为原则，尽可能节省宝贵的土地资源。为了达到新的排放标准，并考虑无锡某污水处理厂现有状况，提标改造方案设计如下：需拆除的建（构）筑物为絮凝反应池、储药池、斜板沉淀池、应急池、厌氧水解池、机修间、紫外消毒池、滤布滤池；新建建（构）筑物为中间泵房、反硝化滤池、高效气浮池、接触消毒池及尾水提升泵房、污泥浓缩池、污泥调理池、污泥脱水机房、深度处理辅助车间、除臭系统；改造的建（构）筑物有：细格栅及旋流沉砂池、CAST 池、尾水排放泵房（一期中间泵房）。

该厂提标改造工艺流程为：粗格栅进水泵房＋细格栅旋流沉砂池＋改良型 A^2O 池/CAST 池＋反硝化滤池＋高效气浮池＋接触消毒池，如图 5-93 所示。出水 COD_{Cr}、$NH_3\text{-}N$、TP 优于《太湖地区城镇污水处理厂及重点工业行业主要水污染物排放限值》DB 32/1072—2018 中标准，达到《地表水环境质量标准》GB 3838—2002 中 V 类标准（其中 TN≤10mg/L），其他指标执行《城镇污水处理厂污染物排放标准》GB 18918—2002 中一级 A 标准。改良型 A^2O 主体生化处理工艺可实现高效脱氮除磷。此外，通过设置反硝化滤池和气浮池进行深度氮、磷去除，工艺选择合理，不仅可以满足当前污水处理厂的高标准排放，对于后续的再提标需求仍有足够的技术储备。提标改造工程从 2019 年开始实施，于 2020 年 6 月开始试运行，2020 年 12 月完成验收后正式运行。

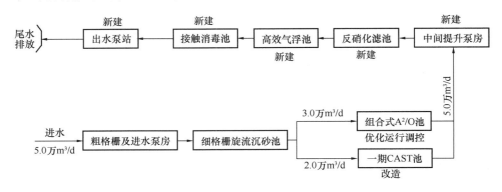

图 5-93 提标改造工艺流程图

该污水处理厂设计进出水水质见表 5-39。

设计进出水水质   表 5-39

项目	COD_{Cr}(mg/L)	BOD_5(mg/L)	SS(mg/L)	NH_3-N(mg/L)	TN(mg/L)	TP(mg/L)
进水水质	350	120	150	40	50	5.0
出水水质	≤40	≤10	≤10	≤2.0	≤10	≤0.4

3. 水源热泵在提标改造中的应用

为在 2030 年前实现"碳达峰"、在 2060 年前实现"碳中和"目标，我国出台了一系列政策，引导各行各业节能减排、加速推进碳减排项目。该污水处理厂为了深化污水处理领域的绿色低碳行动，进一步提升能源利用效率，持续强化节能，在提标改造过程中引入水源热泵系统设计，预期实现电能节约，减少碳排放。水源热泵是利用地球表面浅层的水源，如污水、地下水、河流和湖泊中吸收的太阳能和地热能而形成的低品位热能资源，采用热泵原理，通过少量的高位电能输入，实现低位热能向高位热能转移的一种技术。夏季将建筑物中的热量转移到中水水源中，在冬季，则从相对恒定温度的中水水源中提取能量，利用热泵原理提升温度后送到建筑物中。水源热泵克服了空气源热泵冬季室外换热器易结霜的缺点，且运行可靠性和制热效率相对较高。

水源热泵在污水处理系统中应用，具有以下几个方面的优势：

① 显著的环保效益。污水经过换热器后留下冷量或热量返回污水渠道，与其他设备或系统不接触，污水密闭循环，不污染环境与其他设备或水系。供热时省去了燃煤、燃气、燃油等锅炉房系统，没有燃烧过程，避免了排烟污染；供冷时省去了冷却水塔，避免了冷却塔的噪声及霉菌污染。不产生任何废渣、废水、废气和烟尘，环境效益显著。

② 高效节能。冬季时，污水温度比环境空气温度高，所以热泵循环的蒸发温度提高，能效比也相对提高。而夏季水体温度比环境空气温度低，所以制冷的冷凝温度降低，使得冷却效果好于风冷和冷却塔，机组效率提高。供暖制冷所投入的电能在 1kW 时可得到

5kW 左右的热能或冷能，能源利用效率远高于其他形式的中央空调系统。

③ 投资运行费用低。本项目水源热泵系统总投资约占提标改造工程投资总额的 0.96%，具有投资低、运行费用低的巨大经济优势，且污水热泵系统的机房面积占地小，对于厂区构筑物/建筑物的布置无明显影响。系统根据室外温度及室内温度要求自动调节，可做到无人看管，同时也可做到联网监控。污水源热泵系统原理简单，设备的可靠性强，维护工作量相对较小。

本项目水源热泵设计示意图如图 5-94 所示。

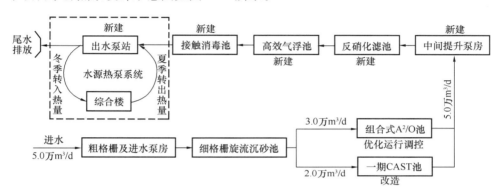

图 5-94　水源热泵设计示意图

4. 水源热泵系统设计

（1）室外空气计算参数

夏季空调室外计算干球温度 34.6℃

夏季空调室外计算湿球温度 28.1℃

冬季空调室外计算温度－3.5℃

冬季空调室外计算相对湿度 75%

夏季通风室外计算温度 31.3℃

冬季通风室外计算温度 3.1℃

主导风向和平均风速：夏季 SE、2.8M/S（AV）

冬季 CNE、2.4M/S（AV）

大气压力：夏季 1005.3Mbar

　　　　　冬季 1026.1Mbar

（2）室内空气计算参数（表 5-40）

室内空气计算参数 　　　　　　　　　　　　　　　　　　　　　　　表 5-40

室内位置	夏季		冬季		风速	噪声	人均新风量
	温度（℃）	相对湿度①（%）	温度（℃）	相对湿度（%）	（m/s）	（dB）	换气次数（m³/h）
办公室	26	55	18	—	0.2	45	30
会议室	26	55	18	—	0.2	45	30

室内位置	夏季		冬季		风速	噪声	人均新风量
	温度（℃）	相对湿度①（%）	温度（℃）	相对湿度（%）	（m/s）	（dB）	换气次数（m³/h）
餐厅	28	55	16	—	0.2	45	30
前厅	26	55	18	—	0.2	45	30
其他	26	55	18	—	0.2	45	30

① 相对湿度仅为设计参考值，非保证值，无湿度控制部分。

（3）空调设计

本项目舒适性空调系统设置如下：综合楼设置污水源热泵空调系统，所选热泵机组名义制冷工况和规定条件下的性能系数（COP）：$CC \leqslant 528kW$，$COP \geqslant 4.20$。

本工程设有室内空调系统均为风机盘管加新风，新风经新风机处理后送至室内。本项目设置室外污水源热泵空调机房，供应综合楼的冷热量。机房位于综合楼西北侧，内设置有制冷量114.2kW、制热量156.0kW的两台模块式水地源热泵机组，中水-冷却水板式换热器，另外还设有中水循环泵、冷却水泵和冷冻水泵各两台，其中各有一台作为备用；冷水机组制冷量的调节范围为25%～100%，一次泵变流量系统，空调冷冻水系统设全自动定压排气补水装置。

（4）地暖设计

采暖形式为地板辐射采暖。室温控制：房间内设无线远传温度控制器，在分集水器处设置插座和电源接口，设置中央温控器，在集水器上安装电动温控阀，通过房间温度控制器设定和检测室内温度，中央控制器发出信号控制电动温控阀，调节供水流量，实现室温自动控制。

（5）风管安装

空调风管采用镀锌钢板风管（A级不燃），角钢法兰连接，其厚度加工方法按《通风与空调工程施工质量验收规范》GB 50243—2016的规定执行。

风管法兰密封垫采用3～5mm厚难燃或不燃柔性材料制作。普通空调、通风系统镀锌钢板风管采用弹性密封胶条（如压敏胶条、海绵橡胶条等），防排烟类风管采用耐高温不燃材料（如耐热橡胶板等）。

各通风系统按防火分区及使用功能划分，进出机房的送风管上及风管穿越不同防火分隔物处均设置防火阀或防火调节阀。

风管穿越沉降缝或变形缝处设置 $L = 200～250mm$ 不燃软接，软接的接口应牢固严密，在软接处禁止变径，风机与风管连接时应设 $L = 150～200mm$ 不燃软接头连接，且该软接头在280℃时能坚持30min以上。

矩形风管边长≥630mm和保温风管边长≥800mm，其管段长度在1.2m以上均必须采取加固措施，使其有足够的刚度以减少系统运行时可能带来的共振与噪声。所有水平或垂直风管必须设置必要的支、吊或托架，其形式由现场情况参照现行国家标准安装制作。

支架必须稳固、可靠，有足够的刚度以避免系统运行时可能带来共振与噪声。

（6）管材与保温

空调冷水管管材：管径 $DN \leqslant 80mm$ 采用镀锌钢管，管径 $80mm \leqslant DN \leqslant 250mm$ 采用无缝钢管，管径 $DN > 250mm$ 采用螺旋焊钢管，连接方式：管径 $DN \leqslant 80mm$ 采用丝扣连接，管径 $DN > 80mm$ 采用焊接连接。

冷凝水管采用 PVC-U 管，承插口粘接。

$DN300mm$ 及以上阀门采用 FBGX 法兰式蝶阀，法兰连接；管径 $DN125 \sim 300$ 的阀门采用 WBGX 蜗轮型对夹式双密封蝶阀，法兰连接；管径为 $DN50 \sim DN100$ 的阀门采用 WBLX 型手把式对夹式双密封蝶阀，小于 $DN50$ 的阀门采用截止阀。

空调冷热水管、冷凝水管、膨胀管均采用弹性发泡橡塑材料保温，难燃 B1 级，导热系数为 $0.035W/(m \cdot K)$，湿阻因子大于 7500，管径 $\leqslant DN20$ 的保温厚度为 25mm，$DN25 \leqslant$ 管径 $\leqslant DN40$ 的保温厚度为 28mm，$DN50 \leqslant$ 管径 $\leqslant DN125$ 的保温厚度为 32mm，$DN150 \leqslant$ 管径 $\leqslant DN400$ 的保温厚度为 40mm，空调冷凝水管保温厚度为 15mm。

（7）消声与隔振

通风设备均选用先进节能型低噪声产品。机房内做消声隔音处理，通风机的安装吊架全部采用减振吊架，风机落地安装设橡胶减振，通风系统的风管上均设置消声器及消声弯头。

（8）节能与环保

所选热泵机组制冷工况和规定条件下的性能系数（COP）：$CC \leqslant 528kW$，$COP \geqslant 4.20$。本工程设计的室内空调系统均为风机盘管加新风。新风经新风机处理后送至室内；通风系统风机最大单位风量功耗 W_s 满足《公共建筑节能设计标准》DGJ 32/J96—2010 的要求。

（9）暖通抗震设计

所有防排烟风管、事故通风风管及相关吊装设备必须采用抗震支吊架。所有大于 180kg 的吊装空调机及通风机均设置抗震支吊架，抗震支吊架最大间距：风管的侧向支撑最大间距 9m，纵向支撑最大间距 18m，抗震支吊架的锚栓间距需满足最小不小于 300mm 的要求，抗震支吊系统宜采用热镀锌的方式，镀锌层厚度需满足现行国家标准《金属覆盖层 钢铁制件热浸镀锌层 技术要求及试验方法》GB/T 13912 中的相关条文的规定。

5. 案例总结

本次提标改造工程处理工艺为粗格栅进水泵房＋细格栅旋流沉砂池＋改良型 A^2/O 池/ CAST 池＋反硝化滤池＋高效气浮池＋接触消毒池。改良型 A^2O 主体生化处理工艺可实现污染物的高效去除，通过反硝化滤池和气浮池进行深度氮、磷去除，保障出水的高标准排放，工艺选择合理，不仅可以满足当前污水处理厂的高标准排放，对于后续的再提标需求仍有足够的技术储备。

高质量出水一方面回用于厂区，可实现浇洒绿地、清洗设备、冲洗脱水机等需求，提高了水的利用效率，节约了水资源；另一方面中水通过再生水泵房输送到水源热泵系统中，减少了厂区电量的消耗。

本项目建设、运行过程中，从工艺、设备、管理等方面采取一系列节能措施，尤其是水源热泵系统，节能效果显著，预计年节电 102.04 万 kWh，折标准煤 125.41tce（当量），336.73tce（等价），预计每年可新增 COD_{Cr} 减排量 182.5t，新增 NH_3-N 减排量 54.75t，新增 TN 减排量 91.25t、新增 TP 减排量 1.825t，为无锡市环境保护和碳减排作出较大贡献。

5.2.6　EOD 模式污水处理厂案例

1. 案例特色

生态环境导向的开发模式（Ecology-Oriented Development，简称 EOD 模式），是以生态文明思想为引领，以可持续发展为目标，以生态保护和环境治理为基础，以特色产业运营为支撑，以区域综合开发为载体，采取产业链延伸、联合经营、组合开发等方式，推动公益性较强、收益性差的生态环境治理项目与收益较好的关联产业有效融合，统筹推进，一体化实施，将生态环境治理带来的经济价值内部化，是一种创新性的项目组织实施方式。

成都市某污水处理厂是 EOD 模式下的示范项目（图 5-95），项目位于鹿溪河东岸，煎茶立交西北侧，兴隆 86 号路以南，天府大道南延线以西，深圳路以北。

图 5-95　成都市某污水处理厂地面效果图

成都市某污水处理厂采用中国水环境集团"土地集约、环境友好、资源利用"的下沉式再生水厂技术理念，集环境污染治理与公园城市建设于一体，实现了"一地三层多用途"。污水处理厂采用全地下式建设，除综合楼、门卫、通风排气塔及逃生通道以外，其余全设置在地下，机械噪声全隔离，对周边无噪声污染。地面建造成全开放式景观公园，集景观活水公园、运动场、儿童娱乐设施于一体，厂区占地仅 37.5 亩，占地仅为传统地面式污水处理厂的 1/3，显著降低土地、管网投资，有效解决"邻避"难题，实现了"去工业化、去负面化"，集污水处理与公园城市建设于一体，彻底消除了地上污水处理厂对环境的影响，提升了周边的土地价值，取得了良好的环境效益，真正建成了环境友好型污水处理厂。

2. 工程概况

成都市某污水处理厂远期设计总规模 26 万 m^3/d，一期设计规模 10 万 m^3/d。一期工程分两个阶段建设，第一阶段土建按照 10 万 m^3/d 规模建设，设备安装规模为 5 万 m^3/d，二阶段增加 5 万 m^3/d 规模的设备。

成都市某污水处理厂出水 TN 指标执行《城镇污水处理厂污染物排放标准》GB 18918—2002 一级 A 标准，SS 指标优于一级 A 标准（5mg/L），COD、BOD_5、NH_3-N 和 TP 按《地表水环境质量标准》GB 3838—2002 Ⅳ类水质标准执行，设计进水水质及出水标准见表 5-41。

成都市某污水处理厂设计进水水质及出水标准　　　　表 5-41

项目	进水水质（mg/L）	出水水质（mg/L）	去除率（%）	执行标准
COD	400	30	94	地表水环境质量标准Ⅳ类
BOD_5	200	6	98	地表水环境质量标准Ⅳ类
TN	40	15	63	GB 18918—2002 一级 A
NH_3-N	30	1.5	97	地表水环境质量标准Ⅳ类
TP	4	0.3	95	地表水环境质量标准Ⅳ类
SS	240	5	99	优于 GB 18918—2002 一级 A

该工程主体工艺为 A^2O-MBR，4 万 m^3/d 出水经紫外消毒后作为普通回用水，另外 1 万 m^3/d 经臭氧接触氧化、活性炭吸附及次氯酸钠接触消毒后作为高品质再生水回用。具体工艺路线如图 5-96 所示。

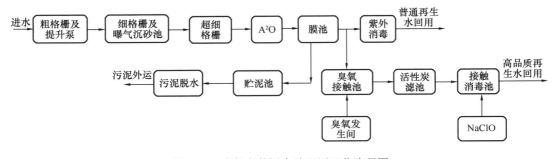

图 5-96　成都市某污水处理厂工艺流程图

污水处理厂的主要构筑物包括：粗格栅提升泵房、细格栅及曝气沉砂池、超细格栅池、A²O 生化池、MBR 膜池、紫外线消毒渠、鼓风机房、贮泥池、污泥浓缩脱水间、臭氧发生间、臭氧接触池、活性炭压力过滤池、接触消毒池、综合楼、门卫、控制室等。地面公园实景如图 5-97 所示。

图 5-97　地面公园实景

污水进入污水处理厂后经粗格栅拦截污水中较大的漂浮物、悬浮物等，并由提升泵将污水提升后输送至细格栅，水中大于 4mm 的漂浮物、悬浮物等被细格栅拦截，防止造成后续单元污堵、缠绕及磨损，进入曝气沉砂池后水中相对密度大于 2.65，粒径大于 0.2mm 的无机砂粒被去除，避免无机砂造成后续单元设备磨损与泥沙沉积，沉砂池出水进入超细格栅，进行精过滤，去除纤维状、毛发类物质，以防膜堵塞。超细格栅出水进入 A²O 生化池及膜池，污水中的 BOD_5、COD、TN、TP 等污染物得到一定的去除，在膜池实现泥水分离的过程，同时膜可全面截留细菌及微生物，大幅提高了生物反应器中的生物浓度和种群数量，使得生物降解效率明显提高。膜池出水中有 4 万 m^3/d 经紫外消毒后排入鹿溪河，用作鹿溪河的景观补水。另有膜池出水 1 万 m^3/d 经臭氧接触氧化、活性炭吸附及次氯酸钠消毒后作为高品质回用水用作绿化、道路浇洒、景观补水、公建杂用等。地下污水处理厂实景如图 5-98 所示。

图 5-98　地下污水处理厂实景

3. 主要工艺设计参数

成都市某污水处理厂主要工艺参数见表 5-42。

成都市某污水处理厂工艺参数　　　　　表 5-42

工艺单元	设计参数	备注
粗格栅	栅隙 $b=20mm$， 过栅流速 $V=0.65\sim1.0m/s$ 电机功率 $N=1.87kW$	2 台钢丝绳牵引式格栅除污机
提升泵	大功率泵：$Q=1355m^3/h$，$N=55kW$ 小功率泵：$Q=760m^3/h$，$N=30kW$ 扬程相同：$H=13.3\sim13.6m$	2 台大功率泵，2 台小功率泵
细格栅	栅隙 $b=4mm$，过栅流速 V：$0.6\sim1.0m/s$ 电机功率：$N=2.2kW$ 配洗水泵 2 台，$Q=25m^3/h$ 扬程 $H=30m$，功率 $N=7.5kW$	转鼓格栅，3 台，2 用 1 备
曝气沉砂池	停留时间：$t=5min$ 水平流速：$0.08m/s$ 单位曝气量：$d=0.2m^3/m^3$污水	—
超细格栅	孔径：$1mm$，功率 $N=1.5kW$	板式网孔格栅，3 台，2 用 1 备
A²O 池	预缺氧段：设计 HRT：$t=0.5h$ 厌氧段：设计 HRT：$t=1.5h$ 缺氧段：设计 HRT：$t=2.2h$ 好氧段：设计 HRT：$t=7.34h$ 设计污泥龄 18.7d 污泥负荷 0.091kgBOD₅/kgMLSS·d 污泥浓度 MLSS7.0g/L 设计气水比（生化）6.4：1	好氧回流比为 200%～300%， 缺氧区回流比为 100%～200%
膜池	过滤孔径：$<0.4\mu m$ 设计通量：$10\sim15L/（m^2\cdot h）$ 单个超滤膜组件面积 $20m^2$ 膜组件总数 7280 片 吹扫气水比 15：1	膜区污泥回流比 200%～400%
鼓风机房	好氧池风机：风量 $Q=110.5m^3/min$ 风压：$\Delta P=0.8bar$ 风量调节范围：50%～100% 电机功率：$N=190kW$ 膜池风机：风量 $Q=260m^3/min$ 风压：$\Delta P=0.6bar$ 风量调节范围：45%～100% 电机功率：$N=350kW$	不同风量鼓风机各 3 台， 均为 2 用 1 备
紫外消毒	最小穿透率 65%，照射剂量 25mj/cm²	—
臭氧接触池	设计规模 10000m³/d 接触时间：$T>10min$ 臭氧投加量：5.0mg/L 臭氧发生器单台设计产量 2.2kgO₃/h	设置臭氧发生器 2 台，1 用 1 备
活性炭滤池	设计规模 10000m³/d 设计滤速：$V=14.2m/h$ 冲洗强度：水冲 12.0L/（s·m²） 反冲时间 $t=5\sim10min$ 活性炭：$H=2000mm$，$d=1.0\sim2.5mm$ 冲洗周期：$T=3\sim6d$	滤料采用椰壳质活性炭滤料
接触消毒池	有效氯投加量 6mg/L	采用消毒剂为 12% 浓度的次氯酸钠原液

4. 工程投资造价

成都市某污水处理厂投资费用见表 5-43，内容包括污水处理厂的构（建）筑物土建工程、生产性工艺设备、电气设备、自动化控制系统及厂外配套工程。与污水处理厂合建的地面公园景观绿化工程和地下停车场工程在本项目中只计工程投资，污水处理厂成本计算不含此内容。

本项目工程建设总投资 69514.67 万元，其中工程费用 51274.24 万元。各部分费用组成详见表 5-43：

成都市某污水处理厂投资费用表 表 5-43

序号	工程和费用名称	造价（万元）	所占比例（%）
1	第一部分工程费用	51274.24	73.76
2	第二部分工程费用	13806.77	19.86
3	基本预备费	2868.11	4.13
4	建设投资	67949.12	97.75
5	建设期利息	1313.82	1.89
6	铺底流动资金	251.74	0.36
7	建设项目总投资	69514.67	100.00

当项目建成投产后，年生产总成本为 6092.24 万元，单位生产总成本为 3.338 元/m^3，年经营成本为 3356.50 万元，单位经营成本为 1.839 元/m^3。由于本项目是按近期总规模 10 万 m^3/d 一次性设计，设备分期安装实施，目前的成本计算是按 5 万 m^3/d 规模计算，明显偏高。经测算，当一期全部 10 万 m^3/d 建成后，成本将大幅度降低，趋于正常水平。

5. 处理效果

污水处理厂日常监测的进出水水质数据是了解该污水处理厂当前运行状态的最佳工具。分析研究污水处理厂进出水的水质特征，有助于了解污水处理厂的运行情况。

（1）进出水 COD 变化

成都市某污水处理厂 2021 年 1 月至 6 月进出水波动情况如图 5-99 所示。其中进水

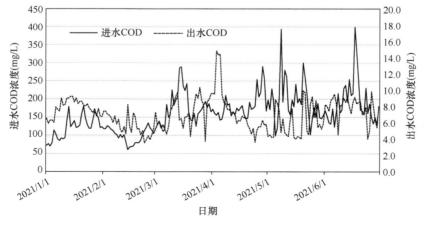

图 5-99 成都市某污水处理厂进出水 COD 变化情况

COD 最高值为 399mg/L，最低值为 60.3mg/L，进水 COD 浓度均值为 161mg/L。出水 COD 最低值为 3.5mg/L，最高值为 14.8mg/L，均值为 7.0mg/L。该厂的出水 COD 浓度均相对稳定，即使在 5、6 月份进水 COD 浓度有一定的波动，出水 COD 也稳定在 10mg/L 以下。该厂出水 COD 浓度可以稳定达到出水排放标准（＜30mg/L）。

（2）进出水 TN 变化

成都市某污水处理厂 2021 年 1 月至 6 月进出水 TN 变化情况如图 5-100 所示。其中进水 TN 最高值为 29.6mg/L，最低值为 10.7mg/L，均值为 20.1mg/L，该厂进水 TN 浓度相对稳定，波动较小。出水 TN 最高值为 9.2mg/L，最低值为 3.1mg/L，均值为 6.5mg/L。出水 TN 浓度均表现出明显的季节性波动，冬季低温浓度较高，夏季高温浓度较低。总体来讲该厂脱氮效率较高，出水 TN 优于排放标准（＜15mg/L）。

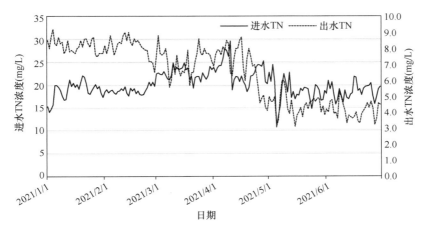

图 5-100　成都市某污水处理厂进出水 TN 变化情况

（3）进出水 NH₃-N 变化

成都市某污水处理厂 2021 年 1 月至 6 月期间进出水 NH_3-N 变化情况如图 5-101 所示。其中进水 NH_3-N 最高值为 20.4mg/L，最低值为 7.0mg/L，均值为 14.5mg/L，该

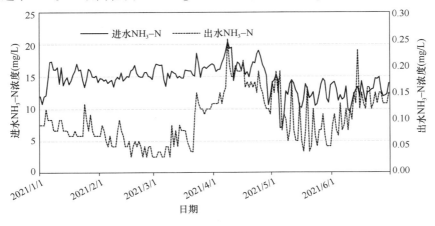

图 5-101　成都市某污水处理厂进出水 NH₃-N 变化情况

厂进水 NH₃-N 浓度相对稳定，波动较小。出水 NH₃-N 最高值为 0.25mg/L，最低值为 0.03mg/L，均值为 0.1mg/L。出水 NH₃-N 浓度较稳定，全部稳定在 0.25mg/L 以下，可以实现稳定达标排放（<1.5mg/L）。

（4）进出水 TP 变化

2021 年 1 月至 6 月成都市某污水处理厂进出水 TP 变化曲线如图 5-102 所示。由图 5-102 分析可知，TP 的进水浓度最高值为 3.64mg/L，最低值为 1.06mg/L，均值为 1.96mg/L。出水 TP 浓度最高值为 0.27mg/L，最低值为 0.14mg/L，均值为 0.23mg/L。该厂进出水 TP 浓度波动较小，尤其是出水 TP 浓度基本稳定在 0.2~0.3mg/L 之间，可以实现出水标准的稳定达标排放（<0.3mg/L）。

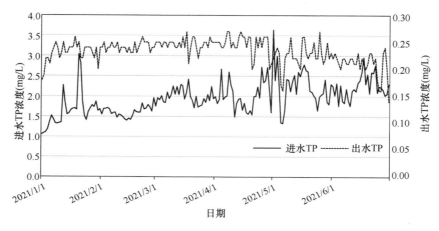

图 5-102　成都市某污水处理厂进出水 TP 变化情况

（5）进出水 BOD₅ 变化

图 5-103 是成都市某污水处理厂 2021 年 1 月至 6 月进出水 BOD₅ 变化曲线。由图 5-103 分析可知，该厂 BOD₅ 的进水浓度最高值为 114mg/L，最低值为 17.9mg/L，均值为 49.6mg/L。BOD₅ 的出水浓度最高值为 2.3mg/L，最低值为 0.5mg/L，均值为 1.0mg/L。该厂出水 BOD₅ 浓度较稳定，波动较小。出水 BOD₅ 可以实现稳定达标排放（<6mg/L）。

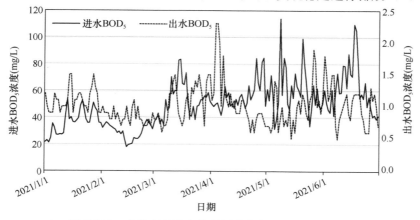

图 5-103　成都市某污水处理厂进出水 BOD₅ 变化情况

（6）进出水 SS 变化

图 5-104 是成都市某污水处理厂 2021 年 1 月至 6 月进出水 SS 变化曲线。由图 5-104 分析可知，该厂 SS 的进水浓度最高值为 519mg/L，最低值为 27mg/L，均值为 176mg/L。SS 的出水浓度最高值为 5mg/L，最低值为 1mg/L，均值为 3mg/L。该厂出水 SS 浓度较稳定，波动较小。出水 SS 可以实现稳定达标排放（＜5mg/L）。

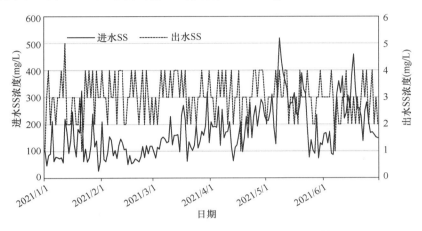

图 5-104　成都市某污水处理厂进出水 SS 变化情况

成都市某污水处理厂 2021 年 1 月至 6 月进出水水质　　　　表 5-44

各项指标		COD(mg/L)	SS(mg/L)	NH₃-N(mg/L)	TN(mg/L)	TP(mg/L)	BOD₅(mg/L)
设计进水标准		400	240	30	40	4	200
实际进水	最大值	399	519	20.4	29.6	3.64	114
	最小值	60	27	7.0	10.7	1.06	17.9
	平均值	161	176	14.5	20.1	1.96	49.6
设计出水标准		30	5	1.5	15	0.3	6
实际出水	最大值	14.8	5	0.25	9.2	0.27	2.3
	最小值	3.5	1	0.03	3.1	0.14	0.5
	平均值	7.0	3	0.1	6.5	0.23	1.0
出水达标率(%)		100	100	100	100	100	100

表 5-44 为成都市某污水处理厂 2021 年 1 月至 6 月进出水水质。综合以上数据可知，成都市某污水处理厂运行稳定，各项出水指标均可稳定达到设计出水标准，出水排入鹿溪河流，最终进入兴隆湖，作为生态补水。

6. 小结

成功的生态环境治理项目，将为区域产业发展带来极大的促进作用，直接推动区域增值。在传统实施模式中，需要等生态环境治理项目完成后，再去实施产业开发，不仅开发进度被拉长，而且还容易受公益性生态环境治理项目筹资难等问题影响，进一步限制产业落地的机会。在 EOD 模式下，通过将公益性的、没有收益或收益极低的生态环境治理项目与在其影响下有显著效益空间的产业项目结合起来，一并实施，有利于吸引社会资本投入，既可以解决项目融资的问题，又能提升综合实施效率。

成都市某污水处理厂就是 EOD 模式下的典型案例，该项目通过充分发挥政府方的统筹优势和社会资本方的技术优势，双方资源互补，通力合作，把污水处理、环境保护、百姓运动、休闲娱乐、政府整体规划、城市综合配套有机结合，环境效益、社会效益及经济效益等综合效益大幅提升，真正实现了物有所值。

（1）社会效益

2015 年 9 月，该下沉式再生水厂及成都科学城生态水环境工程项目被评为财政部第二批 PPP 国家级示范项目，成为成都市第一个国家级示范项目。

项目通过地上地下空间创新，为天府华西医院提供 496 个共享车位，零占地，节省土地 330 亩，土地价值约 26 亿元。

工程发挥作用后，将会创造出舒适、幽雅的水陆城市景观，将大幅提高城市品位和形象，改善城市生态环境，改善居民的生活条件和城市投资环境，增强天府新区的吸引力，加快城市建设步伐，促进国民经济的快速发展，并带动相关产业发展，提升城市的文化品位和综合竞争力。

污水处理厂及鹿溪河项目完成后，将极大改善鹿溪河、兴隆湖水质及沿河风貌，与兴隆湖区共同提升天府新区整体形象，提高城市品位，为市民及旅游者提供生态环境优美的旅游休闲胜地，增加市民亲水欲望。除此之外，还可以提升兴隆湖区域土地利用价值，有利于招商引资的开展，促进地区经济可持续发展，必将对天府新区长期发展产生深远影响。

（2）生态环境效益

四川天府新区 2014 年 10 月获批成为国家级新区，根据天府新区、天府新城规划，确立天府新区建设以现代制造业为主、高端服务业聚集、宜业宜商宜居的生态田园城市和国际化现代新城区。兴隆湖作为天府新区的"生态之肾"，可以改善地区生态环境并调整局部气候。成都市某污水处理厂出水作为鹿溪河补水，而鹿溪河是兴隆湖的唯一供水河道。针对天府新区水环境情况，将成都市某污水处理厂和鹿溪河的治理统筹规划，既提高了投资效率和水资源利用，又彻底解决了污水处理厂的邻避问题。两个项目建成后，都对兴隆湖的水质保证有着重要影响，有效降低天府新区的水环境污染负荷，提升新区的水生态环境。

2017 年成都人均水资源仅为 647m³，只有全国人均 1/3，不足世界人均 10%。位于天府新区"三川"中流的鹿溪河，枯水期水量仅 3m³/s，年平均量仅 5.7m³/s。本案例污水处理厂出水主要指标达到地表类Ⅳ标准，出水全部回用。其中 1 万 m³/d 的高品质再生水经天府新区综合管廊为成都科学城提供公建清洗、道路冲洗、绿化浇洒等，融入公园城市，大幅提升了项目的环境效益、社会和经济价值。4 万 m³/d 普通再生水作为补充水排入鹿溪河，每年可为鹿溪河提供生态补水约 1400 万 m³。

同时，项目在实现水处理后反哺自然，形成了良性循环，不仅降低了新区水污染负荷，更高度体现了人文关怀，将土地集约与生态景观一体化理念充分运用到城市规划建设中，最大限度地减轻了政府压力，提升了百姓满意度。

5.2.7　江苏某化工园区生态湿地案例

1. 案例特色

人工湿地是模拟自然湿地，人工建造并控制运行的，由基质、植物、微生物和水体组成的具有景观生态效应的复合系统。人工湿地一般是在一定长宽比及地面坡度的洼地上铺设土壤、沙、石等基质从而形成填料床，并在床体上种植具有水质净化效果好、成活率高、生长期长、美观且具有经济价值的水生植物（芦苇、香蒲、美人蕉等），这些水生植物与填料表面生存的动物、微生物组成了独特的生态系统，具有相似或优于天然湿地的水质净化效果。

人工湿地通过物理、化学和生物的三重协同作用实现对污水的净化作用。人工湿地在促进污水中污染物质良性循环的前提下，充分发挥了资源的生产潜力，防止环境的二次污染，获得污水处理与资源化的最佳效益。人工湿地在提升出水生态安全性的同时，还具有增强生态景观效果的作用。

江苏某化工园区生态湿地工程用于处理污水处理厂的尾水，处理能力为 $4000\mathrm{m^3/d}$，于 2013 年开始施工建设，出水达到地表 IV 类水标准，为产业园内工厂提供补充水源，实现水资源的循环利用。

针对化工园区污水处理厂尾水中 TN 和难降解有机物浓度高、B/C 低的特点，选择了以脱氮效果较好的垂直流-水平流组合工艺湿地为主的类型。尾水中 $\mathrm{NH_3}$-N 在垂直流单元好氧条件下通过硝化作用转化为 $\mathrm{NO_3^-}$-N，并且将部分难降解有机物转化成易降解有机物，为反硝化提供碳源；其次在水平流湿地单元缺氧条件下利用垂直流湿地出水中的碳源和硝酸盐进行反硝化，最终达到脱氮的目的。因本工程污水处理厂尾水中 TP 浓度较低，考虑远期园区发展，生态塘和表面流湿地设施预留在垂直流和水平流湿地之间作为除磷备用单元。

2. 工程概况

化工园区重点发展的主导产业为氟化学新材料、精细化工、生物化工等。园区排污水企业约有 40 家，每个企业均有预处理设施，经过预处理后达到接管标准然后排入化工园区污水处理厂。工业园区污水处理厂设计处理规模为 $1.0\times10^4\mathrm{m^3/d}$，化工污水占比例90%以上，出水执行《城镇污水处理厂污染物排放标准》GB 18918—2002 一级 A 标准，氟化物满足《污水综合排放标准》GB 8978—1996 一级标准。

生态湿地占地 $6\times10^4\mathrm{m^2}$，组合湿地处理设计规模 $0.4\times10^4\mathrm{m^3/d}$，平均流量 $Q_{\mathrm{avg}}=166.7\mathrm{m^3/h}$，总变化系数取 $K_z=1.2$，最大设计流量为 $Q_{\mathrm{max}}=200.04\mathrm{m^3/h}$。组合湿地工程设计进出水水质见表 5-45。

3. 工艺技术路线

水处理生态湿地中心应用"单元湿地"概念，通过优化组合不同的"单元"湿地模块达到净化水质的效果，外观及工艺流程如图 5-105 所示。外观上看就像一把由方格拼成的扇子，调节池、垂直流滤床、生态塘、表面流、饱和流滤床点缀其中。净化后的水最终流入工业水厂，并回用至园区企业。

组合湿地工程设计进出水水质指标   表 5-45

项目	pH	COD(mg/L)	NH₃-N(mg/L)	TN(mg/L)	TP(mg/L)
设计进水（一级 A）	7～8	≤50	≤5	≤15	≤1.0
设计出水（Ⅳ类水）	6～9	≤30	≤1.5	≤1.5	≤0.3

注：化工园区污水处理厂出水氟化物已经满足《污水综合排放标准》GB 8978—1996 一级标准，地表水Ⅳ类标准中未对氟化物规定。因此，本设计未有纳入设计指标，仅作为参考指标。

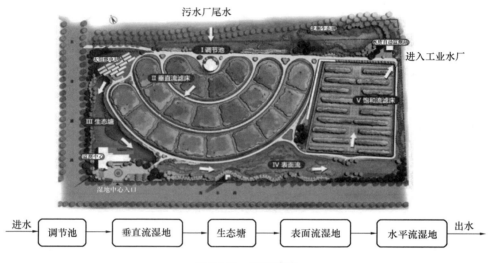

图 5-105　工艺路线

如上图所示，Ⅰ为调节池，位于湿地中心的最高点，通过截留、沉淀固体颗粒和悬浮物，降低污水中的污染物含量；通过自动布水系统将尾水均匀分配至垂直流湿地单元；Ⅱ为垂直流滤床，采用间歇布水方式，可以优化复氧，强化硝化作用，降低氨氮浓度；Ⅲ为生态塘，深水区生态塘对于磷的沉淀效果较好，同时这里也会发生反硝化反应，有利于进一步降低总氮浓度；Ⅳ是表面流滤床，表面流滤床使从深水区流出的水得到有效复氧，种植的挺水植物有利于悬浮物的进一步沉淀；Ⅴ是饱和流滤床，通过反硝化作用，降低总氮浓度。

4. 主要工艺设计参数

（1）调节池

功能：调节进水水量和水质，自动控制垂直流湿地的布水。调节池为钢筋混凝土结构，尺寸：$D×H=12m×2.5m$，有效容积约 $230m^3$。主要设备：设有电动阀 20 套，功率 0.75kW；配溢流堰。

（2）垂直流湿地

功能：污水通过重力，从上至下流经生态湿地进行物理处理和生化处理。1 座 20 组，2

布 1 膜。尺寸：20000m²，停留时间 5d。主要设备：回流泵 1 台，功率为 7.5kW。种植芦苇、美人蕉等植物，种植密度不低于 16 株/m²。

（3）生态塘

功能：进一步净化水质，构建微生态系统，带来生态及景观效应。1 座，2 布 1 膜。尺寸：2400m²，有效容积约 5000m³，停留时间 1.25d。主要设备：除磷投加系统 1 套，计量泵 2 台；种植水葱、菖蒲和千屈菜等，种植密度不低于 16 株/m²。

（4）表面流湿地

功能：降低各污染指标浓度，基本达到出水水质要求。1 座，2 布 1 膜。尺寸：4920m²，停留时间约 0.5d。主要植物：种植鸢尾、千屈菜等，种植密度不低于 16 株/m²。

（5）水平流湿地

功能：进一步降解有机物和反硝化脱氮。1 座 2 组，2 布 1 膜。尺寸：10000m²，停留时间大于 2.5d。主要设备：碳源投加系统 1 套，计量泵 2 台；应急排放泵 1 台，功率 $N=15kW$。

（6）监测中心

包括实验室、中控室等，钢筋混凝土结构，建筑面积 1000m²。

（7）太阳能电站

为监测中心等提供电力，占地 1500m²。主要设备：太阳能电池板 360 块，共 79.2kW。

（8）出水泵房

功能：监测出水水质，为运行管理提供技术支撑。主要设备：超声波液位仪 1 台，COD 在线监测仪 1 台，NH₃-N 在线监测仪 1 台，TN 在线监测仪 1 台，TP 在线监测仪 1 台，pH 在线监测仪 1 台。

5. 工程投资造价

该工程设计规模 $0.4×10^4 m^3/d$，工程直接投资约 3500 万元。根据该工程自 2016 年 1 月 1 日～2017 年 3 月 31 日（共 452d）实际运行结果，项目实际处理规模平均 $0.3×10^4 m^3/d$。

人工费 E_1：3000 元/月，定员 5 人，3000×5/30/3000＝0.167 元/m³。

电费 E_2：采用太阳能供电，无需用电费。

药剂费 E_3：本工程为湿地工艺，一般情况下不加药剂，无药剂费用产生。

湿地植物维护费 E_4：需要组合湿地杂草进行清理、补种和收割等，费用为 2000 元/月，2000/30/3000＝0.022 元/m³。

因此，直接运行成本：$E=E_1+E_2+E_3+E_4=0.189$ 元/m³。

6. 处理效果

选取该生态湿地 2015 年 1 月～2018 年 11 月的污染物运行数据进行了分析，并进一步解析了垂直流湿地和水平流湿地滤料上的微生物群落组成。

（1）常规污染物去除情况

如图 5-106 所示，该生态湿地的进水为污水处理厂尾水，进水 COD 约为 25～60mg/L，自 2016 年 4 月开始,化工园区污水处理厂出水低于 50mg/L,满足一级 A 排放标准。通过系统对有机物的吸附、降解后出水 COD 浓度维持在 20mg/L 左右,能够稳定达到地表 Ⅳ 类水标准(30mg/L)。

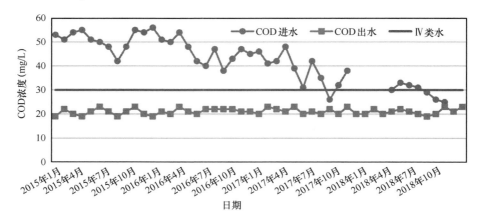

图 5-106 生态湿地进出水 COD

如图 5-107 所示,COD 削减量为 0.4~3.2t/月,COD 去除率为 15.4%~64.8%。由于生态湿地进水为工业园区污水处理厂尾水,其中含有脂类、长链烷烃化合物、苯环化合物、酰胺类化合物和亚乙基硫脲等有机物,这些有机物在污水处理过程难以降解,经过湿地处理后,部分被吸附、降解。但是,仍然有一部分有机化合物难以被去除,因此,经过湿地系统后,出水 COD 基本维持在 20mg/L 左右。

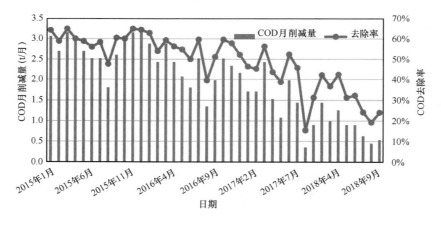

图 5-107 生态湿地 COD 削减量与去除率

如图 5-108 所示,湿地系统进水氨氮浓度为 0.26~5.62mg/L,波动较大。进水首先经过垂直流滤床,该单元设有 20 个并联的处理单元,每个单元间歇运行以达到最好的布水、复氧效果,可以起到很好硝化作用以去除氨氮。氨氮出水浓度为 0.08~0.72mg/L,稳定在 1mg/L 以下。

如图 5-109 所示,该湿地 TN 的进水浓度为 2.84~12.12mg/L,平均进水 NH₃-N 约

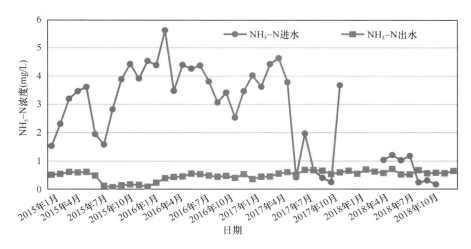

图 5-108　人工湿地系统对 NH₃-N 的去除效果

占 TN 的 38.5%。生态塘具备一定的缺氧环境，有利于发生反硝化反应，降低总氮浓度。出水 NH₃-N 浓度约为 0.5mg/L，出水 TN 浓度约为 1.2mg/L，能够达到Ⅳ类水标准（1.5mg/L）。

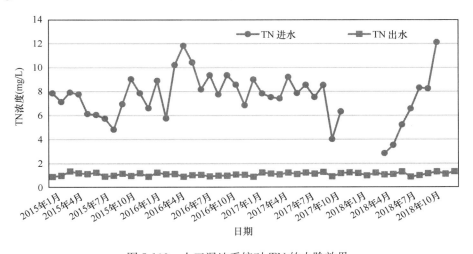

图 5-109　人工湿地系统对 TN 的去除效果

如图 5-110 所示，该湿地进水 TP 浓度为 0.01～0.35mg/L，进水 TP 浓度主要集中在 0.3mg/L 以下，经过湿地处理，特别是生态塘的深水区，出水 TP 浓度有了明显降低，在 0.04mg/L 左右，优于Ⅳ类水排放标准（0.3mg/L）。然而，经过湿地处理后，也存在反向升高的现象，原因可能与瞬时采样等因素相关，也有可能是底泥、动植物腐败等释放的磷，导致出水磷浓度升高，因此湿地对于污染物的去除具有一定的不确定性。

（2）菌群分析

由图 5-111 可知，垂直流湿地中的硝化螺旋菌门（*Nitrospira*）的相对丰度大于 1%，达到 1.04%，说明本工程垂直流湿地中硝化菌得到了较高程度的富集。高丰度的硝化菌是系

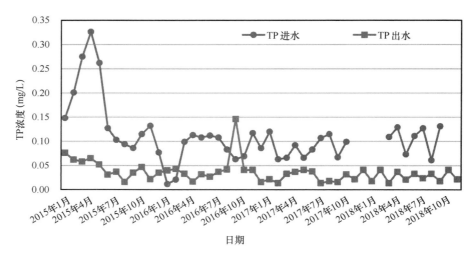

图 5-110　人工湿地系统对 TP 的去除效果

统中 NH₃-N 得以高效去除的保障。而在水平流湿地中，反硝化菌的总丰度为 19.2％，也处于较高的水平，反硝化菌群也得到了进一步的富集。硝化菌和反硝化菌的富集为组合湿地去除氨氮和总氮提供保障，确保了垂直流—水平流组合人工湿地对于 TN 的高效去除。

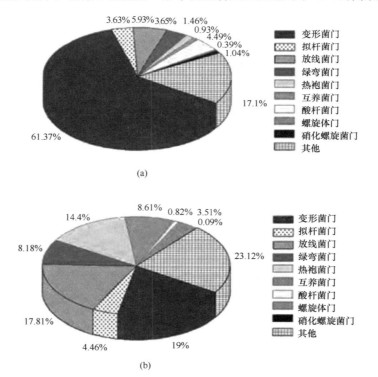

图 5-111　垂直流和水平流湿地中微生物群落结构分析
（a）垂直流湿地；（b）水平流湿地

7. 环境效益分析

根据湿地工程自 2016 年 1 月 1 日～2017 年 3 月 31 日的实际运行结果，项目实际处理规模平均 $0.3 \times 10^4 \, m^3/d$，结合污染物去除结果测算污染物减排量，组合湿地项目的 COD、NH_3-N、TN 和 TP 每年削减量分别为 27.70t、3.74t、7.60t、0.08t。改善了区域的水环境质量，助力太湖水质改善。

8. 小结

湿地对污水处理厂出水污染物具有一定的去除效果，但也存在反向升高的现象。因此，在污水处理厂出水稳定达标、有足够可建设尾水湿地的土地和增强生态景观效果需求的情况下，可因地制宜接续尾水湿地，对地区整体环境质量提升具有立竿见影的效果。由于湿地水质受季节、环境、动植物生命活动等影响较大，因此不宜将城镇污水处理厂出水的考核采样点设置于尾水湿地。

5.2.8　宜兴城市污水资源概念厂案例

1. 项目背景

中国城市污水处理概念厂，是以曲久辉院士为首的国内六位环境领域知名专家于 2014 年 1 月发起的重大行业创新活动。其宗旨是以绿色发展的理念，集全球最先进的技术，为我国建设具有引领作用的未来污水处理厂，以实现"水质永续、能源回收、资源循环、环境友好"的目标。这一设想提出以来，引起了国内外广泛关注，被公认为近年来环境领域最具影响力和认可度的里程碑事件之一，深刻影响并带动了我国污水处理行业的创新与发展。

宜兴作为中国环保产业的发源地，拥有全国最大的水处理产业集群和全国唯一的国家级环保主题园区——中国宜兴环保科技工业园，宜兴市政府对水处理事业未来发展方向一直给予极高的关注。在宜兴市政府与概念厂专家委员会的共同追求和高度共识的前提下，促成了首座污水处理概念厂落户宜兴。

2. 项目介绍

宜兴城市污水资源概念厂是首座落地实践的概念厂（图 5-112），项目占地面积 120

图 5-112　宜兴城市污水资源概念厂实景照片

亩，其中一期建设用地 80 亩；建设费用总投资 2.3 亿元，建设内容包含：出水高标准排放、工艺可迭代升级的污水处理工艺线一条，处理规模2 万m³/d；可实现"能源自给、资源回用"的污泥与协同有机质处置工艺线一条，处理规模 100m³/d（含水率 80%）；内置五条生产型研发线的科学管理中心一座（2 条千吨级/日、3 条百吨级/日生产型研发线，属国内首创）。

依托该污水资源概念厂，预期实现以下几方面成效，以推动国内水处理行业创新、升级（"三位一体"的先进理念）：

（1）建设高出水标准且可迭代升级的污水处理工艺线，以示范涵盖太湖流域等生态敏感地区未来可推广的城市污水处理工艺技术，带动太湖流域水处理技术的升级和发展理念的改变；

（2）建设高水准、高质量的污泥与协同有机质处理处置中心，以示范污水处理厂作为资源工厂的潜力，其产生的能量、物质除自身回收使用外，可在城市生态综合体广泛应用；

（3）建设"生产型研发中心"，通过与国内、国际优秀企业、科研机构合作，遴选全球极具创新性的工艺、装备和材料，示范、应用城市污水处理领域的前瞻性技术，并协助其完成研发、验证以及商业化推广等；

（4）建设概念厂科教基地，使其成为中国污水资源概念厂事业及宜兴环保产业升级转型的展示窗口。

3. 工艺路线

宜兴城市污水资源概念厂水质净化中心工艺路线如图 5-113 所示，设计进出水水质指标见表 5-46。进水首先进入极致除砂单元去除污水中 0.075mm 以上的细砂，之后在可多模式切换的生物池，完成对大多数污染物的去除，再通过加载澄清单元强化磷的去除，随后经活性自持深度脱氮单元强化氮的去除，最后通过高级氧化单元，实现微污染物的去除，以达到更安全出水水质的要求。

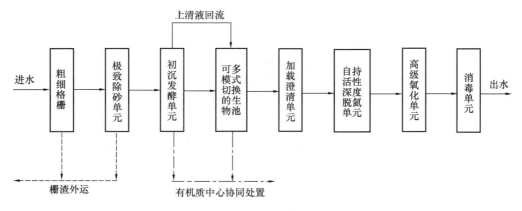

图 5-113 宜兴城市污水资源概念厂水质净化中心工艺路线图

宜兴城市污水资源概念厂设计进出水水质指标　　　表 5-46

	BOD$_5$ (mg/L)	COD (mg/L)	SS (mg/L)	TN (mg/L)	NH$_3$-N (mg/L)	TP (mg/L)	pH (mg/L)
设计进水水质	130	380	320	60	52	6	6～9
设计出水水质	5	30	5	3	1	0.1	6～9

宜兴城市污水资源概念厂有机质中心工艺路线如图 5-114 所示。除了水质净化中心产生的 25m³/d 的污泥外，结合厂外的 75m³/d（含水率 80％）的外源有机质，如秸秆、蓝藻、畜禽粪便等，经过混合后去往高干厌氧系统，在该单元进行厌氧发酵，产生的沼气可用于发电，平衡厂区用电，发电过程产生的热能通过热能回收装置用于反应器保温和厂区供暖。厌氧发酵产生的沼渣经过好氧堆肥处理后成为营养土，产生的沼液进行磷回收，从而实现城市间有机废弃物的资源循环。

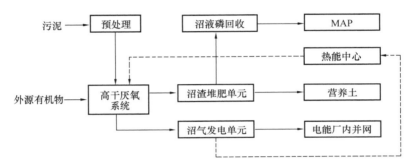

图 5-114　宜兴城市污水资源概念厂有机质中心工艺路线

4. 技术亮点

（1）极致除砂单元：模块砂分离高效沉砂系统

本项目采用高效平流沉砂池，相对于传统的曝气沉砂池，去除的砂粒粒径更小，能够实现污水中 0.075mm 以上细砂 95％ 的分离效率，并通过超细砂洗砂器实现超细砂中有机物的彻底分离，有机物返回污水处理系统，最终出砂的含水率低至 20％。

沉砂池上部配置浮渣撇渣装置，清除池体前端曝气分离上来的浮渣，实现污水中可浮油脂和浮渣的有效分离。

本项目高效沉砂系统相比传统沉砂池，VSS/TSS 升高 10％，以 2 万 m³ 水量核算，进水 SS 为 320mg/L，含水率 80％ 的污泥产量减少约 6t/d；进水 SS 为 250mg/L，含水率 80％ 的污泥产量减少约 4.5t/d。

（2）初沉发酵单元：初沉＋水解系统实现碳源回收

初沉污泥经过水解发酵，有利于开发污水内部碳源，使得上清液中富含 VFA，回流进入生物池的厌氧区，可有效改善厌氧释磷的效果，提高生物除磷效果。

生化池进水 VSS/SS 比值提高，有利于改善后续活性污泥构成；生化池进水中优质碳源比例提高，VFA 浓度可提高 20％～150％，从而提高活性污泥活性，强化除磷脱氮效果和运行稳定性；提高工艺流程的操作灵活性。初沉发酵作为进水水质调节单元，预设了加药点，以应对重大水质变化，尤其是在进水含有有毒有害物质等不利情况下。

（3）多模式生化处理单元：多种运行模式切换实现污水处理厂低碳运行

改良四段多级 A/O、五段 Bardenpho 工艺能够相互切换，相同的生物池体设计，通过调整搅拌器和曝气头的启停，调整进水方式和内回流泵的启停，可将生物池从改良四段 AO 的运行模式调整为五段 Bardenpho 工艺运行。同时，在五段 Bardenpho 工艺的基础上，利用第一好氧池增加的固定填料，营造局部的缺氧微环境，再通过进一步控制池中溶解氧的情况，打造好氧和缺氧共存的环境，为同步/短程硝化反硝化的发生，创造有利条件。在同步/短程硝化反硝化工艺的基础上，在第一缺氧区增加固定填料，并且通过管道和阀门的切换，使曝气沉砂池的出水先进入生物池的前端，之后进入初沉池，即作为活性污泥 AB 法的 A 段运行，先将大多数有机物快速吸附去除，再进入生物池进行继续处理。

（4）深度脱氮除磷：SADeN® 实现活性自持深度脱氮系统

SADeN® 活性自持深度脱氮技术是一种采用硫基复合滤料的新型生物滤池技术，主要用于总氮的极限去除，同时也可降低总磷及悬浮物，适用于多种工业废水和市政污水。具有以下优势：

① 大幅降低运行费用，较常规碳源的反硝化滤池节省运行费用 30%～50%；

② 出水水质稳定，不需外加碳源，避免出水 COD 超标风险；

③ 反应速率快，复合滤料促使形成多相脱氮除磷反应区，提供反应速率；

总氮去除率高，最高可在 95% 左右。

（5）高级氧化单元：$UV/H_2O_2/O_3$ 耦合联用高级氧化技术

本次设计采用高级氧化技术，同时具备脱色、去除 COD 和降解 ECs（新兴污染物）的作用，预期对 ECs 的去除率可达到 80% 以上。当需要进一步提升去除效果时，可以采用高级氧化＋深床滤池的运行模式，探索组合工艺的去除效能，为我国新型高标准污水处理厂提标改造提供技术参考。

（6）有机质高效处理：高干厌氧反应器和超深度好氧堆肥

高干厌氧反应器是专门针对 15%～35% 含固率的市政、农业和工业等一种或多种有机固体废弃物的厌氧消化处理技术。主要有以下特点：物料适应性强，高有机负荷和高容积产气率；系统构成简单，可实现标准化、模块化设计和建设，易扩展；占地面积小、建设周期短；设备少，操作简单，检修和维护保养方便；实现废弃物的无害化、稳定化、减量化和资源化；停留时间约 28d，有机负荷 $4.6kgVSS/(m^3 \cdot d)$，产生沼气约 8000～8200m^3/d，甲烷含量在 55% 左右。

采用超深度好氧堆肥技术。堆料高度 3m，每 m^3 堆料的供氧量可达到 0.06m^3/min，含水率从 80% 降低至 35% 以下，造粒后成为营养土。

（7）结合科研创新平台，科学与艺术融合

生产型研发中心旨在工程规模的尺度上，聚焦于工艺发展最为可能的方向。开发未来污水处理的工艺构型，验证技术发展概念。以实用新型技术应用为导向，经过示范性的研究与验证之后推向市场。

可容纳 2 条千吨级和 3 条百吨级试验线的大厅及配套实验用房，实现创新开发和生产应用可行性评估。集产、学、研、验、展、教育等多功能于一体的创新中心，将为高校和科研院所打开合作创新的新通道。

与行业、学界共创共享"未来污水处理技术的工程化示范平台"和"商业化技术应用展示的平台"。

拟开展的千吨线研究：连续流好氧颗粒污泥、主流短程脱氮。

拟开展的百吨线研究：MABR 工艺；基于传感器和数据分析的新型控制技术；碳平衡的优化；太湖蓝藻干式厌氧发酵资源化示范研究；主流厌氧氨氧化。

5. 小结

宜兴城市污水资源概念厂建设工程以"美丽深邃的外观、标新立异的构造、取之不尽的源泉、智慧轻松的大脑、技术成长的高地、充满爱意的花园"为目标，以"水质永续、能源回收、资源循环、环境友好"为追求，扎实践行低碳绿色的国际先进理念。

宜兴城市污水资源概念厂还承担了国家重点研发计划项目"面向未来的水处理技术研发、示范和转化平台建设"任务：集中应用和展示已经和即将工程化的全球先进技术，满足中国城市可持续发展的战略要求，其对于先进污水处理技术的集成和应用，以及对传统污水处理从单纯的污染物削减到资源回收利用的转变，具有极大的前瞻性和极高的性价比，将成为向社会和公众传递新型污水处理技术集成和资源回收理念的标杆示范工程。

宜兴污水资源概念厂作为江苏省科普教育基地——中国宜兴环保科技工业园国际环保展示中心的核心组成部分，将成为国际水处理工程技术考察、观摩学习的重要项目。这标志着我国污水处理事业从跟随走向领先。

参 考 文 献

[1] 仇保兴. 我国城镇污水处理发展的状况和面临的挑战[J]. 给水排水，2010，36(2)：1-3.

[2] 陈玮，程彩霞，徐慧纬，等. 合流制管网截流雨水对城镇污水处理厂处理效能影响分析[J]. 给水排水，2017，43(10)：36-40.

[3] 邢玉坤，曹秀芹，柳婷，等. 我国城市排水系统现状，问题与发展建议[J]. 中国给水排水，2020，36(10)：19-23.

[4] 唐建国，张悦，梅晓洁，等. 城镇排水系统提质增效的方法与措施[J]. 给水排水，2019，45(4)：30-38.

[5] 张悦，唐建国. 城市黑臭水体整治——排水口、管道及检查井治理技术指南[M]. 北京：中国建筑工业出版社，2012.

[6] 赵晔，陈玮，徐慧纬，等. 城镇污水收集处理系统提质增效过程中节能减排可行性分析[J]. 给水排水，2010，45(1)：44-46＋54.

[7] 赵晔. 城市黑臭水体整治实现长治久清存在的风险与对策[J]. 给水排水，2019，45(4)：44-49.

[8] 程红，潘炜，丁敏，等. 上海中心城区市政排水系统雨水排水的管理与实践[J]. 中国给水排水，2012，28(20)：9-13.

[9] 吕永鹏. 城镇污水处理提质增效"十步法"研究与应用[J]. 中国给水排水，2020，36(10)：82-88.

[10] 孙永利. 城镇污水处理提质增效的内涵与思路[J]. 中国给水排水，2020，36(02)：9-14.

[11] 杨光. 城市排水管网的现代化管理[J]. 给水排水工程，2010，28(1)：81-83.

[12] 阮智宇，郑凯凯，苏挥，等. CAST 工艺运行诊断和优化调控分析[J]. 中国给水排水，2015，31(20)：50-54.

[13] 邹吕熙，李怀波，郑凯凯，等. 太湖流域城镇污水处理厂进水水质特征分析[J]. 给水排水，2019，55(7)：39-45.

[14] 熊鸿斌，吴胜方，赵娜娜. 城市污水厂 TN、TP 达一级 A 标准的设计运行要点[J]. 中国给水排水，2011，27(18)：96-99.

[15] 聂新宇，阮智宇，王燕，等. 太湖流域市政污水处理厂一级 A 标准稳定运行存在问题探讨[J]. 环保科技，2016，22(5)：46-50.

[16] 王洪臣. 百年活性污泥法的革新方向[J]. 给水排水，2014，40(10)：1-3.

[17] 邢玉坤，曹秀芹，柳婷，等. 我国城市排水系统现状、问题与发展建议[J]. 中国给水排水，2020，36(10)：19-23.

[18] 戴晓虎，张辰，章林伟，等. 碳中和背景下污泥处理处置与资源化发展方向思考[J]. 给水排水，2021，57(3)：1-5.

[19] 中华人民共和国住房和城乡建设部. 室外排水设计标准：GB 50014—2021[S]. 北京：中国计划出版社，2021.

[20] 吴淼. 城市排水管道塑料管材的质量检测[J]. 四川水泥，2021(9)：67-68.

［21］ 葛正方．建设工程材料（管材）的性能检测[J]．城市建设，2010(13)：147-148.

［22］ 中国轻工业联合会．建筑排水用硬聚氯乙烯(PVC-U)管材：GB/T 5836.1—2018[S]．北京：中国标准出版社，2019.

［23］ 丁桂珍．污水处理厂给排水管道施工中的常见问题及解决措施[J]．建筑技术开发，2019，46(18)：85-86.

［24］ 曹小成．建筑给排水常用管材质量检测与技术分析[J]．建材与装饰，2020(16)：54-55.

［25］ 陈满霞．市政污水管网工程质量控制[J]．住宅与房地产，2020(9)：164.

［26］ 张龙．浅谈大型市政管网工程施工质量管理[J]．建材与装饰，2020(1)：195-196.

［27］ 金磊．浅谈市政污水管网的管理[J]．科技创新与应用，2016(18)：161.

［28］ 泰州市住房和城乡建设局．泰州市住建局关于印发《城市地下管线工程"只检一次"制度》等三项制度的通知：泰建发〔2019〕216 号[EB/OL]．(2019-09-18)[2022-05-01]．http：//jsj. taizhou. gov. cn/art/2019/9/18/art _ 34155 _ 2548641. html.

［29］ 住房城乡建设部．住房和城乡建设部 生态环境部 发展改革委关于印发城镇污水处理提质增效三年行动方案（2019-2021 年）的通知：建城〔2019〕52 号［EB/OL］．（2019-04-29）［2022-05-01］．http：//www. gov. cn/zhengce/zhengceku/2019-09/29/content _ 5434669. htm.

［30］ 李晓峰．城镇污水管网健康状况评价与修复技术优选研究[D]．苏州：苏州科技大学，2019.

［31］ 王生光．无压管道严密性试验原理分析[D]．杭州：浙江大学，2004.

［32］ 雷庭．排水管道非开挖修复技术研究及工程应用[D]．北京：北京工业大学，2015.

［33］ 邃仲森．城镇排水管道非开挖修复技术研究[D]．武汉：中国地质大学，2012.

［34］ 梁霞．非开挖修复技术在城市给排水管网建设中的应用[J]．工程技术研究，2020，5(4)：106-107.

［35］ 黄川．排水用塑料检查井在苏州市住宅小区应用研究[D]．苏州：苏州科技学院，2015.

［36］ 曹生龙．预制装配式混凝土检查井[J]．混凝土与水泥制品，2005(2)：24-27.

［37］ 王丽彩．塑料检查井在市政排水工程中的应用[J]．江西建材，2017(24)：286.

［38］ 漆江锋．浅谈装配式预制钢筋混凝土检查井的推广应用[J]．江西建材，2013(6)：53-54.

［39］ 李智滔．塑料排水检查井施工安装技术应用[J]．智能城市，2019，5(12)：196-197.

［40］ 程腾．住宅小区塑料排水检查井施工技术[J]．科技经济市场，2013(5)：26-29.

［41］ 曹继伟．城市道路检查井病害快速修复技术研究[J]．湖南交通科技，2015，41(1)：83-84＋118.

［42］ 刘小娟．浅谈城市道路检查井周围破损原因、补救及改进措施[J]．科学之友，2013(2)：28-29.

［43］ 孔耀祖．原位浇筑法管道和检查井非开挖修复技术研究及应用[D]．武汉：中国地质大学，2017.

［44］ 廖红宇．浅谈排水管网系统中管材的选用[J]．城市道桥与防洪，2007(7)：79-81.

［45］ 赵艳蕊．供水管材的选型对供水管网系统改造的影响研究——评《城市供水管网运行管理和改造》[J]．炭素技术，2019，38(6)：78.

［46］ 王兆敬．市政给排水新管材的选择与施工实践思考[J]．建材发展导向，2020，18(5)：397.

［47］ 高树良．市政排水管道工程施工方法与质量控制措施[J]．黑龙江科技信息，2008(35)：361.

［48］ 龚红燕．城市污水管网顶管施工方法[J]．中国水运(下半月)，2009，9(11)：135-136.

［49］ 荆彤彤．浅谈市政污水管网工程的施工管理[J]．中国科技投资，2017(7)：149.

［50］ 刘志强．市政建设中排水管道的养护[J]．中国新技术新产品，2009(18)：59.

［51］ 王光伟．浅谈市政建设中排水管道的养护[J]．中国新技术新产品，2009(8)：70.

[52] 黄金珠. 市政排水管道养护[J]. 建筑工程技术与设计, 2016(18): 1744.

[53] 柯友青, 王圣杰, 易聪, 等. 顺德某片区截污管网CCTV检测与修复技术[J]. 施工技术, 2020, 49(13): 98-101.

[54] 谢昌仁. 泰州市排水管道CCTV检测与评价技术研究[D]. 扬州: 扬州大学, 2019.

[55] 曹宏卫, 周影烈. 城镇排水系统提质增效的全生命周期关键技术探讨[J]. 山西建筑, 2020, 46(23): 95-97.

[56] 罗惠云, 张玲, 刘淑琳. 南方某市市政污水管道水质检测与原因分析[J]. 给水排水, 2016, 52(6): 119-124.

[57] 马文香, 唐燕杰, 陶其育, 等. 旧管道修复技术及其应用[J]. 煤气与热力, 1999(4): 36-39.

[58] 徐驰, 乔稳超, 杨广, 等. 长江大保护建设中管网非开挖修复综合技术[J]. 施工技术, 2020, 49(18): 76-79.

[59] 黄勇, 纪斌, 蒋博林. 静压裂管法非开挖施工原理及其应用[J]. 四川建筑, 2019, 39(6): 277-278.

[60] 李琰, 陈雨喆, 杨紫维. 城市排水管道非开挖修复工艺优选与实践[J]. 工业技术创新, 2018, 5(2): 65-69.

[61] 郑仙彪. 螺旋缠绕法非开挖修复管道的应用[J]. 科技资讯, 2009(13): 107-108.

[62] 黄金龙. 钢管内衬法修复大口径顶管的实践[C]//泉州市给排水协会, 台湾下水道协会泉州市市政公用事业局: 2017第三届海峡两岸(闽台)水务技术交流会暨材料设备展示会. 2017.

[63] 马军. 树脂固化内衬法预处理技术在管道修复中应用[J]. 城市建设理论研究: 电子版, 2016(4): 1058.

[64] 李晓峰. 城镇污水管网健康状况评价与修复技术优选研究[D]. 苏州: 苏州科技大学, 2019.

[65] 吴其华. 基于集对原理的供水管网漏损分析与评价研究[D]. 长沙: 湖南大学, 2015.

[66] 李晓峰. 城镇污水管网健康状况评价与修复技术优选研究[D]. 苏州: 苏州科技大学, 2019.

[67] 金建华, 曾德飞, 杨晓芳. 城市污水管网地理信息系统设计[J]. 武汉理工大学学报(信息与管理工程版), 2004, 17(5): 13-15.

[68] 曾德飞. 城市污水管网地理信息系统(GIS)设计与实现[D]. 武汉: 武汉理工大学, 2004.

[69] 宁国法. 基于GIS与RFID的污水厂综合巡检与管理系统设计与实现[D]. 青岛: 山东科技大学, 2018.

[70] 赵耀红, 史晓峰. 基于GPRS的污水处理运营远程监管系统的研究[J]. 科技创新与应用, 2015(15): 64.

[71] 李芳, 边馥苓. 基于GIS的污水处理设备远程监视技术研究[J]. 测绘信息与工程, 2006(3): 17-19.

[72] 廖红宇. 浅谈排水管网系统中管材的选用[J]. 城市道桥与防洪, 2007(7): 79-81.

[73] 赵艳蕊. 供水管材的选型对供水管网系统改造的影响研究——评《城市供水管网运行管理和改造》[J]. 炭素技术, 2019, 38(6): 78.

[74] 王兆敬. 市政给排水新管材的选择与施工实践思考[J]. 建材发展导向, 2020, 18(5): 397.

[75] Houhou J, Lartiges B S, France-Lanord C, et al. Isotopic tracing of clear water sources in an urban sewer a combined water and dissolved sulfate stable isotope approach[J]. Water Research, 2010, 44(1): 256-266.

[76] Kracht O，Gujer W. Quantification of infiltration into sewers based on time series of pollutant loads[J]. Water Scienceand Technology，2005，52(3)：209-218.

[77] Weiss G，Brombach H，Haller B. Infiltration and inflow in combined sewer systems long-term analysis[J]. Water Scienceand Technology，2002，45(7)：11-19.

[78] 郑凯凯，周振，周圆，等. 城镇污水处理厂进水中地下水、河水及雨水混入比例研究[J]. 环境工程，2020，38(07)：75-80.

[79] 翁晟琳，李一平，卢绪川，等. 台州市生活污水处理厂设计水量中雨水混入比例研究[J]. 水资源保护，2017，33(04)：75-79.

[80] 王凯，李一平，赖秋英，等. 沿海地区污水处理厂雨水混入率对设计规模的影响[J]. 水资源保护，2020，36(03)：76-82.

[81] 曾向前，姜应和，程静，等. 管道输送过程中污染物的降解及污水厂进水水质预测[J]. 中国农村水利水电，2010(10)：47-49＋52.

[82] 唐建国，张悦，梅晓洁. 城镇排水系统提质增效的方法与措施[J]. 给水排水，2019，45(4)：31-39.

[83] 唐建国，张悦. 德国排水管道设施近况介绍及我国排水管道建设管理应遵循的原则[J]. 给水排水，2015(5)：83-93.

[84] 常州市城乡建设局. 关于印发《常州市市区新建住宅小区排水工程管理意见》的通知：常建〔2014〕91号[EB/OL]. (2014-05-30)[2022-05-01]. http：//zfhcxjsj. changzhou. gov. cn/ht-ml/cxjsj/2014/FAEQIBKB_0530/6499. html.

[85] Cossu R，Fantinato G，Pivato A，et al. Further steps in the standardization of BOD_5/COD ratio as a biological stability index for MSW[J]. Waste Management，2017，68(0)：16-23.

[86] 李激，王燕，罗国兵，等. 城镇污水处理厂一级A标准运行评估与再提标重难点分析[J]. 环境工程，2020，38(07)：1-12.

[87] 陈贵生. 基于ORP的Carrousel氧化沟脱氮除磷联动调控生产性试验研究[D]. 重庆：重庆大学，2013.

[88] 吴代顺，方燕蓝. 氧化沟工艺污水处理厂的活性污泥特性分析[J]. 中国给水排水，2018，34(11)：109-113.

[89] 徐晓妮，王社平，张日霞，等. 西安市第三污水处理厂Orbal氧化沟反硝化速率测定分析[J]. 科学技术与工程，2009，9(24)：7576-7579＋7587.

[90] 张师君. Orbal氧化沟硝化能力的评估方法及控制策略研究[D]. 西安：西安建筑科技大学，2013.

[91] 程庆锋. 改良氧化沟工艺节能降耗优化策略与工程实践研究[D]. 新乡市：河南师范大学，2011.

[92] 周圆，支丽玲，郑凯凯，等. 城镇污水处理厂活性污泥反硝化速率的影响因素及优化运行研究[J]. 环境工程，2020，38(7)：100-108.

[93] 徐超，于淼，李冠华. 太湖流域污水处理厂低温生物脱氮运行模式研究[J]. 环境科学与管理，2017，42(8)：63-66.

[94] 何伶俊. 太湖流域城镇污水处理厂除磷脱氮改造技术[J]. 建设科技，2008(7)：110-111.

[95] 李爽. DO对A^2O系统脱氮除磷及其微生物群落结构影响的研究[D]. 沈阳：沈阳建筑大学，2013.

[96] 卢汉清，张莺，沈浩，等. 宁波市基于污水厂工艺全流程分析及优化运行模式的实践[J]. 中国给

水排水，2019，35（14）：24-31.

[97] 聂新宇，阮智宇，王燕，等．太湖流域市政污水处理厂一级 A 标准稳定运行存在问题探讨[J]．环保科技，2016，22（5）：46-50.

[98] 邹吕熙，李怀波，郑凯凯，等．太湖流域城镇污水处理厂进水水质特征分析[J]．给水排水，2019，55（7）：39-45.

[99] 田宇，张偶正．生物脱氮除磷机理及工艺研究[J]．给水排水，2014，50（S1）：202-205.

[100] 阮智宇，郑凯凯，苏挥，等．CAST 工艺运行诊断和优化调控分析[J]．中国给水排水，2015，31（20）：50-54.

[101] 杜彦良，张双虎，王利军，等．人工湿地植物水质净化作用的数值模拟研究[J]．水利学报，2020，51（6）：675-684.

[102] 吴英海，韩蕊，张翠雅．人工湿地构造及生物因素研究进展[J]．化工环保，2021，41（1）：1-8.

[103] 许明，储时雨，蒋永伟，等．太湖流域化工园区污水处理厂尾水人工湿地深度处理实验研究[J]．水处理技术，2014，40（5）：87-91.

[104] 许明，谢忱，刘伟京，等．组合湿地处理化工园区污水处理厂尾水工程示范[J]．给水排水，2019，45（2）：99-101.